线性代数

（第二版）

主　编　付　宇　叶　俊　林映光
副主编　汤红英　梁　刚　林旭东

U0205732

西南交通大学出版社
·成　都·

图书在版编目（CIP）数据

线性代数 / 付宇，叶俊，林映光主编. —2 版. —成都：西南交通大学出版社，2019.1
ISBN 978-7-5643-6731-2

Ⅰ. ①线… Ⅱ. ①付… ②叶… ③林… Ⅲ. ①线性代数－高等学校－教材 Ⅳ. ①O151.2

中国版本图书馆 CIP 数据核字（2019）第 017724 号

线性代数
（第二版）

主编 付 宇 叶 俊 林映光

责任编辑 张宝华
封面设计 何东琳设计工作室

印张：9.75 字数：245千
成品尺寸：185 mm × 260 mm
版次：2019年1月第2版
印次：2019年1月第7次
印刷：四川煤田地质制图印刷厂
书号：ISBN 978-7-5643-6731-2

出版发行：西南交通大学出版社
网址：http://www.xnjdcbs.com
地址：四川省成都市二环路北一段111号
西南交通大学创新大厦21楼
邮政编码：610031
发行部电话：028-87600564 028-87600533
定价：28.00元

课件咨询电话：028-87600533
图书如有印装质量问题 本社负责退换
版权所有 盗版必究 举报电话：028-87600562

第二版前言

本书是在第一版的基础上，依据本科经济管理类专业对“线性代数”课程教学的基本要求，总结近年来一线教学的实践经验和学科建设成果，进行修订和增补而成的.

本次修订的基本思路是：在满足教学基本要求的前提下，适当调整了章节内容安排，使全书内容逻辑关系更为清晰，即把克拉默法则与线性方程组概念、消元法等知识合并在一起，并将线性方程组单列一章，使得方程组的知识体系尽量完整；同时关于线性方程组的解的结构，仍然和向量组的线性相关性结合讲授. 进一步完善了部分理论叙述和铺垫，适当减弱了理论推导和证明过程的要求，以使教材更加通俗易读. 另外，在第一版的基础上，全书重新编排了例题和习题，除了每章综合练习以外，每一小节后都有一个单独习题板块，以加强学生在学习过程中对基础知识的针对性训练.

本书编写分工如下：第 1 章主要由叶俊老师编写；第 2 章主要由汤红英老师编写；第 3、4 章主要由付宇老师编写；第 5 章主要由林映光老师编写；第 6 章主要由梁刚老师编写. 另外，付宇、叶俊、林映光老师还承担了全书的编排和校对工作，林旭东老师负责了部分章节的编排、校对工作.

本书在编写过程中得到了西南交通大学出版社的大力帮助，也得到了四川轻化工大学管理学院的大力支持，在此表示诚挚的谢意.

本书可作为本科院校经济管理类专业数学基础课教材，也可作为自学者参考教材.

由于时间和水平所限，书中难免存在不足，恳请各方专家和读者批评指正，我们将进一步修正和完善以提高教材质量.

编　者

2018 年 10 月于四川轻化工大学临港校区

第一版前言

根据高等教育面向21世纪教学内容和课程体系改革总体目标的要求，为适应我国在21世纪社会主义建设和经济发展的需要，培养“厚基础、宽口径、高素质”的人才，我们编写了本套经济数学教材．本套教材包括《线性代数》和《概率论与数理统计》两个部分．

《线性代数》作为现代数学的重要分支，用代数方法解决实际问题已渗透到现代科学、技术、经济、管理的各个领域，因此，《线性代数》是高等院校经济管理本科各专业的一门重要基础课程．由于线性问题大量存在于科学技术的各个领域，而某些非线性问题在一定条件下可以转化为线性问题而加以解决，因此，《线性代数》的基本理论和方法广泛地应用于各个学科领域．

参加本教材编写工作的都是具有多年教学实践经验的教师，他们在编写过程中结合自己多年来的教学实践经验，使本教材具有自身的特色和优势：

一是在注重学科体系系统性和科学性的基础上，突出教材“主线”，即剔除了枝节问题和烦琐的证明，做到理论体系的介绍系统、规范、简洁，使学生阅读和学习本教材时更能抓住重点，容易理解和掌握相关知识并易于接受．

二是教材在阐述过程中注重不同数学基础的学生的学习，由浅入深，深入浅出，尤其是对一些重要、典型的解题方法给出了提示和强调，重在方法和解题思路的介绍，以便使学生注意学习和掌握解题思路．

三是本教材结合了本科教学的现状和特点，体现“大众化教育”和“社会应用型人才”培养的要求，注重培养学生的实际应用能力，例题选择时，注重典型性、多样性和可变性相结合．

本书可作为高等院校经济管理类专业数学基础课程本科教材，也可作为自学、多练类型学习者的辅导书和参考资料．

本书由潘春跃教授任主编，林映光副教授、汤红英副教授任副主编．参加编写的还有叶一军、彭祖成．其中，第一章由潘春跃负责编写；第二章由汤红英负责编写；第三章由林映光负责编写；第四章由叶一军负责编写；第五章由彭祖成负责编写．

编写过程中得到了西南交通大学出版社的大力协助和支持，在此表示诚挚的谢意．

由于时间仓促，本书难免存在不足和错误的地方，请各位专家和读者批评指正，我们一定虚心接受并不断修正完善．

编　者

2008年4月于四川轻化工大学临港校区

目　录

第 1 章　行列式 ……………………………………………………………… 1

§1.1　二阶与三阶行列式 ……………………………………………………… 1
习题 1.1 ……………………………………………………………………… 5
§1.2　排列与对换 ……………………………………………………………… 6
习题 1.2 ……………………………………………………………………… 8
§1.3　n 阶行列式 ……………………………………………………………… 9
习题 1.3 ……………………………………………………………………… 11
§1.4　行列式的性质 …………………………………………………………… 12
习题 1.4 ……………………………………………………………………… 16
§1.5　行列式按一行（列）展开 ……………………………………………… 18
习题 1.5 ……………………………………………………………………… 24
综合练习 1 …………………………………………………………………… 26

第 2 章　矩阵及其运算 ……………………………………………………… 30

§2.1　矩阵的定义与基本运算 ………………………………………………… 30
习题 2.1 ……………………………………………………………………… 42
§2.2　逆矩阵 …………………………………………………………………… 43
习题 2.2 ……………………………………………………………………… 49
§2.3　矩阵的初等变换 ………………………………………………………… 49
习题 2.3 ……………………………………………………………………… 56
§2.4　矩阵的秩 ………………………………………………………………… 56
习题 2.4 ……………………………………………………………………… 59
§2.5　矩阵的分块 ……………………………………………………………… 59
习题 2.5 ……………………………………………………………………… 63
综合练习 2 …………………………………………………………………… 63

第 3 章　线性方程组 ………………………………………………………… 68

§3.1　线性方程组概念及克拉默（Cramer）法则 …………………………… 68
习题 3.1 ……………………………………………………………………… 72
§3.2　消元法及解的判定 ……………………………………………………… 72
习题 3.2 ……………………………………………………………………… 82
综合练习 3 …………………………………………………………………… 83

第 4 章　向量组的线性相关性……85
§4.1　向量组及其线性组合……85
习题 4.1……91
§4.2　线性相关性……91
习题 4.2……96
§4.3　向量组的秩……97
习题 4.3……99
§4.4　线性方程组的解的结构……99
习题 4.4……107
综合练习 4……108
第 5 章　相似矩阵及矩阵的对角化……110
§5.1　向量内积与正交矩阵……110
习题 5.1……114
§5.2　方阵的特征值与特征向量……115
习题 5.2……121
§5.3　相似矩阵……122
习题 5.3……126
§5.4　实对称矩阵的对角化……126
习题 5.4……129
综合练习 5……129
第 6 章　二次型……131
§6.1　二次型与对称矩阵……131
习题 6.1……133
§6.2　二次型的标准形……134
习题 6.2……142
§6.3　二次型的有定性……142
习题 6.3……148
综合练习 6……149
参考文献……150

第 1 章　行列式

行列式的概念起源于解线性方程组，行列式作为一个重要的计算工具，贯穿线性代数各部分始终. 因此，熟练掌握行列式的性质及其运算规律，对线性代数的学习十分重要. 本章主要介绍 n 阶行列式的定义、性质及其计算方法.

§1.1　二阶与三阶行列式

1.1.1　二元线性方程组与二阶行列式

我们首先讨论解方程组的问题. 考察下面二元一次方程组：

$$\begin{cases} a_{11}x_1 + a_{12}x_2 = b_1 \\ a_{21}x_1 + a_{22}x_2 = b_2 \end{cases}. \tag{1-1}$$

当 $a_{11}a_{22} - a_{12}a_{21} \neq 0$ 时，由消元法知此方程组有唯一解，即

$$x_1 = \frac{b_1a_{22} - a_{12}b_2}{a_{11}a_{22} - a_{12}a_{21}},\ x_2 = \frac{a_{11}b_2 - a_{21}b_1}{a_{11}a_{22} - a_{12}a_{21}}. \tag{1-2}$$

可见，方程组的解完全可由方程组中的未知数系数 $a_{11}, a_{12}, a_{21}, a_{22}$ 以及常数项 b_1, b_2 表示出来，这就是一般二元线性方程组的解公式.

但这个公式很不好记忆，应用时十分不方便，为此，下面引进新的符号来表示上述方程组的解.

将解中的分母 $a_{11}a_{22} - a_{12}a_{21}$ 表示为

$$\begin{vmatrix} a_{11} & a_{12} \\ a_{21} & a_{22} \end{vmatrix},$$

由 4 个数 $a_{11}, a_{12}, a_{21}, a_{22}$ 及双竖线 $|\ |$ 组成的符号 $\begin{vmatrix} a_{11} & a_{12} \\ a_{21} & a_{22} \end{vmatrix}$ 称为二阶行列式.

行列式中的数 a_{ij} ($i=1,2; j=1,2$)称为行列式的元素. 元素 a_{ij} 的第一个下标 i 称为行标，表明该元素位于第 i 行；第二个下标 j 称为列标，表明该元素位于第 j 列. 相同的行数和列数 2 称为行列式的阶.

二阶行列式的计算方式运用对角线法则，即实线相连数字之积减去虚线相连数字之积.

$$\begin{vmatrix} a_{11} & a_{12} \\ a_{21} & a_{22} \end{vmatrix} = a_{11}a_{22} - a_{21}a_{12}.$$

利用行列式的概念，二元线性方程组（1-1）的求解过程可写为：令

$$D=\begin{vmatrix} a_{11} & a_{12} \\ a_{21} & a_{22} \end{vmatrix}=a_{11}a_{22}-a_{12}a_{21},$$

$$D_1=\begin{vmatrix} b_1 & a_{12} \\ b_2 & a_{22} \end{vmatrix}=b_1a_{22}-a_{12}b_2,$$

$$D_2=\begin{vmatrix} a_{11} & b_1 \\ a_{21} & b_2 \end{vmatrix}=a_{11}b_2-b_1a_{21},$$

则当 $D\neq 0$ 时，二元一次方程组（1-1）的唯一解（1-2）可表示为

$$x_1=\frac{D_1}{D}=\frac{\begin{vmatrix} b_1 & a_{12} \\ b_2 & a_{22} \end{vmatrix}}{\begin{vmatrix} a_{11} & a_{12} \\ a_{21} & a_{22} \end{vmatrix}},\quad x_2=\frac{D_2}{D}=\frac{\begin{vmatrix} a_{11} & b_1 \\ a_{22} & b_2 \end{vmatrix}}{\begin{vmatrix} a_{11} & a_{12} \\ a_{21} & a_{22} \end{vmatrix}}.$$

例 1.1 计算下列行列式的值.

（1）$\begin{vmatrix} 1 & 2 \\ 3 & 4 \end{vmatrix}$；　　（2）$\begin{vmatrix} 4 & 9 \\ 0 & 3 \end{vmatrix}$.

解 （1）$\begin{vmatrix} 1 & 2 \\ 3 & 4 \end{vmatrix}=1\times 4-2\times 3=-2$.

（2）$\begin{vmatrix} 4 & 9 \\ 0 & 3 \end{vmatrix}=4\times 3-9\times 0=12$.

例 1.2 当 λ 为何值时，行列式 $D=\begin{vmatrix} \lambda^2 & \lambda \\ 4 & 2 \end{vmatrix}$ 的值为 0?

解 因为

$$D=\begin{vmatrix} \lambda^2 & \lambda \\ 4 & 2 \end{vmatrix}=2\lambda^2-4\lambda=2\lambda(\lambda-2),$$

故要使 $2\lambda(\lambda-2)=0$，须使 $\lambda=0$ 或 $\lambda=2$. 即知，当 $\lambda=0$ 或 $\lambda=2$ 时，行列式 $D=\begin{vmatrix} \lambda^2 & \lambda \\ 4 & 2 \end{vmatrix}$ 的值为 0.

例 1.3 求解二元线性方程组 $\begin{cases} 3x+4y=8 \\ 4x+5y=6 \end{cases}$.

解 由于系数行列式

$$D=\begin{vmatrix} 3 & 4 \\ 4 & 5 \end{vmatrix}=15-16=-1\neq 0,$$

又 x_1,x_2 的分子行列式分别为

$$D_1=\begin{vmatrix} 8 & 4 \\ 6 & 5 \end{vmatrix}=40-24=16,$$

$$D_2=\begin{vmatrix} 3 & 8 \\ 4 & 6 \end{vmatrix}=18-32=-14,$$

故方程组的解为

$$x_1=\frac{D_1}{D}=\frac{16}{-1}=-16,\quad x_2=\frac{D_2}{D}=\frac{-14}{-1}=14.$$

1.1.2　三阶行列式

与二阶行列式相仿，下面对三元一次线性方程组做类似的讨论.

三阶行列式：由在双竖线| |内，排成三行三列的 9 个数组成的符号：

$$\begin{vmatrix} a_{11} & a_{12} & a_{13} \\ a_{21} & a_{22} & a_{23} \\ a_{31} & a_{32} & a_{33} \end{vmatrix}$$

称为三阶行列式.

三阶行列式含有三行、三列. 其主要计算方式也是实线相连数字之积减去虚线相连数字之积：

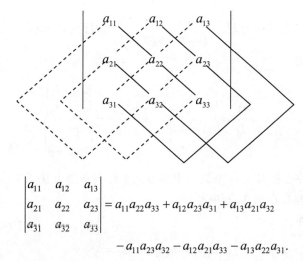

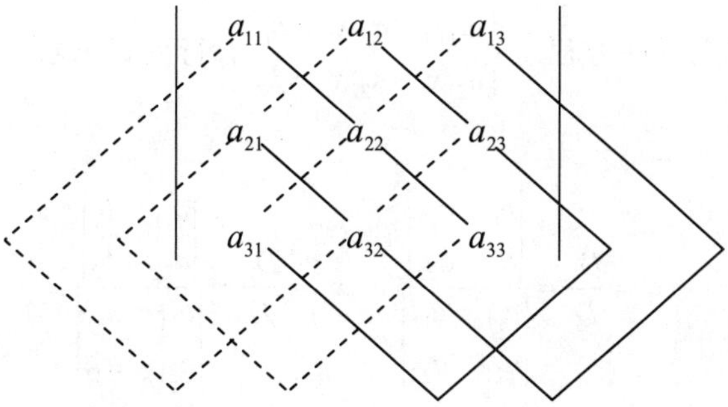

即

$$\begin{vmatrix} a_{11} & a_{12} & a_{13} \\ a_{21} & a_{22} & a_{23} \\ a_{31} & a_{32} & a_{33} \end{vmatrix}=a_{11}a_{22}a_{33}+a_{12}a_{23}a_{31}+a_{13}a_{21}a_{32}$$

$$-a_{11}a_{23}a_{32}-a_{12}a_{21}a_{33}-a_{13}a_{22}a_{31}.$$

例 1.4　求行列式$\begin{vmatrix} 1 & 2 & 3 \\ 4 & 0 & 5 \\ -1 & 0 & 1 \end{vmatrix}$的值.

解　$\begin{vmatrix} 1 & 2 & 3 \\ 4 & 0 & 5 \\ -1 & 0 & 1 \end{vmatrix}=[1\times0\times1+2\times5\times(-1)+3\times4\times0]-[1\times5\times0+2\times4\times1+3\times0\times(-1)]$

$=-10-8=-18.$

例 1.5　a,b 满足什么条件时有$\begin{vmatrix} a & b & 0 \\ -b & a & 0 \\ 7 & 0 & 6 \end{vmatrix}=0$.

解　由于

$$\begin{vmatrix} a & b & 0 \\ -b & a & 0 \\ 7 & 0 & 6 \end{vmatrix} = 6a^2-(-6b^2)=6a^2+6b^2,$$

于是，要使 $6a^2+6b^2=0$，a 与 b 必须同时为 0. 因此，当 $a=b=0$ 时，$\begin{vmatrix} a & b & 0 \\ -b & a & 0 \\ 7 & 0 & 6 \end{vmatrix}=0$.

例 1.6 求解方程 $\begin{vmatrix} 1 & 1 & 1 \\ 2 & 3 & x \\ 4 & 9 & x^2 \end{vmatrix}=0$.

解 方程左端的三阶行列式可化为

$$3x^2+4x+18-9x-2x^2-12=x^2-5x+6,$$

于是

$$x^2-5x+6=0.$$

解得 $x=2$ 或 $x=3$.

前面我们提到的二元线性方程组 $\begin{cases} a_{11}x_1+a_{12}x_2=b_1 \\ a_{21}x_1+a_{22}x_2=b_2 \end{cases}$ 有行列式求解公式，则当 $D\neq 0$ 时，方程组的唯一解可表示为

$$x_1=\frac{D_1}{D}=\frac{\begin{vmatrix} b_1 & a_{12} \\ b_2 & a_{22} \end{vmatrix}}{\begin{vmatrix} a_{11} & a_{12} \\ a_{21} & a_{22} \end{vmatrix}},\quad x_2=\frac{D_2}{D}=\frac{\begin{vmatrix} a_{11} & b_1 \\ a_{22} & b_2 \end{vmatrix}}{\begin{vmatrix} a_{11} & a_{12} \\ a_{21} & a_{22} \end{vmatrix}}.$$

类似的，三元线性方程组也有类似的求解方式（此类求解方法为 Cramer 法则，这里只是给出其形式，具体内容将在第 3 章讲述）.

记三元线性方程组

$$\begin{cases} a_{11}x_1+a_{12}x_2+a_{13}x_3=b_1 \\ a_{21}x_1+a_{22}x_2+a_{23}x_3=b_2 \\ a_{31}x_1+a_{32}x_2+a_{33}x_3=b_3 \end{cases}$$

的系数行列式为

$$D=\begin{vmatrix} a_{11} & a_{12} & a_{13} \\ a_{21} & a_{22} & a_{23} \\ a_{31} & a_{32} & a_{33} \end{vmatrix},$$

x_1 的分子行列式为

$$D_1=\begin{vmatrix} b_1 & a_{12} & a_{13} \\ b_2 & a_{22} & a_{23} \\ b_3 & a_{32} & a_{33} \end{vmatrix},$$

x_2 的分子行列式为

$$D_2=\begin{vmatrix} a_{11} & b_1 & a_{13} \\ a_{21} & b_2 & a_{23} \\ a_{31} & b_3 & a_{33} \end{vmatrix},$$

x_3 的分子行列式为

$$D_3=\begin{vmatrix} a_{11} & a_{12} & b_1 \\ a_{21} & a_{22} & b_2 \\ a_{31} & a_{32} & b_3 \end{vmatrix},$$

则当 $D\neq 0$ 时，方程组的解为

$$x_1=\frac{D_1}{D},\quad x_2=\frac{D_2}{D},\quad x_3=\frac{D_3}{D}.$$

例 1.7　求解线性方程组 $\begin{cases} 5x_1+x_2+2x_3=2 \\ 2x_1+x_2+x_3=4 \\ x_1+2x_2+5x_3=3 \end{cases}$.

解　由于

$$D=\begin{vmatrix} 5 & 1 & 2 \\ 2 & 1 & 1 \\ 1 & 2 & 5 \end{vmatrix}=25+1+8-(10+10+2)=34-22=12\neq 0,$$

故方程组有解. 再计算各分子行列式，得

$$D_1=\begin{vmatrix} 2 & 1 & 2 \\ 4 & 1 & 1 \\ 3 & 2 & 5 \end{vmatrix}=10+3+16-(4+20+6)=-1,$$

$$D_2=\begin{vmatrix} 5 & 2 & 2 \\ 2 & 4 & 1 \\ 1 & 3 & 5 \end{vmatrix}=100+2+12-(15+20+8)=71,$$

$$D_3=\begin{vmatrix} 5 & 1 & 2 \\ 2 & 1 & 4 \\ 1 & 2 & 3 \end{vmatrix}=15+4+8-(40+6+2)=-21,$$

所以，方程组的解为

$$x_1=\frac{D_1}{D}=-\frac{1}{12},\quad x_2=\frac{D_2}{D}=\frac{71}{12},\quad x_3=\frac{D_3}{D}=-\frac{7}{4}.$$

习题 1.1

1. 计算下列二阶行列式的值.

（1）$\begin{vmatrix} 5 & 2 \\ 92 & 30 \end{vmatrix}$;　　（2）$\begin{vmatrix} 5-x & y+2 \\ 2a & 3b \end{vmatrix}$.

2. 求解下列方程.

（1）$\begin{vmatrix} 5 & 2 \\ 4 & 3x \end{vmatrix}=0$；　　（2）$\begin{vmatrix} 5-x & x+2 \\ 7 & 3 \end{vmatrix}=10$.

3. 计算下列三阶行列式的值.

（1）$\begin{vmatrix} 1 & 1 & 1 \\ 3 & 1 & 4 \\ 8 & 9 & 5 \end{vmatrix}$；　　（2）$\begin{vmatrix} 1 & 2 & 3 \\ 3 & 1 & 2 \\ 2 & 3 & 1 \end{vmatrix}$；

（3）$\begin{vmatrix} 1 & 2 & 1 \\ 3 & 1 & 0 \\ 2 & 3 & 2 \end{vmatrix}$；　　（4）$\begin{vmatrix} 2 & 5 & 3 \\ 0 & 4 & 7 \\ -2 & -2 & 3 \end{vmatrix}$；

（5）$\begin{vmatrix} a & b & c \\ b & c & a \\ c & a & b \end{vmatrix}$.

4. 求解下列一元二次方程.

（1）$\begin{vmatrix} 1 & 1 & 1 \\ 2 & x & 4 \\ 2 & 9 & x \end{vmatrix}=2$；　　（2）$\begin{vmatrix} 1 & 1 & x \\ 2 & 2 & 4x^2 \\ 2 & 9 & x^2 \end{vmatrix}=0$.

§1.2　排列与对换

1.2.1　排列及其逆序数

利用对角线法则可以计算二阶与三阶行列式，那么对四阶及四阶以上的行列式应该如何计算呢？我们先从二阶与三阶行列式的计算中找一找规律.

二阶行列式

$$D=\begin{vmatrix} a_{11} & a_{12} \\ a_{21} & a_{22} \end{vmatrix}=a_{11}a_{22}-a_{12}a_{21}\text{；}$$

三阶行列式

$$\begin{vmatrix} a_{11} & a_{12} & a_{13} \\ a_{21} & a_{22} & a_{23} \\ a_{31} & a_{32} & a_{33} \end{vmatrix}=a_{11}a_{22}a_{33}+a_{12}a_{23}a_{31}+a_{13}a_{21}a_{32}-a_{11}a_{23}a_{32}-a_{12}a_{21}a_{33}-a_{13}a_{22}a_{31}.$$

无论是二阶行列式还是三阶行列式，其结果都是由行列式中的每项组成的，其中，一些项的前面取“+”，一些项的前面取“－”，这与各项的排列顺序有关. 对于 n 阶行列式而言，每一项前面的符号为“+”还是“－”就不会像二、三阶行列式那样容易确定下来. 为了更好地学习 n 阶行列式的计算，这里先介绍一些相关概念.

定义 1.1　n 个正整数 $1,2,\cdots,n$ 组成的一个有序数组 $i_1i_2\cdots i_n$ 称为一个 n **级排列**，其中自然数 i_k 为 $1,2,\cdots,n$ 中的某个数，称为第 k 个元素，k 表示这个数在 n 级排列中的位置. n 个不同

元素共有 $n!$ 个不同的 n 级排列.

例如, 1234 是一个 4 级排列, 3412 也是一个 4 级排列, 52341 是一个 5 级排列. 由数 1,2,3 组成的所有 3 级排列为：123，132，213，231，312，321，共有 $3!=6$ 个.

定义 1.2　数字由小到大的 n 级排列 $1234\cdots n$ 称为**标准排列**. 在一个排列 $i_1i_2\cdots i_n$ 中，较大的数在较小的数的前面就产生一个逆序数，所有逆序数的总和称为这个排列的**逆序数**，记做 $\tau(i_1i_2\cdots i_n)$.

容易看出，标准次序排列的逆序数为 0.

逆序数的计算方法：

设 $p_1p_2\cdots p_n$ 是 $1,2,\cdots,n$ 这 n 个自然数的任一排列，并规定由小到大为标准次序.

先看有多少个比 p_1 大的数排在 p_1 前面，记为 t_1；

再看有多少个比 p_2 大的数排在 p_2 前面，记为 t_2；

………

最后看有多少个比 p_n 大的数排在 p_n 前面，记为 t_n，

则此排列的逆序数为

$$\tau = t_1+t_2+\cdots+t_n .$$

例 1.8　求排列 32451 的逆序数.

解　在排列 32451 中，

3 排在首位，逆序数为 0；

2 的前面比 2 大的数只有一个 3，故逆序数为 1；

4 的前面没有比 4 大的数，故逆序数为 0；

5 的前面没有比 5 大的数，故逆序数为 0；

1 的前面比 1 大的数有 4 个，故逆序数为 4.

即

$$\begin{array}{ccccc} 3 & 2 & 4 & 5 & 1 \\ \downarrow & \downarrow & \downarrow & \downarrow & \downarrow \\ 0 & 1 & 0 & 0 & 4 \end{array}$$

于是，排列的逆序数为

$$\tau(32451)=0+1+0+0+4=5 .$$

例 1.9　求 361254 的逆序数.

解　$\tau(362154)=0+0+2+3+1+2=8$.

定义 1.3 逆序数为奇数的排列称为**奇排列**，逆序数是偶数的排列称为**偶排列**.

可以看出，例 1.8 是奇排列，例 1.9 是偶排列.

由数 1, 2, 3 组成的所有 3 级排列为：123，132，213，231，312，321，共有 3!=6 个，其中奇排列有：132，213，321；偶排列有 123，231，312；奇、偶排列各占一半.

1.2.2　对换

定义 1.4　将一个排列中的某两个数的位置互换而其余的数不动，这样得到一个新的排列，这种变换称为对排列做一次**对换**. 将相邻的两个数对换称为**相邻对换**.

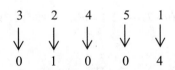

例如，$3241 \xrightarrow{(2,4)} 3421$，对换前 $\tau(3241)=4$，3241 是偶排列；对换后 $\tau(3421)=5$，3421 是奇排列.

定理 1.1 对排列进行一次对换将改变其奇偶性.

证明 对于相邻对换，设排列为 $a_1\cdots a_l abb_1\cdots b_m$. 对换 a 与 b，得到 $a_1\cdots a_l bab_1\cdots b_m$，除 a, b 外，其他元素的逆序数不改变.

当 $a<b$ 时，经对换后 a 的逆序数增加 1，b 的逆序数不变；

当 $a>b$ 时，经对换后 a 的逆序数不变，b 的逆序数减少 1.

因此，对换相邻两个元素，排列改变奇偶性.

对于一般情形，当对换的两个数不相邻时，设排列为 $a_1\cdots a_l ab_1\cdots b_m bc_1\cdots c_n$. 现在来对换 a 与 b：

经过 m 次相邻对换后，该排列变为 $a_1\cdots a_l abb_1\cdots b_m c_1\cdots c_n$.

再经过 m+1 次相邻对换，则原排列变为 $a_1\cdots a_l bb_1\cdots b_m ac_1\cdots c_n$.

由此可见，要将 a 与 b 对换，要经过 2m+1 次相邻对换，所以一个排列中的任意两个元素对换，排列改变奇偶性.

推论 奇排列调成标准排列的对换次数为奇数，偶排列调成标准排列的对换次数为偶数.

定理 1.2 在全体 n 级排列（n>1）中，奇排列和偶排列各占一半，各有 $\frac{n!}{2}$ 个.

证明 设在全部 n 级排列中有 s 个奇排列，t 个偶排列，现在证明 $s=t$.

将 s 个奇排列的前两个数对换，则这 s 个奇排列全变成偶排列，并且它们彼此不同，所以 $s\leqslant t$；

同理，将 t 个偶排列的前两个数对换，则这 t 个偶排列全变成奇排列，并且它们彼此不同，于是有 $t\leqslant s$.

因此，$s=t$.

n 级排列的总数为 $n\cdot(n-1)\cdot(n-2)\cdot\cdots\cdot 2\cdot 1=n!$，从而有：$s=t=\frac{n!}{2}$.

习题 1.2

1. 求下列排列的逆序数.

（1）634521；（2）53142；（3）765421；

（4）$135\cdots(2n-1)(2n)(2n-2)\cdots 42$.

2. 已知排列 $1r46s97t3$ 为奇排列，求 r, s, t 的值.

3. 计算下列排列的逆序数，并讨论其奇偶性.

（1）$n(n-1)(n-2)\cdots 321$；

（2）$135\cdots(2n-1)(2n)(2n-2)\cdots 42$.

4. 证明：对于排列

$$(2k)1(2k-1)2(2k-2)3(2k-3)\cdots(k+1)k,$$

当 k 为奇数时为奇排列，k 为偶数时为偶排列.

§1.3　n 阶行列式

在给出 n 阶行列式的定义之前，先来看一下二阶和三阶行列式的定义.

$$D=\begin{vmatrix} a_{11} & a_{12} \\ a_{21} & a_{22} \end{vmatrix}=a_{11}a_{22}-a_{12}a_{21},$$

$$D=\begin{vmatrix} a_{11} & a_{12} & a_{13} \\ a_{21} & a_{22} & a_{23} \\ a_{31} & a_{32} & a_{33} \end{vmatrix}=a_{11}a_{22}a_{33}+a_{12}a_{23}a_{31}+a_{13}a_{21}a_{32}-a_{11}a_{23}a_{32}-a_{12}a_{21}a_{33}-a_{13}a_{22}a_{31}.$$

我们可以从中发现以下规律：

（1）二阶行列式是 2!项的代数和，三阶行列式是 3!项的代数和.

（2）二阶行列式中，每一项是两个元素的乘积，它们分别取自不同的行和不同的列；三阶行列式中，每一项是三个元素的乘积，它们也分别取自不同的行和不同的列.

（3）每一项的符号是：当这一项中元素的行标是按自然序排列时，若元素的列标为偶排列，则取正号；若为奇排列，则取负号.

下面给出 n 阶行列式的定义.

定义 1.5　由排成 n 行 n 列的 n^2 个元素 $a_{ij}\ (i,j=1,2,\cdots,n)$组成的

$$D=\begin{vmatrix} a_{11} & a_{12} & \cdots & a_{1n} \\ a_{21} & a_{22} & \cdots & a_{2n} \\ \vdots & \vdots & & \vdots \\ a_{n1} & a_{n2} & \cdots & a_{nn} \end{vmatrix}$$

称为 **n 阶行列式**. 它是取自不同行和不同列的 n 个元素的乘积

$$a_{1j_1}a_{2j_2}\cdots a_{nj_n} \tag{1-3}$$

的代数和，其中 $j_1j_2\cdots j_n$ 是$1,2,\cdots,n$的一个排列. 当 $j_1j_2\cdots j_n$ 是偶排列时，（1-3）式带有正号；当 $j_1j_2\cdots j_n$ 是奇排列时，（1-3）式带有负号，也就是可写成

$$\begin{vmatrix} a_{11} & a_{12} & \cdots & a_{1n} \\ a_{21} & a_{22} & \cdots & a_{2n} \\ \vdots & \vdots & & \vdots \\ a_{n1} & a_{n2} & \cdots & a_{nn} \end{vmatrix}=\sum_{j_1j_2\cdots j_n}(-1)^{\tau(j_1j_2\cdots j_n)}a_{1j_1}a_{2j_2}\cdots a_{nj_n},$$

这里 $\sum\limits_{j_1j_2\cdots j_n}$ 表示对所有 n 级排列求和. 行列式 D 通常可简记为 $\det(a_{ij})$.

注：（1）行列式是一种特定的算式，最终结果是一个数.

（2）n 阶行列式是 $n!$ 项的代数和.

（3）n 阶行列式的每个乘积项都是位于不同行、不同列的 n 个元素的乘积.

（4）每一项 $a_{1j_1}a_{2j_2}\cdots a_{nj_n}$ 的符号为 $(-1)^{\tau(j_1j_2\cdots j_n)}$.

由行列式的定义知

$$D=\sum(-1)^{\tau(j_1j_2\cdots j_n)}a_{1j_1}a_{2j_2}\cdots a_{nj_n};$$

这里考察一个新的式子

$$D^*=\sum(-1)^{\tau(i_1i_2\cdots i_n)+\tau(j_1j_2\cdots j_n)}a_{i_1j_1}a_{i_2j_2}\cdots a_{i_nj_n}.$$

交换 D^* 的一般项中两元素的位置，相当于同时进行一次行标的对换和一次列标的对换．故交换位置后一般项的两下标排列的逆序数之和的奇偶性保持不变，即交换 D^* 的一般项中两元素的位置，一般项的符号保持不变．

这样我们总可以经过有限次的位置交换，使其行标换为自然数顺序排列，变为 D 中的一般项．因此，$D=D^*$．

行列式也有如下等价定义．

定义 1.5* n 阶行列式也可定义为

$$D=\sum(-1)^{\tau(i_1i_2\cdots i_n)+\tau(j_1j_2\cdots j_n)}a_{i_1j_1}a_{i_2j_2}\cdots a_{i_nj_n}.$$

特别地，n 阶行列式也可定义为

$$D=\sum(-1)^{\tau(i_1i_2\cdots i_n)}a_{i_11}a_{i_22}\cdots a_{i_nn}.$$

为了熟悉 n 阶行列式的定义，我们来看下面几个问题．

例 1.10 在 5 阶行列式中，$a_{12}a_{23}a_{35}a_{41}a_{54}$ 这一项应取什么符号？

解 这一项各元素的行标是按自然顺序排列的，而列标的排列为 23514．因 $\tau(23514)=4$，故这一项应取正号．

例 1.11 写出 4 阶行列式中，带负号且包含因子 $a_{11}a_{23}$ 的项．

解 包含因子 $a_{11}a_{23}$ 的项的一般形式为

$$(-1)^{\tau(13j_3j_4)}a_{11}a_{23}a_{3j_3}a_{4j_4}.$$

按定义，j_3 可取 2 或 4，j_4 可取 4 或 2，因此包含因子 $a_{11}a_{23}$ 的项只能是

$$a_{11}a_{23}a_{32}a_{44} \quad 或 \quad a_{11}a_{23}a_{34}a_{42}.$$

但因需要带负号，所以此项只能是 $-a_{11}a_{23}a_{32}a_{44}$．

例 1.12 利用行列式的定义证明：

$$D=\begin{vmatrix} a_{11} & 0 & 0 & 0 \\ a_{21} & a_{22} & 0 & 0 \\ a_{31} & a_{32} & a_{33} & 0 \\ a_{41} & a_{42} & a_{43} & a_{44} \end{vmatrix}=a_{11}a_{22}a_{33}a_{44}.$$

证明 由行列式的定义知

$$D=\sum_{j_1j_2j_3j_4}(-1)^{\tau(j_1j_2j_3j_4)}a_{1j_1}a_{2j_2}a_{3j_3}a_{4j_4}.$$

所以只需找出一切可能的非零项即可.

第 1 行除 a_{11} 外其余元素全为 0，所以 $j_1=1$；

第 2 行除 a_{21},a_{22} 外其余元素全为 0，又 $j_1=1$，所以 $j_2=2$.

以此类推，$j_3=3,j_4=4$.

因此，$D=a_{11}a_{22}a_{33}a_{44}$.

例 1.12 的结论可推广到一般 n **阶下三角行列式**的计算：

$$\begin{vmatrix} a_{11} & 0 & \cdots & 0 \\ a_{21} & a_{22} & \cdots & 0 \\ \vdots & \vdots & \ddots & \vdots \\ a_{n1} & a_{n2} & \cdots & a_{nn} \end{vmatrix} = a_{11}a_{22}\cdots a_{nn}.$$

类似地，关于**上三角行列式**，也有同样的结论：

$$\begin{vmatrix} a_{11} & a_{12} & \cdots & a_{1n} \\ 0 & a_{22} & \cdots & a_{2n} \\ \vdots & \vdots & \ddots & \vdots \\ 0 & 0 & \cdots & a_{nn} \end{vmatrix} = a_{11}a_{22}\cdots a_{nn}.$$

关于**对角行列式**，也有类似的结论：

$$D=\begin{vmatrix} \lambda_1 & 0 & \cdots & 0 \\ 0 & \lambda_2 & \cdots & 0 \\ \vdots & \vdots & & \vdots \\ 0 & 0 & \cdots & \lambda_n \end{vmatrix} = \lambda_1\lambda_2\cdots\lambda_n.$$

习题 1.3

1. 利用行列式的定义计算.

（1）$\begin{vmatrix} 0 & 0 & 0 & 1 \\ 0 & 0 & 2 & 0 \\ 0 & 3 & 0 & 0 \\ 4 & 0 & 0 & 0 \end{vmatrix}$；　（2）$\begin{vmatrix} 1 & 2 & 3 & 4 \\ 0 & 4 & 2 & 1 \\ 0 & 0 & 5 & 6 \\ 0 & 0 & 0 & 8 \end{vmatrix}$；

（3）$\begin{vmatrix} 0 & 0 & 1 & 0 \\ 0 & 1 & 0 & 0 \\ 0 & 0 & 0 & 1 \\ 1 & 0 & 0 & 0 \end{vmatrix}$；　（4）$D_5=\begin{vmatrix} 0 & 0 & a_{13} & 0 & 0 \\ 0 & 0 & 0 & a_{24} & 0 \\ 0 & 0 & 0 & 0 & a_{35} \\ a_{41} & 0 & 0 & 0 & 0 \\ 0 & a_{52} & 0 & 0 & 0 \end{vmatrix}$；

（5）$\begin{vmatrix} & & & \lambda_1 \\ & & \lambda_2 & \\ & \iddots & & \\ \lambda_n & & & \end{vmatrix}$；　　（6）$\begin{vmatrix} 0 & 0 & \cdots & 0 & 1 & 0 \\ 0 & 0 & \cdots & 2 & 0 & 0 \\ \vdots & \vdots & & \vdots & \vdots & \vdots \\ n-1 & 0 & \cdots & 0 & 0 & 0 \\ 0 & 0 & \cdots & 0 & 0 & n \end{vmatrix}$.

2. 求多项式 $f(x)=\begin{vmatrix} x & 1 & 1 & 2 \\ 1 & x & 1 & -1 \\ 3 & 2 & x & 1 \\ 1 & 1 & 2x & 1 \end{vmatrix}$ 中 x^3 的系数.

3. 求多项式 $f(x)=\begin{vmatrix} 2x & 1 & 1 & 2 \\ 3 & 2 & x & 1 \\ x & x & 1 & 2 \\ 2 & 1 & 1 & 3x \end{vmatrix}$ 中 x^4 的系数.

4. 证明下列两个行列式相等：

$$D_1=\begin{vmatrix} a_{11} & a_{12} & \cdots & a_{1n} \\ a_{21} & a_{22} & \cdots & a_{2n} \\ \vdots & \vdots & & \vdots \\ a_{n1} & a_{n2} & \cdots & a_{nn} \end{vmatrix},\quad D_2=\begin{vmatrix} a_{11} & a_{12}b^{-1} & \cdots & a_{1n}b^{1-n} \\ a_{21}b & a_{22} & \cdots & a_{2n}b^{2-n} \\ \vdots & \vdots & & \vdots \\ a_{n1}b^{n-1} & a_{n2}b^{n-2} & \cdots & a_{nn} \end{vmatrix}.$$

§1.4　行列式的性质

行列式的计算是行列式的重点. 对于低阶或者零元素很多的行列式，可以用定义计算，但对于 $n(n\geqslant 4)$ 阶行列式，用定义计算将非常繁琐，因此，有必要探究行列式的一些性质，以简化其运算，并且这些性质对行列式的理论研究也有重要意义.

记

$$D=\begin{vmatrix} a_{11} & a_{12} & \cdots & a_{1n} \\ a_{21} & a_{22} & \cdots & a_{2n} \\ \vdots & \vdots & & \vdots \\ a_{n1} & a_{n2} & \cdots & a_{nn} \end{vmatrix},\quad D^{\mathrm{T}}=\begin{vmatrix} a_{11} & a_{21} & \cdots & a_{n1} \\ a_{12} & a_{22} & \cdots & a_{n2} \\ \vdots & \vdots & & \vdots \\ a_{1n} & a_{2n} & \cdots & a_{nn} \end{vmatrix},$$

行列式 D^{T} 是由行列式 D 的行与列对应互换得到的，称行列式 D^{T} 为行列式 D 的**转置行列式**.

例如，$D=\begin{vmatrix} 1 & 2 \\ 3 & 4 \end{vmatrix}$，则 $D^{\mathrm{T}}=\begin{vmatrix} 1 & 3 \\ 2 & 4 \end{vmatrix}$. 可知，这两个行列式是相等的.

性质 1.1　行列式与它的转置行列式相等，即 $D=D^{\mathrm{T}}$.

证明　因为 D 中元素 a_{ij} 位于 D^{T} 的第 j 行第 i 列，由定义 1.5*可知

$$D=\sum_{j_1j_2\cdots j_n}(-1)^{\tau(j_1j_2\cdots j_n)}a_{1j_1}a_{2j_2}\cdots a_{nj_n}=\sum_{j_1j_2\cdots j_n}(-1)^{\tau(j_1j_2\cdots j_n)}a_{j_11}a_{j_22}\cdots a_{j_nn}=D^{\mathrm{T}}.$$

性质 1.1 表明，在行列式中，行与列的地位是对称的. 因此，凡是有关行的性质，对列也同样成立，反之亦然.

性质 1.2　任意对换行列式的两行（两列）元素，其值变号.

证明　设

$$D_1=\begin{vmatrix} a_{11} & a_{12} & \cdots & a_{1n} \\ \vdots & \vdots & & \vdots \\ a_{k1} & a_{k2} & \cdots & a_{kn} \\ \vdots & \vdots & & \vdots \\ a_{l1} & a_{l2} & \cdots & a_{ln} \\ \vdots & \vdots & & \vdots \\ a_{n1} & a_{n2} & \cdots & a_{nn} \end{vmatrix},\quad D_2=\begin{vmatrix} a_{11} & a_{12} & \cdots & a_{1n} \\ \vdots & \vdots & & \vdots \\ a_{l1} & a_{l2} & \cdots & a_{ln} \\ \vdots & \vdots & & \vdots \\ a_{k1} & a_{k2} & \cdots & a_{kn} \\ \vdots & \vdots & & \vdots \\ a_{n1} & a_{n2} & \cdots & a_{nn} \end{vmatrix},$$

则

$$\begin{aligned} D_1 &= \sum_{j_1 j_2 \cdots j_n} (-1)^{\tau(j_1 \cdots j_k \cdots j_l \cdots j_n)} a_{1j_1} \cdots a_{kj_k} \cdots a_{lj_l} \cdots a_{nj_n} \\ &= -\sum_{j_1 j_2 \cdots j_n} (-1)^{\tau(j_1 \cdots j_l \cdots j_k \cdots j_n)} a_{1j_1} \cdots a_{lj_l} \cdots a_{kj_k} \cdots a_{nj_n} = -D_2. \end{aligned}$$

推论　行列式中有两行（两列）元素对应相同，则此行列式为零.

证明　交换元素相同的两行（两列），由性质 1.2 知 $D=-D$，即 $D=0$.

性质 1.3　行列式中某行（列）元素的公因子可以提到行列式符号的外面，或者说以一数乘行列式的某行（列）的所有元素等于用这个数乘此行列式. 即

$$\begin{vmatrix} a_{11} & a_{12} & \cdots & a_{1n} \\ \vdots & \vdots & & \vdots \\ ka_{i1} & ka_{i2} & \cdots & ka_{in} \\ \vdots & \vdots & & \vdots \\ a_{n1} & a_{n2} & \cdots & a_{nn} \end{vmatrix} = k\begin{vmatrix} a_{11} & a_{12} & \cdots & a_{1n} \\ \vdots & \vdots & & \vdots \\ a_{i1} & a_{i2} & \cdots & a_{in} \\ \vdots & \vdots & & \vdots \\ a_{n1} & a_{n2} & \cdots & a_{nn} \end{vmatrix}.$$

证明　容易得出

$$\sum_{j_1 j_2 \cdots j_n} (-1)^{\tau(j_1 \cdots j_i \cdots j_n)} a_{1j_1} \cdots (ka_{ij_i}) \cdots a_{nj_n} = k\sum_{j_1 j_2 \cdots j_n} (-1)^{\tau(j_1 \cdots j_i \cdots j_n)} a_{1j_1} \cdots a_{ij_i} \cdots a_{nj_n},$$

即性质 1.3 成立.

推论 1　如果行列式中某行（列）元素全为零，那么行列式为零.

推论 2　如果行列式中两行（两列）元素成比例，那么行列式为零.

性质 1.4　如果某一行（列）的元素是两组数之和，那么这个行列式就等于两个行列式之和，而这两个行列式除这一行元素外全与原来行列式对应行的元素一样. 即

$$\begin{vmatrix} a_{11} & a_{12} & \cdots & a_{1n} \\ \vdots & \vdots & & \vdots \\ b_1+c_1 & b_2+c_2 & \cdots & b_n+c_n \\ \vdots & \vdots & & \vdots \\ a_{n1} & a_{n2} & & a_{nn} \end{vmatrix} = \begin{vmatrix} a_{11} & a_{12} & \cdots & a_{1n} \\ \vdots & \vdots & & \vdots \\ b_1 & b_2 & \cdots & b_n \\ \vdots & \vdots & & \vdots \\ a_{n1} & a_{n2} & \cdots & a_{nn} \end{vmatrix} + \begin{vmatrix} a_{11} & a_{12} & \cdots & a_{1n} \\ \vdots & \vdots & & \vdots \\ c_1 & c_2 & \cdots & c_n \\ \vdots & \vdots & & \vdots \\ a_{n1} & a_{n2} & \cdots & a_{nn} \end{vmatrix}.$$

证明

$$
\begin{vmatrix} a_{11} & a_{12} & \cdots & a_{1n} \\ \vdots & \vdots & & \vdots \\ b_1+c_1 & b_2+c_2 & \cdots & b_n+c_n \\ \vdots & \vdots & & \vdots \\ a_{n1} & a_{n2} & & a_{nn} \end{vmatrix}
$$

$$
= \sum_{j_1j_2\cdots j_n} (-1)^{\tau(j_1\cdots j_i\cdots j_n)} a_{1j_1}\cdots(b_i+c_i)_{ij_i}\cdots a_{nj_n}
$$

$$
= \sum_{j_1j_2\cdots j_n} (-1)^{\tau(j_1\cdots j_i\cdots j_n)} a_{1j_1}\cdots b_{ij_i}\cdots a_{nj_n} + \sum_{j_1j_2\cdots j_n} (-1)^{\tau(j_1\cdots j_i\cdots j_n)} a_{1j_1}\cdots c_{ij_i}\cdots a_{nj_n}
$$

$$
= \begin{vmatrix} a_{11} & a_{12} & \cdots & a_{1n} \\ \vdots & \vdots & & \vdots \\ b_1 & b_2 & \cdots & b_n \\ \vdots & \vdots & & \vdots \\ a_{n1} & a_{n2} & \cdots & a_{nn} \end{vmatrix} + \begin{vmatrix} a_{11} & a_{12} & \cdots & a_{1n} \\ \vdots & \vdots & & \vdots \\ c_1 & c_2 & \cdots & c_n \\ \vdots & \vdots & & \vdots \\ a_{n1} & a_{n2} & \cdots & a_{nn} \end{vmatrix}.
$$

性质 1.5 行列式中某行（列）元素的 k 倍加到另一行（列）的对应元素上，此行列式的值不变. 即

$$
\begin{vmatrix} a_{11} & a_{12} & \cdots & a_{1n} \\ \vdots & \vdots & & \vdots \\ a_{i1} & a_{i2} & \cdots & a_{in} \\ \vdots & \vdots & & \vdots \\ a_{j1} & a_{j2} & \cdots & a_{jn} \\ \vdots & \vdots & & \vdots \\ a_{n1} & a_{n2} & \cdots & a_{nn} \end{vmatrix} = \begin{vmatrix} a_{11} & a_{12} & \cdots & a_{1n} \\ \vdots & \vdots & & \vdots \\ a_{i1} & a_{i2} & \cdots & a_{in} \\ \vdots & \vdots & & \vdots \\ ka_{i1}+a_{j1} & ka_{i2}+a_{j2} & \cdots & ka_{in}+a_{jn} \\ \vdots & \vdots & & \vdots \\ a_{n1} & a_{n2} & \cdots & a_{nn} \end{vmatrix}.
$$

为使行列式 D 的计算过程清晰醒目，特约定以下记号：

（1）$r_i \leftrightarrow r_j\,(c_i \leftrightarrow c_j)$表示交换 D 的第 i 行（列）与第 j 行（列）.

（2）$kr_i(c_i)$ 表示用数 k 乘 D 的第 i 行（列）的所有元素.

（3）$r_j + kr_i\,(c_j + kc_i)$表示把 D 的第 i 行（列）元素的 k 倍加到第 j 行（列）的对应元素上.

利用行列式性质计算：先化为三角形行列式，再利用三角形行列式的结论计算.

例 1.13 计算行列式$\begin{vmatrix} 1 & -1 & 2 \\ 13 & 2 & 72 \\ \sqrt{5} & -\sqrt{5} & 2\sqrt{5} \end{vmatrix}$.

解 因为第三行是第一行的 $\sqrt{5}$ 倍，所以该行列式等于 0.

例 1.14 计算行列式$\begin{vmatrix} -12 & 6 & 6 \\ 5 & 7 & 7 \\ 9 & 4 & 4 \end{vmatrix}$.

解 因为行列式的第二、三列相等，故该行列式等于 0.

例 1.15　计算行列式 $\begin{vmatrix} x_1y_1 & x_1y_2 & x_1y_3 \\ x_2y_1 & x_2y_2 & x_2y_3 \\ x_3y_1 & x_3y_2 & x_3y_3 \end{vmatrix}$.

解 $$\begin{vmatrix} x_1y_1 & x_1y_2 & x_1y_3 \\ x_2y_1 & x_2y_2 & x_2y_3 \\ x_3y_1 & x_3y_2 & x_3y_3 \end{vmatrix} \xlongequal{\text{提取每行的公因子}} x_1x_2x_3 \begin{vmatrix} y_1 & y_2 & y_3 \\ y_1 & y_2 & y_3 \\ y_1 & y_2 & y_3 \end{vmatrix} \xlongequal{\text{推论1.4}} 0.$$

例 1.16　计算行列式 $D=\begin{vmatrix} 3 & 1 & -1 & 2 \\ -5 & 1 & 3 & -4 \\ 2 & 0 & 1 & -1 \\ 1 & -5 & 3 & -4 \end{vmatrix}$.

解 $$D=\begin{vmatrix} 3 & 1 & -1 & 2 \\ -5 & 1 & 3 & -4 \\ 2 & 0 & 1 & -1 \\ 1 & -5 & 3 & -4 \end{vmatrix} \xlongequal{c_1 \leftrightarrow c_2} -\begin{vmatrix} 1 & 3 & -1 & 2 \\ 1 & -5 & 3 & -4 \\ 0 & 2 & 1 & -1 \\ -5 & 1 & 3 & -4 \end{vmatrix}$$

$$\xlongequal[r_4+5r_1]{r_2-r_1} -\begin{vmatrix} 1 & 3 & -1 & 2 \\ 0 & -8 & 4 & -6 \\ 0 & 2 & 1 & -1 \\ 0 & 16 & -2 & 6 \end{vmatrix} \xlongequal{r_2 \leftrightarrow r_3} \begin{vmatrix} 1 & 3 & -1 & 2 \\ 0 & 2 & 1 & -1 \\ 0 & -8 & 4 & -6 \\ 0 & 16 & -2 & 6 \end{vmatrix}$$

$$\xlongequal[r_4-8r_2]{r_3+4r_2} \begin{vmatrix} 1 & 3 & -1 & 2 \\ 0 & 2 & 1 & -1 \\ 0 & 0 & 8 & -10 \\ 0 & 0 & -10 & 14 \end{vmatrix} \xlongequal{r_4+\frac{10}{8}r_3} \begin{vmatrix} 1 & 3 & -1 & 2 \\ 0 & 2 & 1 & -1 \\ 0 & 0 & 8 & -10 \\ 0 & 0 & 0 & \frac{12}{8} \end{vmatrix} = 24.$$

例 1.17　计算 $D=\begin{vmatrix} 4 & 1 & 1 & 1 \\ 1 & 4 & 1 & 1 \\ 1 & 1 & 4 & 1 \\ 1 & 1 & 1 & 4 \end{vmatrix}$.

解（解法一）

$$\text{原式} \xlongequal{r_1 \leftrightarrow r_4} -\begin{vmatrix} 1 & 1 & 1 & 4 \\ 1 & 4 & 1 & 1 \\ 1 & 1 & 4 & 1 \\ 4 & 1 & 1 & 1 \end{vmatrix} \xlongequal{r_2-r_1} -\begin{vmatrix} 1 & 1 & 1 & 4 \\ 0 & 3 & 0 & -3 \\ 1 & 1 & 4 & 1 \\ 4 & 1 & 1 & 1 \end{vmatrix} \xlongequal[r_4-4r_1]{r_3-r_1} -\begin{vmatrix} 1 & 1 & 1 & 4 \\ 0 & 3 & 0 & -3 \\ 0 & 0 & 3 & -3 \\ 0 & -3 & -3 & -15 \end{vmatrix}$$

$$\xlongequal{r_4+r_2} -\begin{vmatrix} 1 & 1 & 1 & 4 \\ 0 & 3 & 0 & -3 \\ 0 & 0 & 3 & -3 \\ 0 & 0 & -3 & -18 \end{vmatrix} \xlongequal{r_4+r_3} -\begin{vmatrix} 1 & 1 & 1 & 4 \\ 0 & 3 & 0 & -3 \\ 0 & 0 & 3 & -3 \\ 0 & 0 & 0 & -21 \end{vmatrix} = 189.$$

（解法二）

$$\text{原式}\xlongequal{r_1+r_2+r_3+r_4}\begin{vmatrix}7&7&7&7\\1&4&1&1\\1&1&4&1\\1&1&1&4\end{vmatrix}=\begin{vmatrix}1&1&1&1\\1&4&1&1\\1&1&4&1\\1&1&1&4\end{vmatrix}\times 7\xlongequal[i=2,3,4]{r_i-r_1}\begin{vmatrix}1&1&1&1\\0&3&0&0\\0&0&3&0\\0&0&0&3\end{vmatrix}\times 7=189.$$

例 1.18 计算行列式

$$D=\begin{vmatrix}a_1&-a_1&0&0\\0&a_2&-a_2&0\\0&0&a_3&-a_3\\1&1&1&1\end{vmatrix}.$$

解 根据行列式的特点，可将第一列加至第二列，然后将第二列加至第三列，再将第三列加至第四列，目的是使 D 中的零元素增多.

$$D=\begin{vmatrix}a_1&-a_1&0&0\\0&a_2&-a_2&0\\0&0&a_3&-a_3\\1&1&1&1\end{vmatrix}\xlongequal{c_2+c_1}\begin{vmatrix}a_1&0&0&0\\0&a_2&-a_2&0\\0&0&a_3&-a_3\\1&2&1&1\end{vmatrix}$$

$$\xlongequal{c_3+c_2}\begin{vmatrix}a_1&0&0&0\\0&a_2&0&0\\0&0&a_3&-a_3\\1&2&3&1\end{vmatrix}\xlongequal{c_4+c_3}\begin{vmatrix}a_1&0&0&0\\0&a_2&0&0\\0&0&a_3&0\\1&2&3&4\end{vmatrix}=4a_1a_2a_3.$$

习题 1.4

1. 说明下列等式运用了行列式的什么性质.

（1）$\begin{vmatrix}0&5&-2\\1&-3&6\\4&-1&8\end{vmatrix}=-\begin{vmatrix}1&-3&6\\0&5&-2\\4&-1&8\end{vmatrix}$；　（2）$\begin{vmatrix}1&2&2\\0&3&-4\\3&7&4\end{vmatrix}=\begin{vmatrix}1&2&2\\0&3&-4\\0&1&-2\end{vmatrix}$；

（3）$\begin{vmatrix}3&-6&9\\3&5&-5\\1&3&3\end{vmatrix}=3\begin{vmatrix}1&-2&3\\3&5&-5\\1&3&3\end{vmatrix}$；　（4）$\begin{vmatrix}1&3&-4\\2&0&-3\\3&-5&2\end{vmatrix}=\begin{vmatrix}1&3&-4\\0&-6&5\\3&-5&2\end{vmatrix}$.

2. 求下列行列式：

（1）$\begin{vmatrix}2&1&4&3\\4&2&3&11\\3&0&9&2\\1&-1&-1&4\end{vmatrix}$；　（2）$\begin{vmatrix}9&1&9&9&9\\9&0&9&9&2\\4&0&0&5&0\\9&0&3&9&0\\6&0&0&7&0\end{vmatrix}$；

（3）$\begin{vmatrix} a & b & b & b \\ a & a & b & b \\ a & b & a & b \\ b & b & b & a \end{vmatrix}$；　　（4）$\begin{vmatrix} 4 & 8 & 8 & 8 & 5 \\ 0 & 1 & 0 & 0 & 0 \\ 6 & 8 & 8 & 8 & 7 \\ 0 & 8 & 8 & 3 & 0 \\ 0 & 8 & 2 & 0 & 0 \end{vmatrix}$；

（5）$D_n = \begin{vmatrix} 2 & a & a & \cdots & a \\ a & 2 & a & \cdots & a \\ a & a & 2 & \cdots & a \\ \vdots & \vdots & \vdots & \ddots & \vdots \\ a & a & a & \cdots & 2 \end{vmatrix}$；　　（6）$\begin{vmatrix} 1+a & 1 & 1 & \cdots & 1 \\ 2 & 2+a & 2 & \cdots & 2 \\ 3 & 3 & 3+a & \cdots & 3 \\ \vdots & \vdots & \vdots & \ddots & \vdots \\ n & n & n & \cdots & n+a \end{vmatrix}$.

3. 证明下列行列式的值为零.

（1）$\begin{vmatrix} 12 & 13 & 14 \\ 15 & 16 & 17 \\ 18 & 19 & 20 \end{vmatrix}$；　　（2）$\begin{vmatrix} 1 & a & b+c \\ 1 & b & a+c \\ 1 & c & a+b \end{vmatrix}$；

（3）$\begin{vmatrix} a & b & c \\ a+x & b+x & c+x \\ a+y & b+y & c+y \end{vmatrix}$.

4. 验证下列行列式的值是否正确.

（1）$\begin{vmatrix} a^2 & (a+1)^2 & (a+2)^2 \\ b^2 & (b+1)^2 & (b+2)^2 \\ c^2 & (c+1)^2 & (c+2)^2 \end{vmatrix} = 4(a-b)(a-c)(b-c)$；

（2）$\begin{vmatrix} a_1 & 1 & 1 & \cdots & 1 \\ 1 & a_2 & 0 & \cdots & 0 \\ 1 & 0 & a_3 & \cdots & 0 \\ \vdots & \vdots & \vdots & \ddots & \vdots \\ 1 & 0 & 0 & \cdots & a_n \end{vmatrix} = a_2 a_3 \cdots a_n \left(a_1 - \sum_{i=2}^{n} \frac{1}{a_i} \right)$，其中 $a_2 a_3 \cdots a_n \neq 0$；

（3）$\begin{vmatrix} a_1-b_1 & a_1-b_2 & \cdots & a_1-b_n \\ a_2-b_1 & a_2-b_2 & \cdots & a_2-b_n \\ \vdots & \vdots & \ddots & \vdots \\ a_n-b_1 & a_n-b_2 & \cdots & a_n-b_n \end{vmatrix} = 0$.

5. 已知 $D = \begin{vmatrix} a_{11} & a_{12} & a_{13} \\ a_{21} & a_{22} & a_{23} \\ a_{31} & a_{32} & a_{33} \end{vmatrix} = 1$，求下列行列式的值.

（1）$D_1 = \begin{vmatrix} 4a_{11} & 2a_{11}-3a_{12} & 2a_{13} \\ 4a_{21} & 2a_{21}-3a_{22} & 2a_{23} \\ 4a_{31} & 2a_{31}-3a_{32} & 2a_{33} \end{vmatrix}$；

（2）$D_2 = \begin{vmatrix} a_{11} & 2a_{31}-5a_{21} & 3a_{21} \\ a_{12} & 2a_{32}-5a_{22} & 3a_{22} \\ a_{13} & 2a_{33}-5a_{23} & 3a_{23} \end{vmatrix}$.

§1.5 行列式按一行（列）展开

由第 4 节的例题可以看出，利用行列式的性质计算行列式可以降低计算复杂度，但是，上述性质对于高阶行列式以及一些复杂的行列式而言，效果并不十分明显. 下面介绍一种新的计算行列式的方法，即**行列式按一行（列）展开**，它对于计算一些特殊的高阶行列式较为有效.

对于三阶行列式$\begin{vmatrix} a_{11} & a_{12} & a_{13} \\ a_{21} & a_{22} & a_{23} \\ a_{31} & a_{32} & a_{33} \end{vmatrix}$，可以将其结果写成如下形式：

$$\begin{aligned}\begin{vmatrix} a_{11} & a_{12} & a_{13} \\ a_{21} & a_{22} & a_{23} \\ a_{31} & a_{32} & a_{33} \end{vmatrix} &= a_{11}a_{22}a_{33} + a_{12}a_{23}a_{31} + a_{13}a_{21}a_{32} - a_{13}a_{22}a_{31} - a_{12}a_{21}a_{33} - a_{11}a_{23}a_{32} \\ &= a_{11}\begin{vmatrix} a_{22} & a_{23} \\ a_{32} & a_{33} \end{vmatrix} - a_{12}\begin{vmatrix} a_{21} & a_{23} \\ a_{31} & a_{33} \end{vmatrix} + a_{13}\begin{vmatrix} a_{21} & a_{22} \\ a_{31} & a_{32} \end{vmatrix}.\end{aligned}$$

那么，一个 n 阶行列式是否可以转化为若干个 $n-1$ 阶行列式来计算？高阶行列式是否都可用较低阶的行列式表示呢？为了回答这个问题，先介绍余子式和代数余子式的概念.

定义 1.6 在行列式

$$\begin{vmatrix} a_{11} & \cdots & a_{1j} & \cdots & a_{1n} \\ \vdots & & \vdots & & \vdots \\ a_{i1} & \cdots & a_{ij} & \cdots & a_{in} \\ \vdots & & \vdots & & \vdots \\ a_{n1} & \cdots & a_{nj} & \cdots & a_{nn} \end{vmatrix}$$

中划去元素 a_{ij} 所在的第 i 行与第 j 列，剩下的 $(n-1)^2$ 个元素按原来的排法构成一个 $n-1$ 阶行列式：

$$M_{ij} = \begin{vmatrix} a_{11} & \cdots & a_{1,j-1} & a_{1,j+1} & \cdots & a_{1n} \\ \vdots & & \vdots & \vdots & & \vdots \\ a_{i-1,1} & \cdots & a_{i-1,j-1} & a_{i-1,j+1} & \cdots & a_{i-1,n} \\ a_{i+1,1} & \cdots & a_{i+1,j-1} & a_{i+1,j+1} & \cdots & a_{i+1,n} \\ \vdots & & \vdots & \vdots & & \vdots \\ a_{n1} & \cdots & a_{n,j-1} & a_{n,j+1} & \cdots & a_{nn} \end{vmatrix},$$

称为元素 a_{ij} 的**余子式**，而

$$A_{ij} = (-1)^{i+j} M_{ij}$$

称为元素 a_{ij} 的**代数余子式**.

例如，四阶行列式

$$D=\begin{vmatrix} a_{11} & a_{12} & a_{13} & a_{14} \\ a_{21} & a_{22} & a_{23} & a_{24} \\ a_{31} & a_{32} & a_{33} & a_{34} \\ a_{41} & a_{42} & a_{43} & a_{44} \end{vmatrix}$$

中元素 a_{12} 的余子式和代数余子式分别为

$$M_{12}=\begin{vmatrix} a_{21} & a_{23} & a_{24} \\ a_{31} & a_{33} & a_{34} \\ a_{41} & a_{43} & a_{44} \end{vmatrix}, \quad A_{12}=(-1)^{1+2}M_{12}=-M_{12}.$$

行列式的每个元素 a_{ij} 分别对应着一个余子式和代数余子式. 显然，元素 a_{ij} 的余子式和代数余子式只与元素 a_{ij} 的位置有关，而与元素 a_{ij} 本身无关，并且有关系

$$A_{ij}=\begin{cases} M_{ij}, & \text{当} i+j \text{为偶数时} \\ -M_{ij}, & \text{当} i+j \text{为奇数时} \end{cases}.$$

于是，三阶行列式 $\begin{vmatrix} a_{11} & a_{12} & a_{13} \\ a_{21} & a_{22} & a_{23} \\ a_{31} & a_{32} & a_{33} \end{vmatrix}$ 可用代数余子式表示为

$$\begin{vmatrix} a_{11} & a_{12} & a_{13} \\ a_{21} & a_{22} & a_{23} \\ a_{31} & a_{32} & a_{33} \end{vmatrix}=a_{11}A_{11}+a_{12}A_{12}+a_{13}A_{13}.$$

为了把这个结果推广到 n 阶行列式，下面先证明一个引理.

引理 1.1　若 n 阶行列式 D 中第 i 行的所有元素除 a_{ij} 外都为零，那么这个行列式等于 a_{ij} 与它的代数余子式的乘积，即 $D=a_{ij}A_{ij}$.

证明　当 a_{ij} 位于 D 的第一行第一列时，即

$$D=\begin{vmatrix} a_{11} & 0 & \cdots & 0 \\ a_{21} & a_{22} & \cdots & a_{2n} \\ \vdots & \vdots & & \vdots \\ a_{n1} & a_{n2} & \cdots & a_{nn} \end{vmatrix},$$

则
$$D=a_{11}M_{11}=a_{11}(-1)^{1+1}M_{11}=a_{11}A_{11}.$$

下面证明一般情形. 设

$$D=\begin{vmatrix} a_{11} & \cdots & a_{1j} & \cdots & a_{1n} \\ \vdots & & \vdots & & \vdots \\ 0 & \cdots & a_{ij} & \cdots & 0 \\ \vdots & & \vdots & & \vdots \\ a_{n1} & \cdots & a_{nj} & \cdots & a_{nn} \end{vmatrix},$$

把 D 的第 i 行依次与第 $i-1,\cdots,2,1$ 行交换后换到第一行，再把 D 的第 j 列依次与第 $j-1,\cdots,2,1$ 列交换后换到第一列，得

$$D_1=\begin{vmatrix} a_{ij} & \cdots & 0 & \cdots & 0 \\ \vdots & & \vdots & & \vdots \\ a_{i-1,j} & \cdots & a_{i-1,j-1} & \cdots & a_{i-1,n} \\ \vdots & & \vdots & & \vdots \\ a_{nj} & \cdots & a_{n,j-1} & \cdots & a_{nn} \end{vmatrix}=(-1)^{i-1}\cdot(-1)^{j-1}D=(-1)^{i+j}D.$$

而元素 a_{ij} 在 D_1 中的余子式就是 a_{ij} 在 D 中的余子式 M_{ij}，利用前面的结果有

$$D_1=a_{ij}M_{ij}.$$

于是 $$D=(-1)^{i+j}D_1=(-1)^{i+j}a_{ij}M_{ij}=a_{ij}A_{ij}.$$

定理 1.3 行列式的值等于它的任一行（列）的各个元素与其对应的代数余子式的乘积之和，即

$$D=\begin{vmatrix} a_{11} & a_{12} & \cdots & a_{1n} \\ \vdots & \vdots & & \vdots \\ a_{i1} & a_{i2} & \cdots & a_{in} \\ \vdots & \vdots & & \vdots \\ a_{n1} & a_{n2} & \cdots & a_{nn} \end{vmatrix}=a_{i1}A_{i1}+a_{i2}A_{i2}+\cdots+a_{in}A_{in},\quad i=1,2,\cdots,n,$$

或

$$D=\begin{vmatrix} a_{11} & \cdots & a_{1j} & \cdots & a_{1n} \\ a_{21} & \cdots & a_{2j} & \cdots & a_{2n} \\ \vdots & & \vdots & & \vdots \\ a_{n1} & \cdots & a_{nj} & \cdots & a_{nn} \end{vmatrix}=a_{1j}A_{1j}+a_{2j}A_{2j}+\cdots+a_{nj}A_{nj},\quad j=1,2,\cdots,n.$$

证明

$$D=\begin{vmatrix} a_{11} & a_{12} & \cdots & a_{1n} \\ \vdots & \vdots & & \vdots \\ a_{i1}+0+\cdots+0 & 0+a_{i2}+\cdots+0 & \cdots & 0+\cdots+0+a_{in} \\ \vdots & \vdots & & \vdots \\ a_{n1} & a_{n2} & \cdots & a_{nn} \end{vmatrix}$$

$$=\begin{vmatrix} a_{11} & a_{12} & \cdots & a_{1n} \\ \vdots & \vdots & & \vdots \\ a_{i1} & 0 & \cdots & 0 \\ \vdots & \vdots & & \vdots \\ a_{n1} & a_{n2} & \cdots & a_{nn} \end{vmatrix}+\begin{vmatrix} a_{11} & a_{12} & \cdots & a_{1n} \\ \vdots & \vdots & & \vdots \\ 0 & a_{i2} & \cdots & 0 \\ \vdots & \vdots & & \vdots \\ a_{n1} & a_{n2} & \cdots & a_{nn} \end{vmatrix}+\cdots+\begin{vmatrix} a_{11} & a_{12} & \cdots & a_{1n} \\ \vdots & \vdots & & \vdots \\ 0 & 0 & \cdots & a_{in} \\ \vdots & \vdots & & \vdots \\ a_{n1} & a_{n2} & \cdots & a_{nn} \end{vmatrix}$$

$$=a_{i1}A_{i1}+a_{i2}A_{i2}+\cdots+a_{in}A_{in}.$$

这就是行列式按第 i 行展开的公式.

类似地，可证明行列式按第 j 列展开的公式，即

$$D = a_{1j}A_{1j} + a_{2j}A_{2j} + \cdots + a_{nj}A_{nj}\ (j = 1,2,\cdots,n).$$

定理 1.4　行列式中某一行（列）的各个元素与另一行（列）的对应元素的代数余子式的乘积之和等于零. 即

$$a_{i1}A_{j1} + a_{i2}A_{j2} + \cdots + a_{in}A_{jn} = 0,\ i \neq j,$$

或

$$a_{1i}A_{1j} + a_{2i}A_{2j} + \cdots + a_{ni}A_{nj} = 0,\ i \neq j.$$

证明　构造行列式

$$D_1 = \begin{vmatrix} a_{11} & a_{12} & \cdots & a_{1n} \\ \vdots & \vdots & & \vdots \\ a_{i1} & a_{i2} & \cdots & a_{in} \\ \vdots & \vdots & & \vdots \\ a_{i1} & a_{i2} & \cdots & a_{in} \\ \vdots & \vdots & & \vdots \\ a_{n1} & a_{n2} & \cdots & a_{nn} \end{vmatrix} \begin{matrix} \\ \\ i\text{行} \\ \\ j\text{行} \\ \\ \\ \end{matrix},$$

其中，第 i 行与第 j 行的对应元素相同，可知 $D_1 = 0$. 而 D_1 与 D 仅第 j 行元素不同，从而可知，D_1 的第 j 行元素的代数余子式与 D 的第 j 行对应元素的代数余子式相同，即将 D_1 按 j 行展开有

$$D_1 = a_{i1}A_{j1} + a_{i2}A_{j2} + \cdots + a_{in}A_{jn} = 0\ (i \neq j).$$

类似地，有

$$a_{1i}A_{1j} + a_{2i}A_{2j} + \cdots + a_{ni}A_{nj} = 0\ (i \neq j).$$

证毕.

由定理 1.3 与定理 1.4，有

$$a_{i1}A_{j1} + a_{i2}A_{j2} + \cdots + a_{in}A_{jn} = \begin{cases} D, & i = j \\ 0, & i \neq j \end{cases},\quad i,j = 1,2,\cdots,n,$$

$$a_{1i}A_{1j} + a_{2i}A_{2j} + \cdots + a_{ni}A_{nj} = \begin{cases} D, & i = j \\ 0, & i \neq j \end{cases},\quad i,j = 1,2,\cdots,n.$$

一般来说，利用行列式的展开定理来计算行列式的值并不是一个好方法. 下面以一个五阶行列式为例来估算它的计算量. 利用行列式的展开定理计算五阶行列式的计算量为：一个五阶行列式需算 5 个四阶行列式，一个四阶行列式需算 4 个三阶行列式，一个三阶行列式需算 3 个二阶行列式，这样计算一个五阶行列式需算 5×4×3=60 个二阶行列式. 但是，如果行列式的某行（列）中零元素较多，那么计算这个行列式时就可以选择按这行（列）将它展开.

例 1.19　计算行列式 $D = \begin{vmatrix} 2 & -1 & 0 \\ 1 & 1 & 2 \\ 3 & -1 & 2 \end{vmatrix}$.

解 $D=\begin{vmatrix}2&-1&0\\1&1&2\\3&-1&2\end{vmatrix}$

$=2\times(-1)^{2+3}\begin{vmatrix}2&-1\\3&-1\end{vmatrix}+2\times(-1)^{3+3}\begin{vmatrix}2&-1\\1&1\end{vmatrix}$

$=-2\times1+2\times3=4.$

例 1.20 计算行列式 $D=\begin{vmatrix}5&1&-1&1\\-11&1&3&-1\\0&0&3&0\\-5&-5&3&0\end{vmatrix}$.

解 $D=(-1)^{3+3}\times3\times\begin{vmatrix}5&1&1\\-11&1&-1\\-5&-5&0\end{vmatrix}\xlongequal{r_2+r_1}3\begin{vmatrix}5&1&1\\-6&2&0\\-5&-5&0\end{vmatrix}$

$=(-1)^{1+3}\times3\times\begin{vmatrix}-6&2\\-5&-5\end{vmatrix}=3\begin{vmatrix}-8&2\\0&-5\end{vmatrix}=120.$

例 1.21 计算行列式 $D=\begin{vmatrix}2&-1&1&-1\\0&0&2&-1\\0&2&4&1\\-2&0&3&2\end{vmatrix}$.

解 一般应选取零元素最多的行或列进行展开，以简便计算.

$$D=2\times(-1)^{2+3}\begin{vmatrix}2&-1&-1\\0&2&1\\-2&0&2\end{vmatrix}+(-1)\times(-1)^{2+4}\begin{vmatrix}2&-1&1\\0&2&4\\-2&0&3\end{vmatrix}$$
$$=-2\times(8+2-4)-(12+8+4)=-36.$$

例 1.22 计算行列式 $D=\begin{vmatrix}1&2&3&-1\\1&1&0&2\\0&1&0&1\\3&-4&-1&-2\end{vmatrix}$.

解

$$D=\begin{vmatrix}1&2&3&-1\\1&1&0&2\\0&1&0&1\\3&-4&-1&-2\end{vmatrix}\xlongequal{c_4+(-1)c_2}\begin{vmatrix}1&2&3&-3\\1&1&0&1\\0&1&0&0\\3&-4&-1&2\end{vmatrix}.$$

按第三行展开，有

$$D = 1\times(-1)^{3+2}\begin{vmatrix}1 & 3 & -3\\ 1 & 0 & 1\\ 3 & -1 & 2\end{vmatrix} \xlongequal{r_1+3r_3} -\begin{vmatrix}10 & 0 & 3\\ 1 & 0 & 1\\ 3 & -1 & 2\end{vmatrix}$$

$$= (-1)(-1)(-1)^{3+2}\begin{vmatrix}10 & 3\\ 1 & 1\end{vmatrix} = -7.$$

例 1.23　计算行列式 $D=\begin{vmatrix}1 & 1 & 1\\ x_1 & x_2 & x_3\\ x_1^2 & x_2^2 & x_3^2\end{vmatrix}$.

解　首先，根据行列式的性质，分别将第一行的 $-x_1$, $-x_1^2$ 倍加到第二行和第三行，这样可使第一列的元素除 $a_{11}=1$ 以外，都变为 0，即

$$D=\begin{vmatrix}1 & 1 & 1\\ 0 & x_2-x_1 & x_3-x_1\\ 0 & x_2^2-x_1^2 & x_3^2-x_1^2\end{vmatrix}.$$

再按第一列展开，有

$$D = 1\times(-1)^{1+1}\begin{vmatrix}x_2-x_1 & x_3-x_1\\ x_2^2-x_1^2 & x_3^2-x_1^2\end{vmatrix} = (x_3-x_1)(x_2-x_1)(x_3-x_2).$$

用数学归纳法，我们可以证明 $n(n\geqslant 2)$ 阶**范德蒙德（Vandermonde）行列式**

$$D_n=\begin{vmatrix}1 & 1 & \cdots & 1\\ x_1 & x_2 & \cdots & x_n\\ x_1^2 & x_2^2 & \cdots & x_n^2\\ \vdots & \vdots & & \vdots\\ x_1^{n-1} & x_2^{n-1} & \cdots & x_n^{n-1}\end{vmatrix} = \prod_{1\leqslant j<i\leqslant n}(x_i-x_j),$$

其中，记号“$\prod$”表示全体同类因子的乘积. 即 n 阶范德蒙德行列式等于 $x_1,x_2,\cdots,x_n$ 这 n 个数的所有可能的差 $x_i-x_j(1\leqslant j<i\leqslant n)$ 的乘积.

范德蒙德行列式为零的充要条件是 $x_1,x_2,\cdots,x_n$ 这 n 个数中至少有两个相等.

定义 1.7　在 n 阶行列式 D 中任取 k 行（第 $i_1,i_2,\cdots,i_k$ 行）k 列(第 $j_1,j_2,\cdots,j_k$ 列)，$1\leqslant k<n$，位于这些行和列的交叉点上的元素按原来相应的位置组成一个 k 阶行列式，称为行列式 D 的一个 k **阶子式**. 在 D 中划去这 k 行 k 列后余下的元素按原来相应位置组成的 $n-k$ 阶行列式 M，称为该 k 阶子式的**余子式**. 称 $(-1)^{(i_1+i_2+\cdots+i_k)+(j_1+j_2+\cdots+j_k)}M$ 为该 k 阶子式的**代数余子式**.

定理 1.5（拉普拉斯定理）　设在 n 阶行列式 D 中任意取定了 $k(1\leqslant k\leqslant n-1)$行，由这 k 行元素所组成的一切 k 级子式与它们的代数余子式的乘积的和等于行列式 D 的值.

例 1.24 计算行列式

$$D=\begin{vmatrix}3&6&0&0&0\\2&5&6&0&0\\0&1&5&6&0\\0&0&1&5&6\\0&0&0&1&5\end{vmatrix}.$$

解 在 D 的前两行中，二阶子式共有 10 个，但其中只有三个不为零，即

$$A_1=\begin{vmatrix}3&6\\2&5\end{vmatrix}=3，\quad A_2=\begin{vmatrix}3&0\\2&6\end{vmatrix}=18，\quad A_3=\begin{vmatrix}6&0\\5&6\end{vmatrix}=36.$$

它们的代数余子式分别为

$$M_1=(-1)^{(1+2)+(1+2)}\begin{vmatrix}5&6&0\\1&5&6\\0&1&5\end{vmatrix}=65,$$

$$M_2=(-1)^{(1+2)+(1+3)}\begin{vmatrix}1&6&0\\0&5&6\\0&1&5\end{vmatrix}=-19,$$

$$M_3=(-1)^{(1+2)+(2+3)}\begin{vmatrix}0&6&0\\0&5&6\\0&1&5\end{vmatrix}=0.$$

根据拉普拉斯定理，得

$$D=3\times65+18\times(-19)+36\times0=-147.$$

习题 1.5

1. 写出所有元素 3 的代数余子式：

$$D=\begin{vmatrix}1&0&-1&3&1\\0&2&-5&4&1\\3&-2&-1&1&0\\0&0&2&1&3\\1&3&-1&5&1\end{vmatrix}.$$

2. 计算下列行列式.

（1）$D=\begin{vmatrix}3&2&7\\0&5&2\\0&2&1\end{vmatrix}$；　　（2）$D=\begin{vmatrix}2&-1&3\\0&2&0\\4&1&2\end{vmatrix}$；

（3）$D=\begin{vmatrix} x & y & 0 & 0 \\ 0 & x & y & 0 \\ 0 & 0 & x & y \\ y & 0 & 0 & x \end{vmatrix}$；　　（4）$D=\begin{vmatrix} a+b & 0 & 0 & a-b \\ 0 & a+b & a-b & 0 \\ 0 & a-b & a+b & 0 \\ a-b & 0 & 0 & a+b \end{vmatrix}$；

（5）$D=\begin{vmatrix} 3 & 1 & -1 & 2 \\ -5 & 1 & 3 & -4 \\ 2 & 0 & 1 & -1 \\ 1 & -5 & 3 & -3 \end{vmatrix}$；　　（6）$D=\begin{vmatrix} 1 & 2 & 3 & 4 \\ 1 & 0 & 1 & 2 \\ 3 & -1 & -1 & 0 \\ 1 & 2 & 0 & -5 \end{vmatrix}$；

（7）$D=\begin{vmatrix} a & a^2 & a^3 \\ b & b^2 & b^3 \\ c & c^2 & c^3 \end{vmatrix}$；　　（8）$D=\begin{vmatrix} a & a & a & a \\ b & 2b & 3b & 4b \\ c & 3c & 5c & 7c \\ d & 2d & 4d & 6d \end{vmatrix}$.

3. 讨论当 k 为何值时，$\begin{vmatrix} 1 & 1 & 0 & 0 \\ 1 & k & 1 & 0 \\ 0 & 0 & k & 2 \\ 0 & 0 & 2 & k \end{vmatrix} \neq 0$.

4. 设 n 阶行列式 $D_n=\begin{vmatrix} 1 & 2 & 3 & \cdots & n \\ 1 & 2 & 0 & \cdots & 0 \\ 1 & 0 & 3 & \cdots & 0 \\ \vdots & \vdots & \vdots & & \vdots \\ 1 & 0 & 0 & \cdots & n \end{vmatrix}$，求第一行各元素的代数余子式之和 $A_{11}+A_{12}+\cdots+A_{1n}$.

5. 求证：

$$D=\begin{vmatrix} 1 & 2 & 3 & 4 & \cdots & n \\ 1 & 1 & 2 & 3 & \cdots & n-1 \\ 1 & x & 1 & 2 & \cdots & n-2 \\ \vdots & \vdots & \vdots & \vdots & & \vdots \\ 1 & x & x & x & \cdots & 2 \\ 1 & x & x & x & \cdots & 1 \end{vmatrix}=(-1)^{n+1}x^{n-2}.$$

6. 用拉普拉斯定理求下列行列式的值.

（1）$D=\begin{vmatrix} 2 & 3 & 0 & 0 \\ 1 & 2 & 3 & 0 \\ 0 & 1 & 2 & 3 \\ 0 & 0 & 1 & 2 \end{vmatrix}$；　　（2）$D=\begin{vmatrix} 2 & 1 & 0 & 0 & 0 \\ 1 & 2 & 1 & 0 & 0 \\ 0 & 1 & 2 & 1 & 0 \\ 0 & 0 & 1 & 2 & 1 \\ 0 & 0 & 0 & 1 & 2 \end{vmatrix}$.

综合练习 1

1. 计算下列三阶行列式.

（1）$\begin{vmatrix} 2 & 0 & 1 \\ 1 & -4 & -1 \\ -1 & 8 & 3 \end{vmatrix}$；（2）$\begin{vmatrix} -1 & 1 & 1 \\ 3 & 1 & 4 \\ 8 & 9 & 5 \end{vmatrix}$；

（3）$\begin{vmatrix} 1 & 1 & 1 \\ a & b & c \\ a^2 & b^2 & c^2 \end{vmatrix}$；（4）$\begin{vmatrix} x & y & x+y \\ y & x+y & x \\ x+y & x & y \end{vmatrix}$.

2. 按自然数从小到大的标准序列，求下列各个排列的逆序数.

（1）1234；（2）4132；（3）3421；

（4）2413；（5）$13\cdots(2n-1)24\cdots(2n)$.

3. 求 i,k 的值，使

（1）$a_{12}a_{3i}a_{2k}a_{51}a_{44}$ 是 5 阶行列式中带正号的项；

（2）$a_{21}a_{i4}a_{45}a_{k2}a_{33}$ 是 5 阶行列式中带负号的项.

4. 计算下列各行列式.

（1）$\begin{vmatrix} 4 & 1 & 2 & 4 \\ 1 & 2 & 0 & 2 \\ 10 & 5 & 2 & 0 \\ 0 & 1 & 1 & 7 \end{vmatrix}$；（2）$\begin{vmatrix} 2 & 1 & 4 & 1 \\ 3 & -1 & 2 & 1 \\ 1 & 2 & 3 & 2 \\ 5 & 0 & 6 & 1 \end{vmatrix}$；

（3）$\begin{vmatrix} -ab & ac & ae \\ bd & -cd & de \\ bf & cf & -ef \end{vmatrix}$；（4）$\begin{vmatrix} a & 1 & 0 & 0 \\ -1 & b & 1 & 0 \\ 0 & -1 & c & 1 \\ 0 & 0 & -1 & d \end{vmatrix}$；

（5）$\begin{vmatrix} 3 & 4 & -3 & -1 \\ 3 & 0 & 1 & -3 \\ -6 & 0 & -4 & 3 \\ 6 & 8 & -4 & -1 \end{vmatrix}$；（6）$\begin{vmatrix} -1 & 2 & 3 & 0 \\ 3 & 4 & 3 & 0 \\ 11 & 4 & 6 & 6 \\ 4 & 2 & 4 & 3 \end{vmatrix}$；

（7）$\begin{vmatrix} 2 & 5 & 4 & 1 \\ 4 & 7 & 6 & 2 \\ 6 & -2 & -4 & 0 \\ -6 & 7 & 7 & 0 \end{vmatrix}$；（8）$\begin{vmatrix} 1 & 5 & 4 & 1 \\ 0 & -2 & -4 & 0 \\ 3 & 5 & 4 & 1 \\ -6 & 5 & 5 & 0 \end{vmatrix}$.

5. 求解下列方程.

（1）$\begin{vmatrix} x+1 & 2 & -1 \\ 2 & x+1 & 1 \\ -1 & 1 & x+1 \end{vmatrix}=0$；

（2）$\begin{vmatrix} 1 & 1 & 1 & 1 \\ x & a & b & c \\ x^2 & a^2 & b^2 & c^2 \\ x^3 & a^3 & b^3 & c^3 \end{vmatrix}$，其中 a,b,c 互不相等；

（3）$\begin{vmatrix} 1 & 2 & 5 \\ 1 & 3 & -2 \\ 2 & 5 & x \end{vmatrix} = 1$.

6. 证明下列各式.

（1）$\begin{vmatrix} a^2 & ab & b^2 \\ 2a & a+b & 2b \\ 1 & 1 & 1 \end{vmatrix} = (a-b)^3$；

（2）$\begin{vmatrix} ax+by & ay+bz & ax+bx \\ ay+bz & az+bx & ax+by \\ az+bx & ax+by & ay+bz \end{vmatrix} = (a^3-b^3)\begin{vmatrix} x & y & z \\ y & z & x \\ z & x & y \end{vmatrix}$；

（3）$\begin{vmatrix} a^2 & (a+1)^2 & (a+2)^2 & (a+3)^2 \\ b^2 & (b+1)^2 & (b+2)^2 & (b+3)^2 \\ c^2 & (c+1)^2 & (c+2)^2 & (c+3)^2 \\ d^2 & (d+1)^2 & (d+2)^2 & (d+3)^2 \end{vmatrix} = 0$；

（4）$\begin{vmatrix} 1 & 1 & 1 & 1 \\ a & b & c & d \\ a^2 & b^2 & c^2 & d^2 \\ a^4 & b^4 & c^4 & d^4 \end{vmatrix} = (a-b)(a-c)(a-d)(b-c)(b-d)(c-d)(a+b+c+d)$；

（5）$\begin{vmatrix} x & -1 & 0 & \cdots & 0 & 0 \\ 0 & x & -1 & \cdots & 0 & 0 \\ \vdots & \vdots & \vdots & \ddots & \vdots & \vdots \\ 0 & 0 & 0 & \cdots & x & -1 \\ a_0 & a_1 & a_2 & \cdots & a_{n-1} & a_n \end{vmatrix} = a_n x^n + a_{n-1}x^{n-1} + \cdots + a_1 x + a_0$.

7. 利用余子式计算下列各题.

（1）$\begin{vmatrix} 4 & 0 & 0 & 5 \\ 1 & 7 & 2 & -5 \\ 3 & 0 & 0 & 0 \\ 8 & 3 & 1 & 7 \end{vmatrix}$；

（2）$\begin{vmatrix} 1 & -2 & 5 & 2 \\ 0 & 0 & 3 & 0 \\ 2 & -4 & -3 & 5 \\ 2 & 0 & 3 & 5 \end{vmatrix}$；

（3）$\begin{vmatrix} 3 & 5 & -6 & 4 \\ 0 & -2 & 3 & -3 \\ 0 & 0 & 1 & 5 \\ 0 & 0 & 0 & 3 \end{vmatrix}$；

（4）$\begin{vmatrix} 3 & 0 & 0 & 0 \\ 7 & -2 & 0 & 0 \\ 2 & 6 & 3 & 0 \\ 3 & -8 & 4 & -3 \end{vmatrix}$；

$$
（5）\begin{vmatrix} 4 & 0 & -7 & 3 & -5 \\ 0 & 0 & 2 & 0 & 0 \\ 7 & 3 & -6 & 4 & -8 \\ 5 & 0 & 5 & 2 & -3 \\ 0 & 0 & 9 & -1 & 2 \end{vmatrix}；
\qquad
（6）\begin{vmatrix} 6 & 3 & 2 & 4 & 0 \\ 9 & 0 & -4 & 1 & 0 \\ 8 & -5 & 6 & 7 & 1 \\ 2 & 0 & 0 & 0 & 0 \\ 4 & 2 & 3 & 2 & 0 \end{vmatrix}.
$$

8. 计算下列 $2n$ 阶行列式.

（1） $D = \begin{vmatrix} a & & & & & b \\ & \ddots & & & \cdot^{\cdot^{\cdot}} & \\ & & a & b & & \\ & & b & a & & \\ & \cdot^{\cdot^{\cdot}} & & & \ddots & \\ b & & & & & a \end{vmatrix} \begin{matrix} \left.\rule{0pt}{18pt}\right\} n行 \\ \left.\rule{0pt}{18pt}\right\} n行 \end{matrix}$ ，其中行列式中空白处元素均为零；

（2） $D = \begin{vmatrix} a_{11} & a_{12} & \cdots & a_{1n} & 0 & 0 & \cdots & 0 \\ a_{21} & a_{22} & \cdots & a_{2n} & 0 & 0 & \cdots & 0 \\ \vdots & \vdots & & \vdots & \vdots & \vdots & & \vdots \\ a_{n1} & a_{n2} & \cdots & a_{nn} & 0 & 0 & \cdots & 0 \\ -1 & 0 & \cdots & 0 & b_{11} & b_{12} & \cdots & b_{1n} \\ 0 & -1 & \cdots & 0 & b_{21} & b_{22} & \cdots & b_{2n} \\ \vdots & \vdots & & \vdots & \vdots & \vdots & & \vdots \\ 0 & 0 & \cdots & -1 & b_{n1} & b_{n2} & \cdots & b_{nn} \end{vmatrix}.$

9. 已知 $\begin{vmatrix} a & b & c \\ d & e & f \\ g & h & i \end{vmatrix} = 7$ ，求下列各式.

（1） $\begin{vmatrix} a & b & c \\ d & e & f \\ 3g & 3h & 3i \end{vmatrix}$ ；
\qquad
（2） $\begin{vmatrix} a & b & c \\ 5d & 5e & 5f \\ g & h & i \end{vmatrix}$ ；

（3） $\begin{vmatrix} a+d & b+e & c+f \\ d & e & f \\ g & h & i \end{vmatrix}$ ；
\qquad
（4） $\begin{vmatrix} d & e & f \\ a & b & c \\ g & h & i \end{vmatrix}$ ；

（5） $\begin{vmatrix} a & b & c \\ 2d+a & 2e+b & 2f+c \\ g & h & i \end{vmatrix}$ ；
\qquad
（6） $\begin{vmatrix} a & b & c \\ d+3g & e+3h & f+3i \\ g & h & i \end{vmatrix}.$

10. 计算下列 n 阶行列式.

（1） $D_n = \begin{vmatrix} 0 & \cdots & 0 & 1 & 0 \\ 0 & \cdots & 2 & 0 & 0 \\ \vdots & & \vdots & \vdots & \vdots \\ n-1 & \cdots & 0 & 0 & 0 \\ 0 & \cdots & 0 & 0 & n \end{vmatrix}$ ；
\qquad
（2） $D = \begin{vmatrix} 1-a & a & 0 & 0 & 0 \\ -1 & 1-a & a & 0 & 0 \\ 0 & -1 & 1-a & a & 0 \\ 0 & 0 & -1 & 1-a & a \\ 0 & 0 & 0 & -1 & 1-a \end{vmatrix}$ ；

（3）$D=\begin{vmatrix} 0 & 1 & 1 & \cdots & 1 & 1 \\ 1 & 0 & 1 & \cdots & 1 & 1 \\ 1 & 1 & 0 & \cdots & 1 & 1 \\ \vdots & \vdots & \vdots & & \vdots & \vdots \\ 1 & 1 & 1 & \cdots & 0 & 1 \\ 1 & 1 & 1 & \cdots & 1 & 0 \end{vmatrix}$；　（4）$D_n=\begin{vmatrix} x & a & a & \cdots & a \\ -a & x & a & \cdots & a \\ -a & -a & x & \cdots & a \\ \vdots & \vdots & \vdots & & \vdots \\ -a & -a & -a & \cdots & x \end{vmatrix}$；

（5）$D_n=\begin{vmatrix} a_1+\lambda_1 & a_2 & \cdots & a_n \\ a_1 & a_2+\lambda_2 & \cdots & a_n \\ \vdots & \vdots & & \vdots \\ a_1 & a_2 & \cdots & a_n+\lambda_n \end{vmatrix}$；

（6）$D_n=\begin{vmatrix} \cos\alpha & 1 & 0 & \cdots & 0 & 0 \\ 1 & 2\cos\alpha & 1 & \cdots & 0 & 0 \\ 0 & 1 & 2\cos\alpha & \cdots & 0 & 0 \\ \vdots & \vdots & \vdots & & \vdots & \vdots \\ 0 & 0 & 0 & \cdots & 2\cos\alpha & 1 \\ 0 & 0 & 0 & \cdots & 1 & 2\cos\alpha \end{vmatrix}$；

（7）$D_n=\begin{vmatrix} x+a_1 & a_2 & \cdots & a_n \\ a_1 & x+a_2 & \cdots & a_n \\ a_1 & a_2 & \cdots & a_n \\ \vdots & \vdots & & \vdots \\ a_1 & a_2 & \cdots & x+a_n \end{vmatrix}$；

（8）$D_n=\begin{vmatrix} 1 & 1 & \cdots & 1 \\ x_1 & x_2 & \cdots & x_n \\ x_1^2 & x_2^2 & \cdots & x_n^2 \\ \vdots & \vdots & & \vdots \\ x_1^{n-2} & x_2^{n-2} & \cdots & x_n^{n-2} \\ x_1^n & x_2^n & \cdots & x_n^n \end{vmatrix}$；

（9）$D_n=\begin{vmatrix} a & x & x & \cdots & x \\ y & a & x & \cdots & x \\ y & y & a & \cdots & x \\ \vdots & \vdots & \vdots & & \vdots \\ y & y & y & \cdots & a \end{vmatrix}$.

第 2 章　矩阵及其运算

矩阵是线性代数的核心要素之一，矩阵的概念、运算和理论贯穿线性代数的始终.

矩阵是一个数或多项式的阵列，它的运算与数的运算既有联系又有区别；矩阵与行列式也有很大的关联，但两者不能等同混淆. 对于分块矩阵，它在矩阵的乘法、求逆，以及向量的线性表出、线性相关与秩、线性齐次方程组的求解等方面，都有较大的用处，能极大地减少某些问题的复杂度.

§2.1　矩阵的定义与基本运算

2.1.1　矩阵的定义

矩阵是从许多实际问题中抽象出来的一个数学概念，它在自然科学的各个领域、经济管理和经济分析中有着广泛的应用. 下面来看这样一个简单的实例.

例 2.1　某种物资有 3 个产地、4 个销地，调配量如表 2-1 所示.

表 2-1

销地 / 产地	B_1	B_2	B_3	B_4
A_1	1	6	3	5
A_2	3	1	2	0
A_3	4	0	1	2

那么，表中的数据可以构成一个矩形数表：

$$\begin{pmatrix} 1 & 6 & 3 & 5 \\ 3 & 1 & 2 & 0 \\ 4 & 0 & 1 & 2 \end{pmatrix} \quad \text{或} \quad \begin{bmatrix} 1 & 6 & 3 & 5 \\ 3 & 1 & 2 & 0 \\ 4 & 0 & 1 & 2 \end{bmatrix}.$$

在预先约定行列意义的情况下，这样的简单矩形数表就能表明整个产销调配的状况.

不同的问题，矩形数表的行列规模有所不同，去掉表中数据的实际含义，我们得到如下矩阵的概念定义.

定义 2.1　由 $m \times n$ 个数或代数式 $a_{ij}(i=1,2,\cdots,m; j=1,2,\cdots,n)$ 构成的一个 m 行 n 列的矩形数表

$$\begin{pmatrix} a_{11} & a_{12} & \cdots & a_{1n} \\ a_{21} & a_{22} & \cdots & a_{2n} \\ \vdots & \vdots & & \vdots \\ a_{m1} & a_{m2} & \cdots & a_{mn} \end{pmatrix} \quad 或 \quad \begin{bmatrix} a_{11} & a_{12} & \cdots & a_{1n} \\ a_{21} & a_{22} & \cdots & a_{2n} \\ \vdots & \vdots & & \vdots \\ a_{m1} & a_{m2} & \cdots & a_{mn} \end{bmatrix}$$

称为一个 m 行 n 列**矩阵**，其中 a_{ij} 称为矩阵的第 i 行第 j 列元素 $(i=1,2,\cdots,m; j=1,2,\cdots,n)$.

矩阵的元素属于数域 F，称其为数域 F 上的矩阵. 若无特别说明，本书里的矩阵均指实数域 $\mathbf{R}$ 上的矩阵. 一般用大写字母 $\boldsymbol{A},\boldsymbol{B},\boldsymbol{C},\cdots$ 表示矩阵；有时为了突出矩阵的行列规模，也在大写字母的右下角添加下标，如 m 行 n 列矩阵 $\boldsymbol{A}$ 可以表为 $\boldsymbol{A}_{m\times n}$；还有，要同时表明矩阵的规模和元素时也采用形式 $(a_{ij})_{m\times n}$ 标记. 若矩阵的所有元素为零，则称其为零矩阵，记为 $\boldsymbol{O}_{m\times n}$，在不引起混淆时也可简记为 $\boldsymbol{O}$.

当矩阵 $\boldsymbol{A}_{m\times n}$ 的行、列数相等，即 $m=n$ 时，称其为 n 阶方（矩）阵 $\boldsymbol{A}$ 或简称为方阵 $\boldsymbol{A}$。也常将一阶方阵作为一个数对待. 对于 n 阶方阵 $\boldsymbol{A}=(a_{ij})_{n\times n}$，由它的元素按原有排列形式构成的行列式称为方阵 $\boldsymbol{A}$ 的行列式，记为 $|\boldsymbol{A}|$ 或 $\det \boldsymbol{A}$.

定义 2.2　如果两个矩阵 $\boldsymbol{A}=(a_{ij})_{m\times n}$，$\boldsymbol{B}=(b_{ij})_{s\times t}$ 具有相同的行数、列数，即 $m=s$，$n=t$，且对应位置上的元素相等，即 $a_{ij}=b_{ij}$，那么称矩阵 $\boldsymbol{A}$ 与矩阵 $\boldsymbol{B}$ 相等，记为 $\boldsymbol{A}=\boldsymbol{B}$.

例 2.2　设矩阵 $\boldsymbol{A}=\begin{pmatrix} 1 & a \\ 2-b & 3 \end{pmatrix}$，$\boldsymbol{B}=\begin{pmatrix} c+1 & -4 \\ 0 & 3d \end{pmatrix}$，且 $\boldsymbol{A}=\boldsymbol{B}$，试求 a,b,c,d 的值.

解　因为 $\boldsymbol{A}=\boldsymbol{B}$，故有

$$1=c+1，\ a=-4，\ 2-b=0，\ 3=3d .$$

联立求解得：$a=-4$，$b=2$，$c=0$，$d=1$.

2.1.2　矩阵的基本运算

1. 矩阵的线性运算

定义 2.3　两个 $m\times n$ 矩阵 $\boldsymbol{A}=(a_{ij})$，$\boldsymbol{B}=(b_{ij})$ 的对应位置上的元素相加得到的 $m\times n$ 矩阵 $(a_{ij}+b_{ij})_{m\times n}$，称为 $\boldsymbol{A}$ 与 $\boldsymbol{B}$ 的和，记为

$$\boldsymbol{A}+\boldsymbol{B}=(a_{ij}+b_{ij})_{m\times n} .$$

定义 2.4　以数 k 乘以矩阵 $\boldsymbol{A}$ 的每个元素所得的矩阵，称为数 k 与矩阵 $\boldsymbol{A}$ 的乘积. 即若 $\boldsymbol{A}=(a_{ij})_{m\times n}$，则

$$k\boldsymbol{A}=k(a_{ij})_{m\times n}=(ka_{ij})_{m\times n} .$$

例 2.3　4 名学生的某 3 门课的平时考查成绩矩阵为

$$A=\begin{pmatrix} 90 & 78 & 92 & 66 \\ 86 & 80 & 93 & 74 \\ 95 & 70 & 96 & 75 \end{pmatrix},$$

而课程结业考试的卷面成绩矩阵为

$$B=\begin{pmatrix}94&83&98&60\\90&85&95&70\\97&76&97&72\end{pmatrix},$$

规定：各门课程的考核成绩由平时考查和卷面考试的成绩组成，分别占 30%和 70%，求 4 名学生的考核成绩矩阵.

解 考核成绩矩阵为

$$\begin{aligned}0.3\boldsymbol{A}+0.7\boldsymbol{B}&=0.3\begin{pmatrix}90&78&92&66\\86&80&93&74\\95&70&96&75\end{pmatrix}+0.7\begin{pmatrix}94&83&98&60\\90&85&95&70\\97&76&97&72\end{pmatrix}\\&=\begin{pmatrix}27&23.4&27.6&19.8\\25.8&24&27.9&22.2\\28.5&21&28.8&22.5\end{pmatrix}+\begin{pmatrix}65.8&58.1&68.6&42\\63&59.5&66.5&49\\67.9&53.2&67.9&50.4\end{pmatrix}\\&=\begin{pmatrix}92.8&81.5&96.2&61.8\\88.8&83.5&94.4&71.2\\96.4&74.2&96.7&72.9\end{pmatrix}.\end{aligned}$$

把矩阵 $\boldsymbol{A}=(a_{ij})_{m\times n}$ 中的各元素反号得到的矩阵，称为 $\boldsymbol{A}$ 的负矩阵，记为 $-\boldsymbol{A}$，即

$$-\boldsymbol{A}=(-a_{ij})_{m\times n}.$$

如果矩阵 $\boldsymbol{A}=(a_{ij})_{m\times n}$，$\boldsymbol{B}=(b_{ij})_{m\times n}$，则定义减法为

$$\boldsymbol{A}-\boldsymbol{B}=\boldsymbol{A}+(-\boldsymbol{B})=(a_{ij})_{m\times n}+(-b_{ij})_{m\times n}=(a_{ij}-b_{ij})_{m\times n}.$$

显然，矩阵的线性运算满足如下运算规律（设 $\boldsymbol{A},\boldsymbol{B},\boldsymbol{C}$ 都是 $m\times n$ 矩阵，λ,μ 为数）：

（1）$\boldsymbol{A}+\boldsymbol{B}=\boldsymbol{B}+\boldsymbol{A}$；

（2）$(\boldsymbol{A}+\boldsymbol{B})+\boldsymbol{C}=\boldsymbol{A}+(\boldsymbol{B}+\boldsymbol{C})$；

（3）$\boldsymbol{A}+\boldsymbol{O}=\boldsymbol{A}$；

（4）$\boldsymbol{A}+(-\boldsymbol{A})=\boldsymbol{O}$；

（5）$\lambda(\boldsymbol{A}+\boldsymbol{B})=\lambda\boldsymbol{A}+\lambda\boldsymbol{B}$；

（6）$(\lambda+\mu)\boldsymbol{A}=\lambda\boldsymbol{A}+\mu\boldsymbol{A}$；

（7）$(\lambda\mu)\boldsymbol{A}=\lambda(\mu\boldsymbol{A})$；

（8）$1\cdot\boldsymbol{A}=\boldsymbol{A}$；

（9）$\lambda\boldsymbol{A}=\boldsymbol{O}$，当且仅当 $\lambda=0$ 或 $\boldsymbol{A}=\boldsymbol{O}$.

例 2.4 已知 $\boldsymbol{A}=\begin{pmatrix}3&2&7\\-1&5&-5\end{pmatrix}$，$\boldsymbol{B}=\begin{pmatrix}9&4&-1\\7&3&2\end{pmatrix}$，且 $\boldsymbol{A}+3\boldsymbol{X}=\boldsymbol{B}$，求 $\boldsymbol{X}$.

解 由 $\boldsymbol{A}+3\boldsymbol{X}=\boldsymbol{B}$ 得

$$\boldsymbol{X}=\frac{1}{3}(\boldsymbol{B}-\boldsymbol{A})=\frac{1}{3}\begin{pmatrix}6&2&-8\\8&-2&7\end{pmatrix}=\begin{pmatrix}2&\frac{2}{3}&-\frac{8}{3}\\\frac{8}{3}&-\frac{2}{3}&\frac{7}{3}\end{pmatrix}.$$

例 2.5 设 $\boldsymbol{A}$ 为三阶矩阵，若已知 $|\boldsymbol{A}|=-2$，求 $\big||\boldsymbol{A}|\boldsymbol{A}\big|$.

解　因为 $\boldsymbol{A}$ 为三阶矩阵，不妨设 $\boldsymbol{A}=(a_{ij})_{3\times3}$，则

$$|\boldsymbol{A}|\boldsymbol{A}=-2\boldsymbol{A}=\begin{pmatrix}-2a_{11} & -2a_{12} & -2a_{13}\\ -2a_{21} & -2a_{22} & -2a_{23}\\ -2a_{31} & -2a_{32} & -2a_{33}\end{pmatrix}.$$

所以

$$\big||\boldsymbol{A}|\boldsymbol{A}\big|=\begin{vmatrix}-2a_{11} & -2a_{12} & -2a_{13}\\ -2a_{21} & -2a_{22} & -2a_{23}\\ -2a_{31} & -2a_{32} & -2a_{33}\end{vmatrix}=(-2)^3\begin{vmatrix}a_{11} & a_{12} & a_{13}\\ a_{21} & a_{22} & a_{23}\\ a_{31} & a_{32} & a_{33}\end{vmatrix}=(-2)^3(-2)=16.$$

一般地，对于 n 阶方阵 $\boldsymbol{A}=(a_{ij})_{n\times n}$，有

$$|\lambda\boldsymbol{A}|=\lambda^n|\boldsymbol{A}|(\lambda\text{ 为常数}).$$

2. 矩阵的乘法

定义 2.5　设矩阵 $\boldsymbol{A}=(a_{ij})_{m\times s}$，$\boldsymbol{B}=(b_{ij})_{s\times n}$，那么规定矩阵 $\boldsymbol{A}$ 与矩阵 $\boldsymbol{B}$ 有乘积，且为一个 $m\times n$ 矩阵 $\boldsymbol{C}=(c_{ij})_{m\times n}$，其中 $c_{ij}=a_{i1}b_{1j}+a_{i2}b_{2j}+\cdots+a_{is}b_{sj}=\sum\limits_{k=1}^{s}a_{ik}b_{kj}$，记为 $\boldsymbol{C}=\boldsymbol{AB}$. 同时称 $\boldsymbol{A}$ 为左乘矩阵，$\boldsymbol{B}$ 为右乘矩阵.

由矩阵乘法的定义可得如下结论：

（1）左乘矩阵 $\boldsymbol{A}$ 的列数只有等于右乘矩阵 $\boldsymbol{B}$ 的行数，乘法 $\boldsymbol{AB}$ 才有意义；

（2）积矩阵 $\boldsymbol{C}$ 的行数等于左乘矩阵 $\boldsymbol{A}$ 的行数，$\boldsymbol{C}$ 的列数等于右乘矩阵 $\boldsymbol{B}$ 的列数.

例 2.6　已知 $\boldsymbol{A}=\begin{pmatrix}2 & 3\\ 1 & -2\\ 3 & 1\end{pmatrix}$，$\boldsymbol{B}=\begin{pmatrix}1 & -2 & -3\\ 2 & 3 & 0\end{pmatrix}$，$\boldsymbol{C}=(2\ \ 1\ \ 3)$，求 $\boldsymbol{AB},\boldsymbol{BA},\boldsymbol{AC},\boldsymbol{CA}$.

解

$$\boldsymbol{AB}=\begin{pmatrix}2 & 3\\ 1 & -2\\ 3 & 1\end{pmatrix}\begin{pmatrix}1 & -2 & -3\\ 2 & 3 & 0\end{pmatrix}$$

$$=\begin{pmatrix}2\times1+3\times2 & 2\times(-2)+3\times3 & 2\times(-3)+3\times0\\ 1\times1+(-2)\times2 & 1\times(-2)+(-2)\times3 & 1\times(-3)+(-2)\times0\\ 3\times1+1\times2 & 3\times(-2)+1\times3 & 3\times(-3)+1\times0\end{pmatrix}$$

$$=\begin{pmatrix}8 & 5 & -6\\ -3 & -8 & -3\\ 5 & -3 & -9\end{pmatrix};$$

$$\boldsymbol{BA}=\begin{pmatrix}1 & -2 & -3\\ 2 & 3 & 0\end{pmatrix}\begin{pmatrix}2 & 3\\ 1 & -2\\ 3 & 1\end{pmatrix}=\begin{pmatrix}-9 & 4\\ 7 & 0\end{pmatrix};$$

$\boldsymbol{AC}$ 无定义；

$$CA=(2\quad 1\quad 3)\begin{pmatrix}2&3\\1&-2\\3&1\end{pmatrix}=(14\quad 7).$$

例 2.7　已知 $A=\begin{pmatrix}-1&-2\\3&6\end{pmatrix}$，$B=\begin{pmatrix}-2&4\\1&-2\end{pmatrix}$，$C=\begin{pmatrix}2&4\\-3&-6\end{pmatrix}$，求 AB, BC, CB 并比较 AB 与 CB.

解　$AB=\begin{pmatrix}-1&-2\\3&6\end{pmatrix}\begin{pmatrix}-2&4\\1&-2\end{pmatrix}=\begin{pmatrix}0&0\\0&0\end{pmatrix}$；

$$BC=\begin{pmatrix}-2&4\\1&-2\end{pmatrix}\begin{pmatrix}2&4\\-3&-6\end{pmatrix}=\begin{pmatrix}-16&-32\\8&16\end{pmatrix};$$

$$CB=\begin{pmatrix}2&4\\-3&-6\end{pmatrix}\begin{pmatrix}-2&4\\1&-2\end{pmatrix}=\begin{pmatrix}0&0\\0&0\end{pmatrix}.$$

显然，$AB=CB$，但 $A\neq C$.

从例 2.6 与例 2.7 可以看出，矩阵乘法不满足交换律，也不满足消去律；还有，从 $AB=O$ 不能必然推出 $A=O$ 或 $B=O$．不过，下例中 $AB=BA$ 却成立.

例 2.8　已知 $A=\begin{pmatrix}1&1\\0&1\end{pmatrix}$，$B=\begin{pmatrix}1&2\\0&1\end{pmatrix}$，求 AB, BA.

解　$AB=\begin{pmatrix}1&1\\0&1\end{pmatrix}\begin{pmatrix}1&2\\0&1\end{pmatrix}=\begin{pmatrix}1&3\\0&1\end{pmatrix}$；

$$BA=\begin{pmatrix}1&2\\0&1\end{pmatrix}\begin{pmatrix}1&1\\0&1\end{pmatrix}=\begin{pmatrix}1&3\\0&1\end{pmatrix}.$$

定义 2.6　如果两矩阵 A 与 B 相乘，满足 $AB=BA$，则称 A 与 B **可交换**.

从可交换定义可推知可交换的矩阵必为同阶方阵.

设 $A=(a_{ij})_{m\times n}$，$B=(b_{ij})_{s\times t}$，且可交换，则据可交换定义和矩阵乘法定义有

$$(AB)_{m\times t}=(BA)_{s\times n}:\begin{cases}n=s\\t=m\\m=s\\t=n\end{cases}.$$

于是有 $m=n=s=t$，即 A 与 B 为同阶方阵.

例 2.9　设 $A=\begin{pmatrix}1&0\\2&1\end{pmatrix}$，试求出所有与 A 可交换的矩阵.

解　假设矩阵 B 与 A 可交换，则 B 为二阶矩阵，可令 $B=\begin{pmatrix}a&b\\c&d\end{pmatrix}$，于是由 $AB=BA$ 有

$$\begin{pmatrix}1&0\\2&1\end{pmatrix}\begin{pmatrix}a&b\\c&d\end{pmatrix}=\begin{pmatrix}a&b\\c&d\end{pmatrix}\begin{pmatrix}1&0\\2&1\end{pmatrix},$$

即

$$\begin{pmatrix}a&b\\2a+c&2b+d\end{pmatrix}=\begin{pmatrix}a+2b&b\\c+2d&d\end{pmatrix}.$$

所以$\begin{cases} a=d \\ b=0 \end{cases}$. 故

$$B=\begin{pmatrix} a & 0 \\ c & a \end{pmatrix}，其中 a,c 为任意值.$$

例 2.10　解矩阵方程$\begin{pmatrix} 2 & 1 \\ 1 & 2 \end{pmatrix}\boldsymbol{X}=\begin{pmatrix} 1 & 2 \\ -1 & 4 \end{pmatrix}$.

解　由乘法定义可推知 $\boldsymbol{X}$ 为 2 阶矩阵，故可设 $\boldsymbol{X}=\begin{pmatrix} x_1 & x_2 \\ x_3 & x_4 \end{pmatrix}$，于是

$$\begin{pmatrix} 2 & 1 \\ 1 & 2 \end{pmatrix}\begin{pmatrix} x_1 & x_2 \\ x_3 & x_4 \end{pmatrix}=\begin{pmatrix} 1 & 2 \\ -1 & 4 \end{pmatrix},$$

即

$$\begin{pmatrix} 2x_1+x_3 & 2x_2+x_4 \\ x_1+2x_3 & x_2+2x_4 \end{pmatrix}=\begin{pmatrix} 1 & 2 \\ -1 & 4 \end{pmatrix}.$$

故

$$\begin{cases} 2x_1+x_3=1 \\ x_1+2x_3=-1 \\ 2x_2+x_4=2 \\ x_2+2x_4=4 \end{cases},$$

即$\begin{cases} x_1=1 \\ x_2=0 \\ x_3=-1 \\ x_4=2 \end{cases}$. 所以 $\boldsymbol{X}=\begin{pmatrix} 1 & 0 \\ -1 & 2 \end{pmatrix}$.

可以验证矩阵乘法满足下列运算规律（假设运算可以进行，λ 为常数）：

（1）结合律：$(\boldsymbol{AB})\boldsymbol{C}=\boldsymbol{A}(\boldsymbol{BC})$.

（2）分配律：$\boldsymbol{A}(\boldsymbol{B}+\boldsymbol{C})=\boldsymbol{AB}+\boldsymbol{AC}$，$(\boldsymbol{B}+\boldsymbol{C})\boldsymbol{A}=\boldsymbol{BA}+\boldsymbol{CA}$.

（3）$\lambda(\boldsymbol{AB})=(\lambda\boldsymbol{A})\boldsymbol{B}=\boldsymbol{A}(\lambda\boldsymbol{B})$.

为了与后面各章节一致，单行矩阵或单列矩阵有时也用小写黑体字母 $\boldsymbol{a},\boldsymbol{b},\boldsymbol{x},\boldsymbol{y}$ 等表示. 有了矩阵的乘法，就可以将线性方程组简洁地表示为矩阵形式. 对于方程组：

$$\begin{cases} a_{11}x_1+a_{12}x_2+\cdots+a_{1n}x_n=b_1 \\ a_{21}x_1+a_{22}x_2+\cdots+a_{2n}x_n=b_2 \\ \quad\cdots\cdots \\ a_{m1}x_1+a_{m2}x_2+\cdots+a_{mn}x_n=b_m \end{cases},$$

令

$$\boldsymbol{A}=\begin{pmatrix} a_{11} & a_{12} & \cdots & a_{1n} \\ a_{21} & a_{22} & \cdots & a_{2n} \\ \vdots & \vdots & & \vdots \\ a_{m1} & a_{m2} & \cdots & a_{mn} \end{pmatrix},\quad \boldsymbol{x}=\begin{pmatrix} x_1 \\ x_2 \\ \vdots \\ x_n \end{pmatrix},\quad \boldsymbol{b}=\begin{pmatrix} b_1 \\ b_2 \\ \vdots \\ b_m \end{pmatrix},$$

则方程组的矩阵形式为

$$\boldsymbol{Ax}=\boldsymbol{b}.$$

若将常向量 $\boldsymbol{b}=\begin{pmatrix}b_1\\b_2\\\vdots\\b_m\end{pmatrix}$ 换为变量向量 $\boldsymbol{y}=\begin{pmatrix}y_1\\y_2\\\vdots\\y_m\end{pmatrix}$，则方程组变换为一簇线性函数：

$$\begin{cases}y_1=a_{11}x_1+a_{12}x_2+\cdots+a_{1n}x_n\\y_2=a_{21}x_1+a_{22}x_2+\cdots+a_{2n}x_n\\\quad\cdots\cdots\\y_m=a_{m1}x_1+a_{m2}x_2+\cdots+a_{mn}x_n\end{cases},$$

即

$$\boldsymbol{y}=A\boldsymbol{x}.$$

以上形式为变量 $x_1,x_2,\cdots,x_n$ 到变量 $y_1,y_2,\cdots,y_m$ 的线性变换，称 $\boldsymbol{A}$ 为线性变换的矩阵.

前面，我们介绍了方阵 $\boldsymbol{A}=(a_{ij})_{n\times n}$ 的行列式 $|\boldsymbol{A}|$，以及数乘矩阵的行列式的性质：$|\lambda\boldsymbol{A}|=\lambda^n|\boldsymbol{A}|$. 对于主对角线上元素为 1 而其余元素为 0 的方阵，称之为单位矩阵，用字母 $\boldsymbol{E}$ 表示，其特性将在特殊矩阵部分介绍. 下面，我们来讨论方阵乘积的行列式的运算规律.

定理 2.1 设 $\boldsymbol{A},\boldsymbol{B}$ 是两个 n 阶方阵，则 $|\boldsymbol{AB}|=|\boldsymbol{A}||\boldsymbol{B}|$.

证明 设 $\boldsymbol{A}=(a_{ij})_{n\times n}$，$\boldsymbol{B}=(b_{ij})_{n\times n}$，可构造一个 $2n$ 阶行列式：

$$D=\begin{vmatrix}a_{11}&\cdots&a_{1n}&0&\cdots&0\\\vdots&&\vdots&\vdots&&\vdots\\a_{n1}&\cdots&a_{nn}&0&\cdots&0\\-1&\cdots&0&b_{11}&\cdots&b_{1n}\\\vdots&&\vdots&\vdots&&\vdots\\0&\cdots&-1&b_{n1}&\cdots&b_{nn}\end{vmatrix}=\begin{vmatrix}\boldsymbol{A}&\boldsymbol{O}\\-\boldsymbol{E}&\boldsymbol{B}\end{vmatrix}.$$

据拉普拉斯定理将行列式 D 按前 n 行展开，得

$$D=(-1)^{2(1+2+\cdots+n)}|\boldsymbol{A}||\boldsymbol{B}|=|\boldsymbol{A}||\boldsymbol{B}|.$$

又在 D 中，将第 1 列的 b_{1j} 倍，第 2 列的 b_{2j} 倍，……，第 n 列的 b_{nj} 倍同时加到第 $n+j$ 列 $(j=1,2,\cdots,n)$，则

$$D=\begin{vmatrix}a_{11}&\cdots&a_{1n}&\sum\limits_{k=1}^{n}a_{1k}b_{k1}&\cdots&\sum\limits_{k=1}^{n}a_{1k}b_{kn}\\\vdots&&\vdots&\vdots&&\vdots\\a_{n1}&\cdots&a_{nn}&\sum\limits_{k=1}^{n}a_{nk}b_{k1}&\cdots&\sum\limits_{k=1}^{n}a_{nk}b_{kn}\\-1&\cdots&0&0&\cdots&0\\\vdots&&\vdots&\vdots&&\vdots\\0&\cdots&-1&0&\cdots&0\end{vmatrix}=\begin{vmatrix}\boldsymbol{A}&\boldsymbol{AB}\\-\boldsymbol{E}&\boldsymbol{O}\end{vmatrix}.$$

将 $\begin{vmatrix}\boldsymbol{A}&\boldsymbol{AB}\\-\boldsymbol{E}&\boldsymbol{O}\end{vmatrix}$ 的第 i 行与 $n+i$ 行对换 $(i=1,2,\cdots,n)$，得

$$D=(-1)^n\begin{vmatrix}-E & O\\ A & AB\end{vmatrix}=(-1)^{n+2(1+2+\cdots+n)}\left|-E\right|\left|AB\right|=(-1)^{n+n}\left|AB\right|=\left|AB\right|.$$

所以
$$\left|AB\right|=\left|A\right|\left|B\right|$$
证毕.

此定理可以推广到有限个方阵 $A_1,A_2,\cdots,A_k$ 乘积的行列式的情形：

$$\left|A_1A_2\cdots A_k\right|=\left|A_1\right|\left|A_2\right|\cdots\left|A_k\right|.$$

若相乘的矩阵为一系列相等的矩阵，则乘积称为该矩阵的方幂. 由矩阵乘法的定义可知，只有方阵才有方幂的定义. $A^k=\underbrace{AA\cdots A}_{k个}$ 称为方阵 A 的 k 次幂. 相应地，方阵的幂具有下列性质(k,l 为正整数)：

（1） $A^kA^l=A^{k+l}$.

（2） $(A^k)^l=A^{kl}$.

相对于数的方幂，矩阵的方幂具有一些不同的特质. 例如，对于矩阵 $A=\begin{pmatrix}0&1\\0&0\end{pmatrix}\neq O$，却有 $A^2=\begin{pmatrix}0&0\\0&0\end{pmatrix}=O$. 类似地，对方阵 $A\neq O$，若存在某正整数 k 使得 $A^k=O$，则称 A 为幂零矩阵.

设 $f(x)=a_0x^n+a_1x^{n-1}+\cdots+a_{n-1}x+a_n$ 为 x 的 n 次多项式， A 为 m 阶方阵，则有

$$f(A)=a_0A^n+a_1A^{n-1}+\cdots+a_{n-1}A+a_nE$$

仍为一个 m 阶方阵，称 $f(A)$ 为方阵 A 的多项式.

例 2.11　设 $f(x)=x^n+2x^2+1$， $A=\begin{pmatrix}1&1\\0&1\end{pmatrix}$，求 $f(A)$.

解　因为

$$A^2=AA=\begin{pmatrix}1&1\\0&1\end{pmatrix}\begin{pmatrix}1&1\\0&1\end{pmatrix}=\begin{pmatrix}1&2\\0&1\end{pmatrix},$$

猜想可得

$$A^{n-1}=\begin{pmatrix}1&n-1\\0&1\end{pmatrix}.$$

则

$$A^n=A^{n-1}A=\begin{pmatrix}1&n-1\\0&1\end{pmatrix}\begin{pmatrix}1&1\\0&1\end{pmatrix}=\begin{pmatrix}1&n\\0&1\end{pmatrix}.$$

于是有

$$f(A)=A^n+2A^2+E=\begin{pmatrix}1&n\\0&1\end{pmatrix}+\begin{pmatrix}2&4\\0&2\end{pmatrix}+\begin{pmatrix}1&0\\0&1\end{pmatrix}=\begin{pmatrix}4&n+4\\0&4\end{pmatrix}.$$

3. 矩阵的转置

定义 2.7 将 $m\times n$ 矩阵 $\boldsymbol{A}$ 的行与列互换,得到的 $n\times m$ 矩阵称为 **$\boldsymbol{A}$ 的转置矩阵**,记为 $\boldsymbol{A}^{\mathrm{T}}$ 或 $\boldsymbol{A}'$. 即如果

$$\boldsymbol{A}=\begin{pmatrix} a_{11} & a_{12} & \cdots & a_{1n} \\ a_{21} & a_{22} & \cdots & a_{2n} \\ \vdots & \vdots & & \vdots \\ a_{m1} & a_{m2} & \cdots & a_{mn} \end{pmatrix},$$

则

$$\boldsymbol{A}^{\mathrm{T}}=\begin{pmatrix} a_{11} & a_{21} & \cdots & a_{m1} \\ a_{12} & a_{22} & \cdots & a_{m2} \\ \vdots & \vdots & & \vdots \\ a_{1n} & a_{2n} & \cdots & a_{mn} \end{pmatrix}.$$

由矩阵找其转置矩阵的过程，是一种运算，称为矩阵的转置. 矩阵的转置具有如下运算法则:

（1）$(\boldsymbol{A}^{\mathrm{T}})^{\mathrm{T}}=\boldsymbol{A}$.

（2）$(\boldsymbol{A}+\boldsymbol{B})^{\mathrm{T}}=\boldsymbol{A}^{\mathrm{T}}+\boldsymbol{B}^{\mathrm{T}}$.

（3）$(k\boldsymbol{A})^{\mathrm{T}}=k\boldsymbol{A}^{\mathrm{T}}$.

（4）$(\boldsymbol{A}\boldsymbol{B})^{\mathrm{T}}=\boldsymbol{B}^{\mathrm{T}}\boldsymbol{A}^{\mathrm{T}}$.

法则（1）~（3）成立是很显然的，现在来证明法则（4）也成立.

设 $\boldsymbol{A}=(a_{ij})_{m\times l}$，$\boldsymbol{B}=(b_{ij})_{l\times s}$，那么，$\boldsymbol{A}\boldsymbol{B}$ 为 $m\times s$ 矩阵，$(\boldsymbol{A}\boldsymbol{B})^{\mathrm{T}}$ 就为 $s\times m$ 矩阵；$\boldsymbol{B}^{\mathrm{T}}$ 为 $s\times l$ 矩阵，$\boldsymbol{A}^{\mathrm{T}}$ 为 $l\times m$ 矩阵，于是 $\boldsymbol{B}^{\mathrm{T}}\boldsymbol{A}^{\mathrm{T}}$ 为 $s\times m$ 矩阵. 由此可知，$\boldsymbol{B}^{\mathrm{T}}\boldsymbol{A}^{\mathrm{T}}$ 与 $(\boldsymbol{A}\boldsymbol{B})^{\mathrm{T}}$ 的行数、列数对应相等.

又 $(\boldsymbol{A}\boldsymbol{B})^{\mathrm{T}}$ 的第 i 行第 j 列元素为 $(\boldsymbol{A}\boldsymbol{B})$ 的第 j 行第 i 列元素，即

$$a_{j1}b_{1i}+a_{j2}b_{2i}+\cdots+a_{jl}b_{li}=\sum_{k=1}^{l}a_{jk}b_{ki}.$$

$\boldsymbol{B}^{\mathrm{T}}\boldsymbol{A}^{\mathrm{T}}$ 的第 i 行第 j 列元素为 $\boldsymbol{B}^{\mathrm{T}}$ 的第 i 行与 $\boldsymbol{A}^{\mathrm{T}}$ 的第 j 列元素对应乘积之和. 而 $\boldsymbol{B}^{\mathrm{T}}$ 的第 i 行元素为 $\boldsymbol{B}$ 的第 i 列元素 $b_{1i},b_{2i},\cdots,b_{li}$；$\boldsymbol{A}^{\mathrm{T}}$ 的第 j 列元素为 $\boldsymbol{A}$ 的第 j 行元素 $a_{j1},a_{j2},\cdots,a_{jl}$，故 $\boldsymbol{B}^{\mathrm{T}}\boldsymbol{A}^{\mathrm{T}}$ 的第 i 行第 j 列元素为

$$b_{1i}a_{j1}+b_{2i}a_{j2}+\cdots+b_{li}a_{jl}=\sum_{k=1}^{l}a_{jk}b_{ki}.$$

因此，$(\boldsymbol{A}\boldsymbol{B})^{\mathrm{T}}$ 与 $\boldsymbol{B}^{\mathrm{T}}\boldsymbol{A}^{\mathrm{T}}$ 对应位置上的元素相等，所以 $(\boldsymbol{A}\boldsymbol{B})^{\mathrm{T}}=\boldsymbol{B}^{\mathrm{T}}\boldsymbol{A}^{\mathrm{T}}$.

2.1.3 特殊矩阵

一些特殊矩阵在运算和理论分析上具有重要的作用，这里做一简要介绍.

1. 对角形矩阵

形如

$$A=\begin{pmatrix} a_{11} & & & \\ & a_{22} & & \\ & & \ddots & \\ & & & a_{nn} \end{pmatrix}$$

的 n 阶方阵称为对角矩阵. 其特点是：主对角线以外的元素全部为 0，只有主对角线上的元素 $a_{ii}\ (i=1,2,\cdots,n)$ 才可能不为 0. 对角矩阵也可记为 $\mathrm{diag}(a_{11},a_{22},\cdots,a_{nn})$.

对角矩阵还具有如下性质：

（1）两对角矩阵的和仍是对角矩阵：

$$\begin{pmatrix} a_{11} & & & \\ & a_{22} & & \\ & & \ddots & \\ & & & a_{nn} \end{pmatrix}+\begin{pmatrix} b_{11} & & & \\ & b_{22} & & \\ & & \ddots & \\ & & & b_{nn} \end{pmatrix}=\begin{pmatrix} a_{11}+b_{11} & & & \\ & a_{22}+b_{22} & & \\ & & \ddots & \\ & & & a_{nn}+b_{nn} \end{pmatrix}.$$

（2）数乘对角矩阵仍是对角矩阵：

$$k\begin{pmatrix} a_{11} & & & \\ & a_{22} & & \\ & & \ddots & \\ & & & a_{nn} \end{pmatrix}=\begin{pmatrix} ka_{11} & & & \\ & ka_{22} & & \\ & & \ddots & \\ & & & ka_{nn} \end{pmatrix}.$$

（3）两对角矩阵的乘积仍是对角矩阵：

$$\begin{pmatrix} a_{11} & & & \\ & a_{22} & & \\ & & \ddots & \\ & & & a_{nn} \end{pmatrix}\begin{pmatrix} b_{11} & & & \\ & b_{22} & & \\ & & \ddots & \\ & & & b_{nn} \end{pmatrix}=\begin{pmatrix} a_{11}b_{11} & & & \\ & a_{22}b_{22} & & \\ & & \ddots & \\ & & & a_{nn}b_{nn} \end{pmatrix}.$$

2. 单位矩阵

主对角线上的元素全为 1 的对角矩阵称为单位矩阵，一般用符号 $\boldsymbol{E}$ 或 $\boldsymbol{E}_n$ 表示（n 表示单位矩阵的阶数）.

容易验证，单位矩阵在矩阵的乘法中与数 1 在数的乘法中有类似的特性，即单位矩阵左乘或右乘一个矩阵，其结果等于被乘矩阵本身：

$$\boldsymbol{E}_m\boldsymbol{A}_{m\times n}=\boldsymbol{A}_{m\times n}, \qquad \boldsymbol{A}_{m\times n}\boldsymbol{E}_n=\boldsymbol{A}_{m\times n}.$$

3. 数量矩阵

主对角线上的元素全相等的对角矩阵

$$\boldsymbol{A}_{n\times n}=\begin{pmatrix} a & & & \\ & a & & \\ & & \ddots & \\ & & & a \end{pmatrix}$$

称为数量矩阵.

单位矩阵是特殊的数量矩阵. 由数乘矩阵的性质有

$$A_{n\times n}=\begin{pmatrix}a&&&\\&a&&\\&&\ddots&\\&&&a\end{pmatrix}=aE_n .$$

因此有

$$\begin{pmatrix}a&&&\\&a&&\\&&\ddots&\\&&&a\end{pmatrix}_{m\times m}\begin{pmatrix}b_{11}&b_{12}&\cdots&b_{1n}\\b_{21}&b_{22}&\cdots&b_{2n}\\\vdots&\vdots&&\vdots\\b_{m1}&b_{m2}&\cdots&b_{mn}\end{pmatrix}=aE\begin{pmatrix}b_{11}&b_{12}&\cdots&b_{1n}\\b_{21}&b_{22}&\cdots&b_{2n}\\\vdots&\vdots&&\vdots\\b_{m1}&b_{m2}&\cdots&b_{mn}\end{pmatrix}=\begin{pmatrix}ab_{11}&ab_{12}&\cdots&ab_{1n}\\ab_{21}&ab_{22}&\cdots&ab_{2n}\\\vdots&\vdots&&\vdots\\ab_{m1}&ab_{m2}&\cdots&ab_{mn}\end{pmatrix};$$

$$\begin{pmatrix}b_{11}&b_{12}&\cdots&b_{1n}\\b_{21}&b_{22}&\cdots&b_{2n}\\\vdots&\vdots&&\vdots\\b_{m1}&b_{m2}&\cdots&b_{mn}\end{pmatrix}\begin{pmatrix}a&&&\\&a&&\\&&\ddots&\\&&&a\end{pmatrix}_{n\times n}=\begin{pmatrix}b_{11}&b_{12}&\cdots&b_{1n}\\b_{21}&b_{22}&\cdots&b_{2n}\\\vdots&\vdots&&\vdots\\b_{m1}&b_{m2}&\cdots&b_{mn}\end{pmatrix}aE_n=\begin{pmatrix}ab_{11}&ab_{12}&\cdots&ab_{1n}\\ab_{21}&ab_{22}&\cdots&ab_{2n}\\\vdots&\vdots&&\vdots\\ab_{m1}&ab_{m2}&\cdots&ab_{mn}\end{pmatrix}.$$

有了特殊矩阵的运算结论，关于方阵的 n 次方幂的计算，有时采用分解后再求乘积的技巧可以使问题的求解更顺利.

例 2.12 已知 $A=\begin{pmatrix}-1&-2&-3\\1&2&3\\3&6&9\end{pmatrix}$，$B=\begin{pmatrix}\lambda&1&0\\&\lambda&1\\&&\lambda\end{pmatrix}$，求 A^n, B^n (其中 n 为正整数).

解 因为

$$A=\begin{pmatrix}-1&-2&-3\\1&2&3\\3&6&9\end{pmatrix}=\begin{pmatrix}-1\\1\\3\end{pmatrix}\begin{pmatrix}1&2&3\end{pmatrix}=A_1A_2 ,$$

$$A_2A_1=\begin{pmatrix}1&2&3\end{pmatrix}\begin{pmatrix}-1\\1\\3\end{pmatrix}=(10) ,$$

则有

$$A^n=\underbrace{\left[\begin{pmatrix}-1\\1\\3\end{pmatrix}\begin{pmatrix}1&2&3\end{pmatrix}\right]\left[\begin{pmatrix}-1\\1\\3\end{pmatrix}\begin{pmatrix}1&2&3\end{pmatrix}\right]\cdots\left[\begin{pmatrix}-1\\1\\3\end{pmatrix}\begin{pmatrix}1&2&3\end{pmatrix}\right]\begin{pmatrix}-1\\1\\3\end{pmatrix}\begin{pmatrix}1&2&3\end{pmatrix}}_{n个}$$

$$=\begin{pmatrix}-1\\1\\3\end{pmatrix}\underbrace{\left[\begin{pmatrix}1&2&3\end{pmatrix}\begin{pmatrix}-1\\1\\3\end{pmatrix}\right]\left[\begin{pmatrix}1&2&3\end{pmatrix}\cdots\begin{pmatrix}-1\\1\\3\end{pmatrix}\right]\left[\begin{pmatrix}1&2&3\end{pmatrix}\begin{pmatrix}-1\\1\\3\end{pmatrix}\right]}_{n-1个}\begin{pmatrix}1&2&3\end{pmatrix}$$

$$=10^{n-1}\begin{pmatrix}-1\\1\\3\end{pmatrix}(1\quad 2\quad 3)=10^{n-1}\boldsymbol{A}=10^{n-1}\begin{pmatrix}-1&-2&-3\\1&2&3\\3&6&9\end{pmatrix}$$

$$=\begin{pmatrix}-10^{n-1}&-2\times10^{n-1}&-3\times10^{n-1}\\10^{n-1}&2\times10^{n-1}&3\times10^{n-1}\\3\times10^{n-1}&6\times10^{n-1}&9\times10^{n-1}\end{pmatrix}.$$

又因为

$$\boldsymbol{B}=\begin{pmatrix}\lambda&1&0\\&\lambda&1\\&&\lambda\end{pmatrix}=\begin{pmatrix}\lambda&0&0\\&\lambda&0\\&&\lambda\end{pmatrix}+\begin{pmatrix}0&1&0\\&0&1\\&&0\end{pmatrix}=\lambda\boldsymbol{E}+\boldsymbol{B}_1,$$

显然

$$(\lambda\boldsymbol{E})^n=\lambda^n\boldsymbol{E};\quad \boldsymbol{B}_1^2=\begin{pmatrix}0&1&0\\&0&1\\&&0\end{pmatrix}\begin{pmatrix}0&1&0\\&0&1\\&&0\end{pmatrix}=\begin{pmatrix}0&0&1\\&0&0\\&&0\end{pmatrix};\quad \boldsymbol{B}_1^3=\boldsymbol{B}_1^2\boldsymbol{B}_1=\boldsymbol{O},$$

且 $\lambda\boldsymbol{E}$ 与 $\boldsymbol{B}_1$ 可交换，于是：

$$\boldsymbol{B}^n=\left[\begin{pmatrix}\lambda&0&0\\&\lambda&0\\&&\lambda\end{pmatrix}+\begin{pmatrix}0&1&0\\&0&1\\&&0\end{pmatrix}\right]^n=(\lambda\boldsymbol{E})^n+\mathrm{C}_n^1(\lambda\boldsymbol{E})^{n-1}\boldsymbol{B}_1+\mathrm{C}_n^2(\lambda\boldsymbol{E})^{n-2}\boldsymbol{B}_1^2$$

$$=\lambda^n\boldsymbol{E}+n\lambda^{n-1}\boldsymbol{B}_1+\frac{1}{2}n(n-1)\lambda^{n-2}\boldsymbol{B}_1^2=\begin{pmatrix}\lambda^n&n\lambda^{n-1}&\frac{1}{2}n(n-1)\lambda^{n-2}\\&\lambda^n&n\lambda^{n-1}\\&&\lambda^n\end{pmatrix}.$$

一般地，若有

$$\boldsymbol{A}=\begin{pmatrix}a_{11}&a_{12}&\cdots&a_{1n}\\a_{21}&a_{22}&\cdots&a_{2n}\\\vdots&\vdots&&\vdots\\a_{1n}&a_{2n}&\cdots&a_{nn}\end{pmatrix}=\begin{pmatrix}a_1\\a_2\\\vdots\\a_n\end{pmatrix}(b_1\quad b_2\quad\cdots\quad b_n),$$

又

$$(b_1\quad b_2\quad\cdots\quad b_n)\begin{pmatrix}a_1\\a_2\\\vdots\\a_n\end{pmatrix}=a_1b_1+a_2b_2+\cdots+a_nb_n=l,$$

则有

$$\boldsymbol{A}^k=l^{k-1}\boldsymbol{A}.$$

4. 三角形矩阵

如果 n 阶方阵 $\boldsymbol{A}=(a_{ij})_{n\times n}$ 满足 $a_{ij}=0\,(i>j)$，即

$$A=\begin{pmatrix} a_{11} & a_{12} & \cdots & a_{1n} \\ & a_{22} & \cdots & a_{2n} \\ & & \ddots & \vdots \\ & & & a_{nn} \end{pmatrix},$$

则称 A 为 n 阶上三角形矩阵.

如果 n 阶方阵 $B=(b_{ij})_{n\times n}$ 满足 $b_{ij}=0\,(i<j)$，即

$$B=\begin{pmatrix} b_{11} & & & \\ b_{21} & b_{22} & & \\ \vdots & \vdots & \ddots & \\ b_{n1} & b_{n2} & \cdots & b_{nn} \end{pmatrix},$$

则称 B 为 n 阶下三角形矩阵.

如果 A,B 为同阶同结构的三角形矩阵，则 kA , $A+B$, AB 仍为同阶同结构的三角形矩阵.

5. 对称矩阵

如果 n 阶方阵 $A=(a_{ij})_{n\times n}$ 满足 $a_{ij}=a_{ji}\,(i,j=1,2,\cdots,n)$，则称 A 为对称矩阵.

如 $\begin{pmatrix} 0 & -1 \\ -1 & 1 \end{pmatrix}$，$\begin{pmatrix} 1 & 1 \\ 1 & 1 \end{pmatrix}$，$\begin{pmatrix} 4 & 2 & 0 \\ 2 & -3 & -1 \\ 0 & -1 & 0 \end{pmatrix}$ 等均为对称矩阵，但 $\begin{pmatrix} 0 & -1 \\ -1 & 1 \end{pmatrix}\begin{pmatrix} 1 & 1 \\ 1 & 1 \end{pmatrix}=\begin{pmatrix} -1 & -1 \\ 0 & 0 \end{pmatrix}$ 却不是对称矩阵，也就是说，对称矩阵的乘积不一定是对称矩阵.

很显然，由于对称矩阵的元素关于主对角线对称，故有 $A^{\mathrm{T}}=A$.

例 2.13 设 A 与 B 是两个 n 阶对称矩阵，证明：当且仅当 A 与 B 可交换时，AB 是对称矩阵.

证明 因为 A 与 B 是两个 n 阶对称矩阵，所以 $A^{\mathrm{T}}=A$，$B^{\mathrm{T}}=B$. 又由矩阵的转置运算有

$$(AB)^{\mathrm{T}}=B^{\mathrm{T}}A^{\mathrm{T}}=BA.$$

所以，要使 $(AB)^{\mathrm{T}}=AB$ 成立，当且仅当 $AB=BA$，即 A 与 B 可交换.

对任意矩阵 A，$A^{\mathrm{T}}A$、AA^{T} 都是对称矩阵，有兴趣的读者可以自行证明.

6. 反对称矩阵

如果 n 阶方阵 $A=(a_{ij})_{n\times n}$ 满足 $a_{ij}=-a_{ji}\,(i,j=1,2,\cdots,n)$，则称 A 为反对称矩阵.

反对称矩阵的主对角线上的元素 a_{ii} 显然应满足 $a_{ii}=-a_{ii}$，所以 $a_{ii}=0\ (i=1,2,\cdots,n)$.

习题 2.1

1. 计算下列各式.

（1）$\begin{pmatrix} 2 & 1 & -3 \\ 0 & 3 & 4 \end{pmatrix}+\begin{pmatrix} -1 & 2 & 2 \\ 5 & -3 & 8 \end{pmatrix}$；　　（2）$\begin{pmatrix} 1 & 2 \\ 0 & 3 \end{pmatrix}-\begin{pmatrix} 1 & -1 \\ 1 & 2 \end{pmatrix}$；

（3）$\begin{pmatrix}1&0\\0&0\end{pmatrix}+3\begin{pmatrix}0&1\\0&0\end{pmatrix}-4\begin{pmatrix}0&0\\1&0\end{pmatrix}+5\begin{pmatrix}0&0\\0&1\end{pmatrix}$.

2. 设 $\boldsymbol{A}=\begin{pmatrix}1&2&1&2\\2&1&2&1\\1&2&3&4\end{pmatrix}$，$\boldsymbol{B}=\begin{pmatrix}4&3&2&1\\-2&1&-2&1\\0&-1&0&-1\end{pmatrix}$，求：

（1）$3\boldsymbol{A}-\boldsymbol{B}$；　（2）$2\boldsymbol{A}+3\boldsymbol{B}$；　（3）若 $\boldsymbol{X}$ 满足 $\boldsymbol{A}+\boldsymbol{X}=\boldsymbol{B}$，求 $\boldsymbol{X}$；

（4）若 $\boldsymbol{Y}$ 满足 $(2\boldsymbol{A}-\boldsymbol{Y})+2(\boldsymbol{B}-\boldsymbol{Y})=\boldsymbol{O}$，求 $\boldsymbol{Y}$.

3. 设 $\boldsymbol{A}=\begin{pmatrix}x&0\\7&y\end{pmatrix}$，$\boldsymbol{B}=\begin{pmatrix}u&v\\y&2\end{pmatrix}$，$\boldsymbol{C}=\begin{pmatrix}3&-4\\x&u\end{pmatrix}$，且 $\boldsymbol{A}+2\boldsymbol{B}-\boldsymbol{C}=\boldsymbol{O}$，求数 x,y,u,v 的值.

4. 计算下列各式.

（1）$\begin{pmatrix}3&-1\\4&5\end{pmatrix}\begin{pmatrix}2&1\\3&2\end{pmatrix}$；　（2）$\begin{pmatrix}1\\2\\3\end{pmatrix}(1\ \ 2\ \ 3)$；

（3）$\begin{pmatrix}1&2&3\\2&4&6\\3&6&9\end{pmatrix}\begin{pmatrix}-1&-2&-4\\-1&-2&-4\\1&2&4\end{pmatrix}$；　（4）$\begin{pmatrix}3&1&2&-1\\0&3&1&0\end{pmatrix}\begin{pmatrix}1&0&5\\0&2&0\\1&0&1\\0&3&0\end{pmatrix}\begin{pmatrix}-1&0\\1&5\\0&2\end{pmatrix}$.

5. 求所有与 $\boldsymbol{A}$ 可交换的矩阵.

（1）$\boldsymbol{A}=\begin{pmatrix}1&1\\0&1\end{pmatrix}$；　（2）$\boldsymbol{A}=\begin{pmatrix}1&1&0\\0&1&1\\0&0&1\end{pmatrix}$.

6. 设 $\boldsymbol{A}$ 为 3 阶矩阵，$\det\boldsymbol{A}=\dfrac{1}{2}$，试求 $\left|(3\boldsymbol{A})^{-1}-2\boldsymbol{A}^*\right|$.

7. 计算下列各式（其中 n 为正整数）.

（1）$\begin{pmatrix}1&1\\0&1\end{pmatrix}^n$；　（2）$\begin{pmatrix}1&2&3\\2&4&6\\3&6&9\end{pmatrix}^n$；

（3）$\begin{pmatrix}5&1&0\\0&5&2\\0&0&5\end{pmatrix}^n$.

§2.2　逆矩阵

数的乘法存在着逆运算——除法. 当数 $a\neq 0$ 时，逆 $\dfrac{1}{a}=a^{-1}$ 且满足 $a^{-1}a=1$. 这使得一元线性方程 $ax=b$ 的求解可简单得到：在方程两边同时乘以 a^{-1}，得解 $x=a^{-1}b=\dfrac{b}{a}$. 那么，在解矩阵方程 $\boldsymbol{AX}=\boldsymbol{B}$ 时是否也存在类似的逆 $\boldsymbol{A}^{-1}$ 使得 $\boldsymbol{X}=\boldsymbol{A}^{-1}\boldsymbol{B}$ 呢？这就是与矩阵的逆有关的问题.

定义 2.8 对于 n 阶矩阵 $\boldsymbol{A}$，若存在一个同阶矩阵 $\boldsymbol{B}$，使得

$$\boldsymbol{AB}=\boldsymbol{BA}=\boldsymbol{E},$$

则称**矩阵 $\boldsymbol{A}$ 可逆**，矩阵 $\boldsymbol{B}$ 为矩阵 $\boldsymbol{A}$ 的逆矩阵，并将 $\boldsymbol{A}$ 的逆矩阵记为 $\boldsymbol{A}^{-1}$.

可以验证，若矩阵 $\boldsymbol{A}$ 可逆，则 $\boldsymbol{A}$ 的逆矩阵是唯一的. 假设 $\boldsymbol{B}_1,\boldsymbol{B}_2$ 均为可逆矩阵 $\boldsymbol{A}$ 的逆矩阵，由定义 2.8 有

$$\boldsymbol{AB}_1=\boldsymbol{B}_1\boldsymbol{A}=\boldsymbol{E},\quad \boldsymbol{AB}_2=\boldsymbol{B}_2\boldsymbol{A}=\boldsymbol{E},$$

则

$$\boldsymbol{B}_1=\boldsymbol{B}_1\boldsymbol{E}=\boldsymbol{B}_1(\boldsymbol{AB}_2)=(\boldsymbol{B}_1\boldsymbol{A})\boldsymbol{B}_2=\boldsymbol{EB}_2=\boldsymbol{B}_2.$$

所以，一个矩阵如果可逆，那么它的逆矩阵是唯一的.

注意：在定义中 $\boldsymbol{A},\boldsymbol{B}$ 的地位是对等的，因此 $\boldsymbol{B}$ 也可逆，且 $\boldsymbol{B}^{-1}=\boldsymbol{A}$（就是 $(\boldsymbol{A}^{-1})^{-1}=\boldsymbol{A}$），即 $\boldsymbol{A}$ 与 $\boldsymbol{B}$ 互为逆矩阵.

并不是每一个矩阵都是可逆的，在讨论矩阵的逆矩阵存在性之前，先给出一个准备知识——伴随矩阵.

定义 2.9 n 阶方阵 $\boldsymbol{A}=(a_{ij})_{n\times n}$ 的行列式 $|\boldsymbol{A}|$ 中元素 a_{ij} 的代数余子 $A_{ij}\ (i,j=1,2,\cdots,n)$ 按原矩阵的转置方式构成的矩阵

$$\boldsymbol{A}^*=\begin{pmatrix} A_{11} & A_{21} & \cdots & A_{n1} \\ A_{12} & A_{22} & \cdots & A_{n2} \\ \vdots & \vdots & & \vdots \\ A_{1n} & A_{2n} & \cdots & A_{nn} \end{pmatrix}$$

称为方阵 $\boldsymbol{A}$ 的伴随矩阵.

伴随矩阵具有一些很重要的性质.

定理 2.2 方阵 $\boldsymbol{A}$ 的伴随矩阵满足：

（1）$\boldsymbol{AA}^*=\boldsymbol{A}^*\boldsymbol{A}=|\boldsymbol{A}|\boldsymbol{E}$.

（2）当 $|\boldsymbol{A}|\neq 0$ 时，$|\boldsymbol{A}^*|=|\boldsymbol{A}|^{n-1}$.

证明 （1）设 $\boldsymbol{AA}^*=(b_{ij})_{n\times n}$，由矩阵乘法定义有

$$b_{ij}=a_{i1}A_{j1}+a_{i2}A_{j2}+\cdots+a_{in}A_{jn}=\begin{cases}|\boldsymbol{A}|, & i=j \\ 0, & i\neq j\end{cases}\quad (i,j=1,2,\cdots,n).$$

所以

$$\boldsymbol{AA}^*=\begin{pmatrix} |\boldsymbol{A}| & \cdots & 0 \\ \vdots & \ddots & \vdots \\ 0 & \cdots & |\boldsymbol{A}| \end{pmatrix}=|\boldsymbol{A}|\boldsymbol{E}.$$

类似地，可以证得

$$\boldsymbol{A}^*\boldsymbol{A}=|\boldsymbol{A}|\boldsymbol{E}.$$

因此

$$\boldsymbol{AA}^*=\boldsymbol{A}^*\boldsymbol{A}=|\boldsymbol{A}|\boldsymbol{E}.$$

证毕.

（2）由（1）的结论和矩阵乘积的行列式定理有

$$\left|AA^*\right| = \left||A|E\right| = |A|^n|E| = |A|^n\text{，}\quad \left|AA^*\right| = |A|\left|A^*\right|\text{，}$$

所以

$$|A|\left|A^*\right| = |A|^n.$$

又 $|A| \neq 0$，故

$$\left|A^*\right| = |A|^{n-1}.$$

证毕.

定义 2.10　如果 n 阶方阵 A 的行列式 $|A| \neq 0$，则称 A 是**非奇异矩阵**（或非退化矩阵），否则称 A 是**奇异矩阵**（或退化矩阵）.

然而，什么样的矩阵才是可逆的呢？如果一个矩阵可逆，又如何求得它的逆矩阵呢？下面的定理解答了这一疑惑.

定理 2.3　n 阶方阵 A 可逆的充分必要条件为 A 是非奇异矩阵，且 $A^{-1} = \dfrac{1}{|A|}A^*$，其中 A^* 为 **A 的伴随矩阵**.

证明　由伴随矩阵的定义有

$$AA^* = \begin{pmatrix} a_{11} & a_{12} & \cdots & a_{1n} \\ a_{21} & a_{22} & \cdots & a_{2n} \\ \vdots & \vdots & & \vdots \\ a_{n1} & a_{n2} & \cdots & a_{nn} \end{pmatrix}\begin{pmatrix} A_{11} & A_{21} & \cdots & A_{n1} \\ A_{12} & A_{22} & \cdots & A_{n2} \\ \vdots & \vdots & & \vdots \\ A_{1n} & A_{2n} & \cdots & A_{nn} \end{pmatrix} = \begin{pmatrix} |A| & 0 & \cdots & 0 \\ 0 & |A| & \cdots & 0 \\ \vdots & \vdots & & \vdots \\ 0 & 0 & \cdots & |A| \end{pmatrix} = |A|E = A^*A,$$

故当且仅当 $|A| \neq 0$，即 A 是非奇异矩阵时，等式各边乘以 $\dfrac{1}{|A|}$ 得到

$$\frac{1}{|A|}AA^* = \frac{1}{|A|}A^*A = E.$$

所以，根据矩阵乘法的性质规律有

$$A\left(\frac{1}{|A|}A^*\right) = \left(\frac{1}{|A|}A^*\right)A = E.$$

于是

$$A^{-1} = \frac{1}{|A|}A^*.$$

证毕.

定理 2.2 给出了矩阵可逆的判断和求逆的方法，此方法称为伴随矩阵求逆法．以此为基础，还可以推出一些关于逆矩阵有用的结论.

定理 2.4　若两个同阶方阵 A 与 B 的乘积有 $AB = E$，则 A 与 B 互为逆矩阵.

证明　若 A 与 B 是同阶方阵且 $AB = E$，据方阵乘积的行列式的运算规律有

$$|AB| = |A||B| = |E| = 1.$$

于是 $|A| \neq 0$ 且 $|B| \neq 0$．由定理 2.3，A 与 B 均可逆．证毕.

在 $AB = E$ 两边同时左乘 A^{-1} 可得 $A^{-1} = B$，同时右乘 B^{-1} 可得 $B^{-1} = A$，即 A 与 B 互为逆矩阵.

例 2.14 求方阵 $\boldsymbol{A}=\begin{pmatrix} 3 & 7 & -3 \\ -2 & -5 & 2 \\ -4 & -10 & 3 \end{pmatrix}$ 的逆矩阵.

解 因为

$$|\boldsymbol{A}|=\begin{vmatrix} 3 & 7 & -3 \\ -2 & -5 & 2 \\ -4 & -10 & 3 \end{vmatrix}=1,$$

所以 $\boldsymbol{A}$ 可逆，且

$$\boldsymbol{A}^{-1}=\frac{1}{|\boldsymbol{A}|}\boldsymbol{A}^{*}=\boldsymbol{A}^{*}=\begin{pmatrix} A_{11} & A_{21} & A_{31} \\ A_{12} & A_{22} & A_{32} \\ A_{13} & A_{23} & A_{33} \end{pmatrix}.$$

又计算得 $A_{11}=\begin{vmatrix} -5 & 2 \\ -10 & 3 \end{vmatrix}=5$，类似可计算得

$$A_{12}=-2, \quad A_{13}=0, \quad A_{21}=9, \quad A_{22}=-3, \quad A_{23}=2, \quad A_{31}=-1, \quad A_{32}=0, \quad A_{33}=-1.$$

所以

$$\boldsymbol{A}^{-1}=\begin{pmatrix} 5 & 9 & -1 \\ -2 & -3 & 0 \\ 0 & 2 & -1 \end{pmatrix}.$$

例 2.15 已知二阶矩阵 $\boldsymbol{A}=\begin{pmatrix} a & b \\ c & d \end{pmatrix}$，$ad-bc\neq 0$；$n$ 阶矩阵 $\boldsymbol{B}=\begin{pmatrix} a_1 & & & \\ & a_2 & & \\ & & \ddots & \\ & & & a_n \end{pmatrix}$，其中 $a_1a_2\cdots a_n\neq 0$．求 $\boldsymbol{A}^{-1},\boldsymbol{B}^{-1}$.

解 因为

$$|\boldsymbol{A}|=\begin{vmatrix} a & b \\ c & d \end{vmatrix}=ad-bc\neq 0,$$

所以 $\boldsymbol{A}$ 可逆. 又

$$\boldsymbol{A}^{*}=\begin{pmatrix} d & -b \\ -c & a \end{pmatrix},$$

所以

$$\boldsymbol{A}^{-1}=\frac{1}{|\boldsymbol{A}|}\boldsymbol{A}^{*}=\frac{1}{ad-bc}\begin{pmatrix} d & -b \\ -c & a \end{pmatrix}.$$

这是一个关于二阶矩阵求逆的普适性结论. 利用伴随矩阵法得出的结论，注意到 $\boldsymbol{A}^{*}$ 与 $\boldsymbol{A}$ 的元素间的关系，就可直接写出 $\boldsymbol{A}^{*}$ 和 $\boldsymbol{A}^{-1}$.

又因为

$$|\boldsymbol{B}|=\begin{vmatrix} a_1 & & & \\ & a_2 & & \\ & & \ddots & \\ & & & a_n \end{vmatrix}=a_1a_2\cdots a_n\neq 0,$$

所以 B 可逆. 又

$$B^* = \begin{pmatrix} a_2a_3\cdots a_n & & & \\ & a_1a_3\cdots a_n & & \\ & & \ddots & \\ & & & a_1a_2\cdots a_{n-1} \end{pmatrix},$$

所以

$$B^{-1} = \frac{1}{|B|}B^* = \frac{1}{a_1a_2\cdots a_n}\begin{pmatrix} a_2a_3\cdots a_n & & & \\ & a_1a_3\cdots a_n & & \\ & & \ddots & \\ & & & a_1a_2\cdots a_{n-1} \end{pmatrix}$$

$$= \begin{pmatrix} 1/a_1 & & & \\ & 1/a_2 & & \\ & & \ddots & \\ & & & 1/a_n \end{pmatrix} = \begin{pmatrix} a_1^{-1} & & & \\ & a_2^{-1} & & \\ & & \ddots & \\ & & & a_n^{-1} \end{pmatrix}.$$

可逆矩阵具有以下性质:

（1）若方阵 A 可逆，则 $|A^{-1}| = \frac{1}{|A|}$.

（2）若方阵 A 可逆，数 $\lambda \neq 0$，则 λA 可逆，且 $(\lambda A)^{-1} = \frac{1}{\lambda}A^{-1}$.

（3）若方阵 A 可逆，则 A^{T} 也可逆，且 $(A^{\mathrm{T}})^{-1} = (A^{-1})^{\mathrm{T}}$.

（4）若方阵 A 可逆，且 $AB = AC$，则 $B = C$.

（5）若 A, B 为同阶方阵且均可逆，则 AB 也可逆，且 $(AB)^{-1} = B^{-1}A^{-1}$.

上述性质可简略证明如下:

（1）若方阵 A 可逆，则 $AA^{-1} = E$，所以

$$|AA^{-1}| = |A||A^{-1}| = |E| = 1.$$

故

$$|A^{-1}| = \frac{1}{|A|}.$$

（2）若 n 阶方阵 A 可逆，则 $|A| \neq 0$. 又数 $\lambda \neq 0$，所以 $|\lambda A| = \lambda^n |A| \neq 0$，则 λA 可逆. 又

$$(\lambda A)\left(\frac{1}{\lambda}A^{-1}\right) = \lambda \times \frac{1}{\lambda}AA^{-1} = E, \qquad \left(\frac{1}{\lambda}A^{-1}\right)(\lambda A) = \frac{1}{\lambda} \times \lambda A^{-1}A = E,$$

据逆矩阵的定义有

$$(\lambda A)^{-1} = \frac{1}{\lambda}A^{-1}.$$

（3）因为

$$A^{\mathrm{T}}(A^{-1})^{\mathrm{T}} = (A^{-1}A)^{\mathrm{T}} = E, \quad (A^{-1})^{\mathrm{T}}A^{\mathrm{T}} = (AA^{-1})^{\mathrm{T}} = E,$$

所以
$$(A^{\mathrm{T}})^{-1}=(A^{-1})^{\mathrm{T}}.$$

（4）若方阵 A 可逆，在 $AB=AC$ 两端同时左乘 A^{-1} 得
$$(A^{-1}A)B=(A^{-1}A)C,$$
即
$$B=C.$$

（5）若 A 与 B 为同阶可逆阵，则有
$$(AB)(B^{-1}A^{-1})=A(BB^{-1})A^{-1}=AA^{-1}=E,$$
$$(B^{-1}A^{-1})(AB)=B^{-1}(A^{-1}A)B=B^{-1}B=E,$$
而 $AB, B^{-1}A^{-1}$ 均为与 A 同阶的方阵，故
$$(AB)^{-1}=B^{-1}A^{-1}.$$

例 2.16 设 A 为四阶矩阵，$|A|=2$，求 $\left|(3A)^{-1}-2A^*\right|$ 的值.

解 因为 A 为四阶矩阵，$|A|=2$，所以
$$\begin{aligned}\left|(3A)^{-1}-2A^*\right|&=\left|\frac{1}{3}A^{-1}-4\times\frac{1}{|A|}A^*\right|=\left|\frac{1}{3}A^{-1}-4A^{-1}\right|=\left|-\frac{11}{3}A^{-1}\right|\\&=\left(-\frac{11}{3}\right)^4\left|A^{-1}\right|=\left(\frac{11}{3}\right)^4\times\frac{1}{2}=\frac{14641}{162}.\end{aligned}$$

例 2.17 设 A 与 B 均为 n 阶可逆矩阵，证明:

（1）$(AB)^*=B^*A^*$；　　（2）$(A^*)^*=|A|^{n-2}A$.

证明 （1）因为 A 与 B 均为 n 阶可逆矩阵，所以
$$(AB)^{-1}=B^{-1}A^{-1}.$$
又
$$(AB)^{-1}=\frac{1}{|AB|}(AB)^*=\frac{1}{|A||B|}(AB)^*,\qquad B^{-1}A^{-1}=\frac{1}{|B|}B^*\frac{1}{|A|}A^*=\frac{1}{|A||B|}B^*A^*,$$
所以
$$\frac{1}{|A||B|}(AB)^*=\frac{1}{|A||B|}B^*A^*.$$
两边同时乘以 $|A||B|$ 得
$$(AB)^*=B^*A^*.$$

（2）因为 A 为 n 阶可逆矩阵，所以
$$A^*=|A|A^{-1},$$
故
$$\left|A^*\right|=\left||A|A^{-1}\right|=|A|^n\left|A^{-1}\right|=|A|^n\frac{1}{|A|}=|A|^{n-1}\neq 0.$$

因此，A^*可逆，且

$$(A^*)^{-1}=(|A|A^{-1})^{-1}=\frac{1}{|A|}(A^{-1})^{-1}=\frac{1}{|A|}A.$$

由伴随矩阵求逆法可得

$$(A^*)^{-1}=\frac{1}{|A^*|}(A^*)^*.$$

所以

$$\frac{1}{|A^*|}(A^*)^*=\frac{1}{|A|}A.$$

故

$$(A^*)^*=|A^*|\frac{1}{|A|}A=|A|^{n-1}\frac{1}{|A|}A=|A|^{n-2}A,$$

即

$$(A^*)^*=|A|^{n-2}A.$$

习题 2.2

1. 求下列矩阵的逆矩阵.

（1）$\begin{pmatrix}3&1\\2&5\end{pmatrix}$；　（2）$\begin{pmatrix}1&2\\-1&2\end{pmatrix}\begin{pmatrix}4&2\\3&1\end{pmatrix}$；　（3）$\begin{pmatrix}1&1&1\\&1&1\\&&1\end{pmatrix}$；

（4）$\begin{pmatrix}1&1&1\\1&2&1\\1&1&3\end{pmatrix}$；　（5）$\begin{pmatrix}1&-1&2\\2&3&-1\\0&-5&5\end{pmatrix}$；　（6）$\begin{pmatrix}5&2&0&0\\2&1&0&0\\0&0&1&-2\\0&0&1&1\end{pmatrix}$；

（7）$\begin{pmatrix}1&&&\\a&1&&\\a^2&a&1&\\a^3&a^2&a&1\end{pmatrix}$；　（8）$\begin{pmatrix}&&&1\\&&1&1\\&1&1&1\\1&1&1&1\end{pmatrix}$.

2. 设A为n阶矩阵，$A\neq O$，且存在正整数$k\geqslant 2$，使$A^k=O$，求证：$E-A$可逆，且$(E-A)^{-1}=E+A+A^2+\cdots+A^{k-1}$.

3. 已知n阶矩阵A满足$A^2-3A+2E=O$，求证A可逆，并求A^{-1}.

4. 设$A^{-1}=\begin{pmatrix}1&1&1\\1&2&3\\1&1&3\end{pmatrix}$，求$(A^*)^{-1}$.

§2.3　矩阵的初等变换

2.3.1　矩阵的初等变换与初等矩阵

定义 2.11　设矩阵$A=(a_{ij})_{m\times n}$，下面是它的三种行（列）的变换：

（1）$\boldsymbol{A}$ 的某两行（两列）元素对换：

$$\begin{pmatrix} \cdots & \cdots & \cdots & \cdots \\ a_{i1} & a_{i2} & \cdots & a_{in} \\ \vdots & \vdots & & \vdots \\ a_{j1} & a_{j2} & \cdots & a_{jn} \\ \cdots & \cdots & \cdots & \cdots \end{pmatrix}\begin{matrix} \\ i\text{行} \\ \\ j\text{行} \\ \\ \end{matrix} \xrightarrow{r_i \leftrightarrow r_j} \begin{pmatrix} \cdots & \cdots & \cdots & \cdots \\ a_{j1} & a_{j2} & \cdots & a_{jn} \\ \vdots & \vdots & & \vdots \\ a_{i1} & a_{i2} & \cdots & a_{in} \\ \cdots & \cdots & \cdots & \cdots \end{pmatrix}\begin{matrix} \\ i\text{行} \\ \\ j\text{行} \\ \\ \end{matrix}$$

$$\left(\text{或} \quad \begin{array}{c} \begin{pmatrix} \vdots & a_{1i} & \cdots & a_{1j} & \vdots \\ \vdots & a_{2i} & \cdots & a_{2j} & \vdots \\ \vdots & \vdots & & \vdots & \vdots \\ \vdots & a_{mi} & \cdots & a_{mj} & \vdots \end{pmatrix} \\ i\text{列} \qquad j\text{列} \end{array} \xrightarrow{c_i \leftrightarrow c_j} \begin{array}{c} \begin{pmatrix} \vdots & a_{1j} & \cdots & a_{1i} & \vdots \\ \vdots & a_{2j} & \cdots & a_{2i} & \vdots \\ \vdots & \vdots & & \vdots & \vdots \\ \vdots & a_{mj} & \cdots & a_{mi} & \vdots \end{pmatrix} \\ i\text{列} \qquad j\text{列} \end{array} \right).$$

（2）用一个非零数 k 乘以 $\boldsymbol{A}$ 的某一行（列）的元素：

$$\begin{pmatrix} \cdots & \cdots & \cdots & \cdots \\ a_{i1} & a_{i2} & \cdots & a_{in} \\ \vdots & \vdots & & \vdots \\ a_{j1} & a_{j2} & \cdots & a_{jn} \\ \cdots & \cdots & \cdots & \cdots \end{pmatrix}\begin{matrix} \\ i\text{行} \\ \\ j\text{行} \\ \\ \end{matrix} \xrightarrow{r_i(k)} \begin{pmatrix} \cdots & \cdots & \cdots & \cdots \\ ka_{i1} & ka_{i2} & \cdots & ka_{in} \\ \vdots & \vdots & & \vdots \\ a_{j1} & a_{j2} & \cdots & a_{jn} \\ \cdots & \cdots & \cdots & \cdots \end{pmatrix}\begin{matrix} \\ i\text{行} \\ \\ j\text{行} \\ \\ \end{matrix}$$

$$\left(\text{或} \quad \begin{array}{c} \begin{pmatrix} \vdots & a_{1i} & \cdots & a_{1j} & \vdots \\ \vdots & a_{2i} & \cdots & a_{2j} & \vdots \\ \vdots & \vdots & & \vdots & \vdots \\ \vdots & a_{mi} & \cdots & a_{mj} & \vdots \end{pmatrix} \\ i\text{列} \qquad j\text{列} \end{array} \xrightarrow{c_j(k)} \begin{array}{c} \begin{pmatrix} \vdots & a_{1i} & \cdots & ka_{1j} & \vdots \\ \vdots & a_{2i} & \cdots & ka_{2j} & \vdots \\ \vdots & \vdots & & \vdots & \vdots \\ \vdots & a_{mi} & \cdots & ka_{mj} & \vdots \end{pmatrix} \\ i\text{列} \qquad j\text{列} \end{array} \right).$$

（3）$\boldsymbol{A}$ 的某行（列）元素的 k 倍对应加到另一行（列）上：

$$\begin{pmatrix} \cdots & \cdots & \cdots & \cdots \\ a_{i1} & a_{i2} & \cdots & a_{in} \\ \vdots & \vdots & & \vdots \\ a_{j1} & a_{j2} & \cdots & a_{jn} \\ \cdots & \cdots & \cdots & \cdots \end{pmatrix}\begin{matrix} \\ i\text{行} \\ \\ j\text{行} \\ \\ \end{matrix} \xrightarrow{r_i(k)+r_j} \begin{pmatrix} \cdots & \cdots & \cdots & \cdots \\ a_{i1} & a_{i2} & \cdots & a_{in} \\ \vdots & \vdots & & \vdots \\ a_{j1}+ka_{i1} & a_{j2}+ka_{i2} & \cdots & a_{jn}+ka_{in} \\ \cdots & \cdots & \cdots & \cdots \end{pmatrix}\begin{matrix} \\ i\text{行} \\ \\ j\text{行} \\ \\ \end{matrix}$$

$$\left(\text{或} \quad \begin{array}{c} \begin{pmatrix} \vdots & a_{1i} & \cdots & a_{1j} & \vdots \\ \vdots & a_{2i} & \cdots & a_{2j} & \vdots \\ \vdots & \vdots & & \vdots & \vdots \\ \vdots & a_{mi} & \cdots & a_{mj} & \vdots \end{pmatrix} \\ i\text{列} \qquad j\text{列} \end{array} \xrightarrow{c_i+c_j(k)} \begin{array}{c} \begin{pmatrix} \vdots & a_{1i}+ka_{1j} & \cdots & a_{1j} & \vdots \\ \vdots & a_{2i}+ka_{2j} & \cdots & a_{2j} & \vdots \\ \vdots & \vdots & & \vdots & \vdots \\ \vdots & a_{mi}+ka_{mj} & \cdots & a_{mj} & \vdots \end{pmatrix} \\ i\text{列} \qquad j\text{列} \end{array} \right).$$

矩阵的以上行（列）的变换称为矩阵的初等行（列）变换．一般地，将矩阵的初等行、列的变换统称为矩阵的初等变换．

定义 2.12 由 n 阶单位矩阵 $\boldsymbol{E}_n$ 经过一次初等行（列）变换得到的矩阵称为**初等矩阵**．

对应于三种初等变换，可以得到三种初等矩阵：

（1）对换单位阵的 i, j 两行（两列）而得到的初等矩阵记为 $\boldsymbol{E}_n(i, j)$，常常也简记为 $\boldsymbol{E}(i, j)$. 这种矩阵形如

$$\boldsymbol{E}(i,j)=\begin{pmatrix} 1 & & & & & & & & \\ & \ddots & & & & & & & \\ & & 1 & & & & & & \\ & & & 0 & \cdots & \cdots & \cdots & 1 & & & \\ & & & \vdots & 1 & & & \vdots & & & \\ & & & \vdots & & \ddots & & \vdots & & & \\ & & & \vdots & & & 1 & \vdots & & & \\ & & & 1 & \cdots & \cdots & \cdots & 0 & & & \\ & & & & & & & & 1 & & \\ & & & & & & & & & \ddots & \\ & & & & & & & & & & 1 \end{pmatrix}\begin{matrix} \\ \\ \\ \cdots\cdots i\text{行} \\ \\ \\ \\ \cdots\cdots j\text{行} \\ \\ \\ \\ \end{matrix} .$$

（2）用一个非零数 k 乘以 $\boldsymbol{A}$ 的第 i 行（第 i 列）元素得到的初等矩阵记为 $\boldsymbol{E}(i(k))$.

（3）将矩阵 $\boldsymbol{A}$ 的第 i 行（第 j 列）元素的 k 倍对应加到第 j 行（第 i 列）上，得到的初等矩阵记为 $\boldsymbol{E}(j,i(k))$.

因为初等矩阵都是由单位矩阵经过一次初等变换而得到的，依据行列式的性质可推知，初等矩阵的行列式值不为零，故它们都可逆，且初等矩阵的逆矩阵也是初等矩阵. 容易验证，它们的逆矩阵为

$$\boldsymbol{E}^{-1}(i,j)=\boldsymbol{E}(i,j)\text{；}\quad \boldsymbol{E}^{-1}(i(k))=\boldsymbol{E}\left(i\left(\frac{1}{k}\right)\right)\text{；}\quad \boldsymbol{E}^{-1}(j,i(k))=\boldsymbol{E}(j,i(-k)).$$

定理 2.5　设 $\boldsymbol{A}=(a_{ij})_{m\times n}$，则对 $\boldsymbol{A}$ 施行一次初等行变换，相当于用一个 m 阶的同类型初等矩阵（单位矩阵经相同初等变换而得到的初等矩阵）左乘矩阵 $\boldsymbol{A}$；对 $\boldsymbol{A}$ 施行一次初等列变换，相当于用一个 n 阶的同类型初等矩阵右乘矩阵 $\boldsymbol{A}$：

$$\boldsymbol{A}_{m\times n}\xrightarrow{r_i\leftrightarrow r_j}\boldsymbol{E}_m(i,j)\boldsymbol{A}_{m\times n},\quad \boldsymbol{A}_{m\times n}\xrightarrow{kr_i}\boldsymbol{E}_m(i(k))\boldsymbol{A}_{m\times n},\quad \boldsymbol{A}_{m\times n}\xrightarrow{r_j+kr_i}\boldsymbol{E}_m(j,i(k))\boldsymbol{A}_{m\times n},$$

$$\boldsymbol{A}_{m\times n}\xrightarrow{c_i\leftrightarrow c_j}\boldsymbol{A}_{m\times n}\boldsymbol{E}_n(i,j),\quad \boldsymbol{A}_{m\times n}\xrightarrow{kc_i}\boldsymbol{A}_{m\times n}\boldsymbol{E}_n(i(k)),\quad \boldsymbol{A}_{m\times n}\xrightarrow{c_j+kc_i}\boldsymbol{A}_{m\times n}\boldsymbol{E}_n(j,i(k)).$$

2.3.2　求逆矩阵的初等变换法

定义 2.13　如果矩阵 $\boldsymbol{A}$ 经过有限次初等变换变成矩阵 $\boldsymbol{B}$，就称**矩阵 $\boldsymbol{A}$ 与 $\boldsymbol{B}$ 等价**，记为 $\boldsymbol{A}\sim\boldsymbol{B}$.

不难验证，矩阵的等价具有下列性质：

（1）反身性：$\boldsymbol{A}\sim\boldsymbol{A}$.

（2）对称性：$\boldsymbol{A}\sim\boldsymbol{B}$，则 $\boldsymbol{B}\sim\boldsymbol{A}$.

（3）传递性：$\boldsymbol{A}\sim\boldsymbol{B}$，$\boldsymbol{B}\sim\boldsymbol{C}$，则 $\boldsymbol{A}\sim\boldsymbol{C}$.

定理 2.6　任意一个矩阵 $\boldsymbol{A}_{m\times n}$ 都与一个形如 $\boldsymbol{D}_{m\times n}=\begin{pmatrix}\boldsymbol{E}_r & \boldsymbol{O}\\ \boldsymbol{O} & \boldsymbol{O}\end{pmatrix}$ 的矩阵等价，其中 $\boldsymbol{E}_r$ 为一个 r 阶子块. $\boldsymbol{D}$ 形式的矩阵称为 $\boldsymbol{A}_{m\times n}$ 的等价标准形.

证明 设 $\boldsymbol{A}=(a_{ij})_{m\times n}$，如果 $\boldsymbol{A}=\boldsymbol{O}$，则 $\boldsymbol{A}$ 已经是标准形了.

若 $\boldsymbol{A}\neq\boldsymbol{O}$，则 $\boldsymbol{A}$ 中至少有一个元素不为零，不妨设 $a_{11}\neq 0$，于是

$$\boldsymbol{A}=\begin{pmatrix} a_{11} & a_{12} & \cdots & a_{1n} \\ a_{21} & a_{22} & \cdots & a_{2n} \\ \vdots & \vdots & & \vdots \\ a_{n1} & a_{n2} & \cdots & a_{nn} \end{pmatrix} \xrightarrow{r_i-\frac{a_{i1}}{a_{11}}r_1(i=2,3,\cdots,n)} \begin{pmatrix} a_{11} & a_{12} & \cdots & a_{1n} \\ 0 & a'_{22} & \cdots & a'_{2n} \\ \vdots & \vdots & & \vdots \\ 0 & a'_{n2} & \cdots & a'_{nn} \end{pmatrix}$$

$$\xrightarrow{c_j-\frac{a_{1j}}{a_{11}}c_1(j=2,3,\cdots,n)} \begin{pmatrix} a_{11} & 0 & \cdots & 0 \\ 0 & a''_{22} & \cdots & a''_{2n} \\ \vdots & \vdots & & \vdots \\ 0 & a''_{n2} & \cdots & a''_{nn} \end{pmatrix} \xrightarrow{r_1\times\frac{1}{a_{11}}} \begin{pmatrix} 1 & \boldsymbol{O} \\ O & \boldsymbol{A}_1 \end{pmatrix},$$

其中 $\boldsymbol{A}_1$ 为 $(m-1)\times(n-1)$ 矩阵. 如果 $\boldsymbol{A}_1=\boldsymbol{O}$，则最后形式已变换为标准形了；否则，针对子块 $\boldsymbol{A}_1$ 重复上述过程. 经有限次初等变换后有

$$\boldsymbol{A}\to\begin{pmatrix} 1 & \boldsymbol{O} \\ \boldsymbol{O} & \boldsymbol{A}_1 \end{pmatrix}\to\cdots\to\boldsymbol{D}=\begin{pmatrix} \boldsymbol{E}_r & \boldsymbol{O} \\ \boldsymbol{O} & \boldsymbol{O} \end{pmatrix}.$$

证毕.

例 2.18 设矩阵 $\boldsymbol{A}=\begin{pmatrix} 1 & 1 & 0 & 2 \\ -1 & 1 & -1 & 0 \\ 2 & 1 & 2 & 1 \end{pmatrix}$，试将 $\boldsymbol{A}$ 化为等价标准形.

解
$$\boldsymbol{A}=\begin{pmatrix} 1 & 1 & 0 & 2 \\ -1 & 1 & -1 & 0 \\ 2 & 1 & 2 & 1 \end{pmatrix} \xrightarrow[c_4-2c_1]{c_2-c_1} \begin{pmatrix} 1 & 0 & 0 & 0 \\ -1 & 2 & -1 & 2 \\ 2 & -1 & 2 & -3 \end{pmatrix} \xrightarrow[r_3-2r_1]{r_2+r_1} \begin{pmatrix} 1 & 0 & 0 & 0 \\ 0 & 2 & -1 & 2 \\ 0 & -1 & 2 & -3 \end{pmatrix}$$

$$\xrightarrow{r_2+r_3} \begin{pmatrix} 1 & 0 & 0 & 0 \\ 0 & 1 & 1 & -1 \\ 0 & -1 & 2 & -3 \end{pmatrix} \xrightarrow[c_4+c_2]{c_3-c_2} \begin{pmatrix} 1 & 0 & 0 & 0 \\ 0 & 1 & 0 & 0 \\ 0 & -1 & 3 & -4 \end{pmatrix} \xrightarrow{r_3+r_2} \begin{pmatrix} 1 & 0 & 0 & 0 \\ 0 & 1 & 0 & 0 \\ 0 & 0 & 3 & -4 \end{pmatrix}$$

$$\xrightarrow[c_4+\frac{4}{3}c_3]{r_3\times\frac{1}{3}} \begin{pmatrix} 1 & 0 & 0 & 0 \\ 0 & 1 & 0 & 0 \\ 0 & 0 & 1 & 0 \end{pmatrix}=(\boldsymbol{E}_3,\boldsymbol{0}).$$

定理 2.7 一个 n 阶方阵 $\boldsymbol{A}$ 可逆的充分必要条件是它的等价标准形为单位阵，且 $\boldsymbol{A}$ 可以表成一系列初等矩阵的乘积.

证明 由定理 2.5 和定理 2.6 可知，存在一系列初等矩阵 $\boldsymbol{Q}_1,\boldsymbol{Q}_2,\cdots,\boldsymbol{Q}_s$；$\boldsymbol{R}_1,\boldsymbol{R}_2,\cdots,\boldsymbol{R}_t$ 使得

$$\boldsymbol{Q}_1\boldsymbol{Q}_2\cdots\boldsymbol{Q}_s\boldsymbol{A}\boldsymbol{R}_1\boldsymbol{R}_2\cdots\boldsymbol{R}_t=\begin{pmatrix} \boldsymbol{E}_r & \boldsymbol{O} \\ \boldsymbol{O} & \boldsymbol{O} \end{pmatrix},$$

所以

$$\boldsymbol{A}=\boldsymbol{Q}_s^{-1}\boldsymbol{Q}_{s-1}^{-1}\cdots\boldsymbol{Q}_1^{-1}\begin{pmatrix} \boldsymbol{E}_r & \boldsymbol{O} \\ \boldsymbol{O} & \boldsymbol{O} \end{pmatrix}\boldsymbol{R}_t^{-1}\boldsymbol{R}_{t-1}^{-1}\cdots\boldsymbol{R}_1^{-1}.$$

又 $\boldsymbol{A}$ 可逆的充分必要条件是 $|\boldsymbol{A}|\neq 0$，于是

$$
\begin{aligned}
|A| &= \left|Q_s^{-1}Q_{s-1}^{-1}\cdots Q_1^{-1}\begin{pmatrix} E_r & O \\ O & O\end{pmatrix}R_t^{-1}R_{t-1}^{-1}\cdots R_1^{-1}\right| \\
&= |Q_s^{-1}||Q_{s-1}^{-1}|\cdots|Q_1^{-1}|\left|\begin{pmatrix} E_r & O \\ O & O\end{pmatrix}\right||R_t^{-1}||R_{t-1}^{-1}|\cdots|R_1^{-1}| \\
&\neq 0.
\end{aligned}
$$

所以

$$\left|\begin{pmatrix} E_r & O \\ O & O\end{pmatrix}\right| \neq 0 \Rightarrow r = n \Rightarrow \left|\begin{pmatrix} E_r & O \\ O & O\end{pmatrix}\right| = E_n .$$

故

$$A = Q_s^{-1}Q_{s-1}^{-1}\cdots Q_1^{-1}R_t^{-1}R_{t-1}^{-1}\cdots R_1^{-1} .$$

因为初等矩阵的逆也是初等矩阵，故此定理得证.

若 A 为 n 阶可逆阵，则 A^{-1} 也是 n 阶可逆阵. 由定理 2.7 的结论知，存在一系列初等矩阵 $G_1, G_2, \cdots, G_k$，使得

$$A^{-1} = G_1G_2\cdots G_k ,$$

于是

$$G_1G_2\cdots G_kA = E , \qquad G_1G_2\cdots G_kE = A^{-1}.$$

由初等矩阵与初等变换的关系有

$$(A,E) \rightarrow \overset{\text{初等行变换}}{\cdots\cdots} \rightarrow (E, A^{-1}) .$$

它揭示出求逆矩阵的又一种通用方法——初等变换求逆法. 该方法是用 n 阶方阵 A 和一个同阶单位阵构造出一个 $n\times 2n$ 矩阵 (A,E)，然后将矩阵 (A,E) 自始至终进行初等行变换，直到子块 A 变换为单位阵时，子块 E 就变换为 A 的逆矩阵 A^{-1}；若变换到某步骤时左边子块出现了一行元素全为零，则可判断矩阵 A 不可逆.

例 2.19　已知 $A=\begin{pmatrix} 2 & -4 & 1 \\ 1 & -5 & 2 \\ 1 & -1 & 1\end{pmatrix}$，$B=\begin{pmatrix} 1 & 2 & 3 \\ 2 & 4 & 6 \\ 3 & 6 & 9\end{pmatrix}$，求 A^{-1}, B^{-1}.

解　
$$
(A,E)=\left(\begin{array}{ccc|ccc} 2 & -4 & 1 & 1 & 0 & 0 \\ 1 & -5 & 2 & 0 & 1 & 0 \\ 1 & -1 & 1 & 0 & 0 & 1\end{array}\right) \rightarrow \left(\begin{array}{ccc|ccc} 1 & -1 & 1 & 0 & 0 & 1 \\ 1 & -5 & 2 & 0 & 1 & 0 \\ 2 & -4 & 1 & 1 & 0 & 0\end{array}\right) \rightarrow \left(\begin{array}{ccc|ccc} 1 & -1 & 1 & 0 & 0 & 1 \\ 0 & -4 & 1 & 0 & 1 & -1 \\ 0 & -2 & -1 & 1 & 0 & -2\end{array}\right)
$$

$$
\rightarrow \left(\begin{array}{ccc|ccc} 1 & -1 & 1 & 0 & 0 & 1 \\ 0 & -2 & -1 & 1 & 0 & -2 \\ 0 & -4 & 1 & 0 & 1 & -1\end{array}\right) \rightarrow \left(\begin{array}{ccc|ccc} 1 & -1 & 1 & 0 & 0 & 1 \\ 0 & -2 & -1 & 1 & 0 & -2 \\ 0 & 0 & 3 & -2 & 1 & 3\end{array}\right)
$$

$$
\rightarrow \left(\begin{array}{ccc|ccc} 1 & -1 & 0 & \frac{2}{3} & -\frac{1}{3} & 0 \\ 0 & -2 & 0 & \frac{1}{3} & \frac{1}{3} & -1 \\ 0 & 0 & 1 & -\frac{2}{3} & \frac{1}{3} & 1\end{array}\right) \rightarrow \left(\begin{array}{ccc|ccc} 1 & 0 & 0 & \frac{1}{2} & -\frac{1}{2} & \frac{1}{2} \\ 0 & 1 & 0 & -\frac{1}{6} & -\frac{1}{6} & \frac{1}{2} \\ 0 & 0 & 1 & -\frac{2}{3} & \frac{1}{3} & 1\end{array}\right),
$$

所以

$$A^{-1}=\begin{pmatrix}\frac{1}{2} & -\frac{1}{2} & \frac{1}{2}\\ -\frac{1}{6} & -\frac{1}{6} & \frac{1}{2}\\ -\frac{2}{3} & \frac{1}{3} & 1\end{pmatrix}.$$

又

$$(B,E)=\left(\begin{array}{ccc|ccc}1 & 2 & 3 & 1 & 0 & 0\\ 2 & 4 & 6 & 0 & 1 & 0\\ 3 & 6 & 9 & 0 & 0 & 1\end{array}\right)\to\left(\begin{array}{ccc|ccc}1 & 2 & 3 & 1 & 0 & 0\\ 0 & 0 & 0 & -2 & 1 & 0\\ 0 & 0 & 0 & -3 & 0 & 1\end{array}\right),$$

故 B 不可逆，即 B^{-1} 不存在.

用初等变换求 n 阶方阵 A 的逆矩阵，也可将 A 和一个同阶单位阵构造成 $2n\times n$ 矩阵 $\begin{pmatrix}A\\ E\end{pmatrix}$. 当然，根据初等变换与初等矩阵的关系可推知，这种形式的矩阵只能进行列变换，即

$$\begin{pmatrix}A\\ E\end{pmatrix}\to\overset{\text{初等列变换}}{\cdots\cdots}\to\begin{pmatrix}E\\ A^{-1}\end{pmatrix}.$$

当求逆方阵不是前边介绍的特殊形式的矩阵，而且阶数又较大时，用伴随矩阵求逆法求解往往繁复且易出差错，这时利用初等变换求逆法就是行之有效的选择. 利用逆矩阵求解一些矩阵方程，往往也是简单可行的.

例 2.20 用逆矩阵或初等变换解下列矩阵方程.

（1）$AX=A+2X$，其中 $A=\begin{pmatrix}4 & 2 & 3\\ 1 & 1 & 0\\ -1 & 2 & 3\end{pmatrix}$；

（2）$\begin{pmatrix}2 & 5\\ 1 & 3\end{pmatrix}X\begin{pmatrix}1 & 0 & 0\\ 0 & 2 & 1\\ 3 & 0 & 1\end{pmatrix}=\begin{pmatrix}-1 & 1 & 2\\ 2 & 0 & 1\end{pmatrix}$.

解 （1）由 $AX=A+2X$ 得

$$(A-2E)X=A.$$

又

$$(A-2E)=\begin{pmatrix}4 & 2 & 3\\ 1 & 1 & 0\\ -1 & 2 & 3\end{pmatrix}-2\begin{pmatrix}1 & & \\ & 1 & \\ & & 1\end{pmatrix}=\begin{pmatrix}2 & 2 & 3\\ 1 & -1 & 0\\ -1 & 2 & 1\end{pmatrix},$$

所以

$$|A-2E|=\begin{vmatrix}2 & 2 & 3\\ 1 & -1 & 0\\ -1 & 2 & 1\end{vmatrix}=-1.$$

故 $(A-2E)$ 可逆，从而 $X=(A-2E)^{-1}A$.

因为

$$(A-2E,\ A)=\begin{pmatrix}2&2&3&4&2&3\\1&-1&0&1&1&0\\-1&2&1&-1&2&3\end{pmatrix}\to\begin{pmatrix}1&-1&0&1&1&0\\2&2&3&4&2&3\\-1&2&1&-1&2&3\end{pmatrix}\to\begin{pmatrix}1&-1&0&1&1&0\\0&4&3&2&0&3\\0&1&1&0&3&3\end{pmatrix}$$

$$\to\begin{pmatrix}1&-1&0&1&1&0\\0&1&0&2&-9&-6\\0&1&1&0&3&3\end{pmatrix}\to\begin{pmatrix}1&0&0&3&-8&-6\\0&1&0&2&-9&-6\\0&0&1&-2&12&9\end{pmatrix},$$

所以

$$X=(A-2E)^{-1}A=\begin{pmatrix}3&-8&-6\\2&-9&-6\\-2&12&9\end{pmatrix}.$$

（2）因为

$$\begin{pmatrix}2&5\\1&3\end{pmatrix}X\begin{pmatrix}1&0&0\\0&2&1\\3&0&1\end{pmatrix}=\begin{pmatrix}-1&1&2\\2&0&1\end{pmatrix},\quad \begin{pmatrix}2&5\\1&3\end{pmatrix}^{-1}=\begin{pmatrix}3&-5\\-1&2\end{pmatrix},$$

所以

$$X\begin{pmatrix}1&0&0\\0&2&1\\3&0&1\end{pmatrix}=\begin{pmatrix}2&5\\1&3\end{pmatrix}^{-1}\begin{pmatrix}-1&1&2\\2&0&1\end{pmatrix}=\begin{pmatrix}3&-5\\-1&2\end{pmatrix}\begin{pmatrix}-1&1&2\\2&0&1\end{pmatrix}=\begin{pmatrix}-13&3&1\\5&-1&0\end{pmatrix}.$$

又

$$\begin{pmatrix}1&0&0\\0&2&1\\3&0&1\\-13&3&1\\5&-1&0\end{pmatrix}\to\begin{pmatrix}1&0&0\\0&1&0\\3&0&1\\-13&3/2&-1/2\\5&-1/2&1/2\end{pmatrix}\to\begin{pmatrix}1&0&0\\0&1&0\\0&0&1\\-23/2&3/2&-1/2\\7/2&-1/2&1/2\end{pmatrix},$$

所以

$$X=\begin{pmatrix}-13&3&1\\5&-1&0\end{pmatrix}\begin{pmatrix}1&0&0\\0&2&1\\3&0&1\end{pmatrix}^{-1}=\begin{pmatrix}-23/2&3/2&-1/2\\7/2&-1/2&1/2\end{pmatrix}.$$

对于 n 阶方阵 $A=\begin{pmatrix}&&&a_1\\&&a_2&\\&\iddots&&\\a_n&&&\end{pmatrix}$，副对角上元素的乘积 $a_1a_2\cdots a_n\neq 0$，容易验证 A 可逆，

且 $A^{-1}=\begin{pmatrix} & & & a_n^{-1} \\ & & a_{n-1}^{-1} & \\ & \iddots & & \\ a_1^{-1} & & & \end{pmatrix}$.

关于一些特殊矩阵的逆的结论，将在分块矩阵部分加以介绍.

习题 2.3

1. 设 $A=\begin{pmatrix} a_{11} & a_{12} & a_{13} & a_{14} \\ a_{21} & a_{22} & a_{23} & a_{24} \\ a_{31} & a_{32} & a_{33} & a_{34} \end{pmatrix}$，计算下列各式，并验证初等矩阵与初等变换的关系.

（1）$\begin{pmatrix} & & 1 \\ & 1 & \\ 1 & & \end{pmatrix}A$；（2）$\begin{pmatrix} 1 & 0 & 0 \\ 0 & 0 & 1 \\ 0 & 1 & 0 \end{pmatrix}A$；

（3）$A\begin{pmatrix} 1 & & & \\ & 1 & & \\ & & k & \\ & & & 1 \end{pmatrix}$；（4）$\begin{pmatrix} 1 & 0 & 0 \\ l & 1 & 0 \\ 0 & 0 & 1 \end{pmatrix}A$.

2. 利用逆矩阵或初等变换解下列矩阵方程.

（1）$\begin{pmatrix} 1 & 2 & 3 \\ 3 & 1 & 2 \\ 2 & 3 & 1 \end{pmatrix}X=\begin{pmatrix} 2 & 4 & 0 \\ 4 & 0 & 2 \\ 0 & 2 & 4 \end{pmatrix}$；（2）$X\begin{pmatrix} 5 & 3 & 1 \\ 1 & -3 & -2 \\ -5 & 2 & 1 \end{pmatrix}=\begin{pmatrix} -8 & 3 & 0 \\ -5 & 9 & 0 \\ -2 & 15 & 0 \end{pmatrix}$；

（3）$\begin{pmatrix} 1 & 4 \\ -1 & 2 \end{pmatrix}X\begin{pmatrix} 2 & 0 \\ -1 & 1 \end{pmatrix}=\begin{pmatrix} 3 & 1 \\ 0 & -1 \end{pmatrix}$；（4）$\begin{pmatrix} 0 & 1 & 0 \\ -1 & 1 & 1 \\ -1 & 0 & -1 \end{pmatrix}X+\begin{pmatrix} 1 & -1 \\ 2 & 0 \\ 5 & -3 \end{pmatrix}=X$.

§2.4 矩阵的秩

定义 2.14 在矩阵 $A=(a_{ij})_{m\times n}$ 中任选 k 行 k 列（$k\leqslant\min\{m,n\}$），其交叉位置上的元素按原有的相对位置构成一个 k 阶行列式，称为矩阵 A 的 **k 阶子式**.

如矩阵

$$\begin{pmatrix} 1 & -1 & 0 & 1 & 1 & 0 \\ 2 & 2 & 3 & 4 & 2 & 3 \\ -1 & 2 & 1 & -1 & 2 & 3 \end{pmatrix}$$

的第 2、第 3 行与第 3、第 6 列上的元素构成的 2 阶子式为 $\begin{vmatrix} 3 & 3 \\ 1 & 3 \end{vmatrix}$；第 2、第 3 行与第 2、第 5

列上的元素构成的 2 阶子式为$\begin{vmatrix} 2 & 2 \\ 2 & 2 \end{vmatrix}$；第 1、第 2、第 3 行与第 1、第 2、第 5 列上的元素构成的 3 阶子式为$\begin{vmatrix} 1 & -1 & 1 \\ 2 & 2 & 2 \\ -1 & 2 & 2 \end{vmatrix}$.

$m\times n$矩阵中，k阶子式有$C_m^k\cdot C_n^k$个，其中可能有的子式为零，有的却不为零，称不为零的子式为非零子式.

定义 2.15　如果一个矩阵$\boldsymbol{A}$中至少有一个r阶子式不为零，且所有$r+1$阶（如果存在的话）子式全为零，则称数r为矩阵$\boldsymbol{A}$的秩，记为$r(\boldsymbol{A})=r$.

规定：$\boldsymbol{O}_{m\times n}$矩阵的秩为零.

在一个矩阵$\boldsymbol{A}=(a_{ij})_{m\times n}$中，根据拉普拉斯定理可以推知，若所有$r+1$阶子式全为零，则所有高于$r+1$阶的子式必全为零. 因此，一个矩阵的秩就是其最高阶非零子式的阶数. 很显然，矩阵的秩r满足$0\leqslant r\leqslant \min(m,n)$；若$r=\min(m,n)$，则称$\boldsymbol{A}$为满秩矩阵. 矩阵的秩反应了矩阵内在的重要特性，在矩阵理论和应用中都具有重要意义.

一般而言，利用定义 2.15 求一个矩阵$\boldsymbol{A}=(a_{ij})_{m\times n}$的秩并非易事. 而对于矩阵

$$\boldsymbol{B}=\begin{pmatrix} 1 & 0 & -2 & 3 & 1 \\ 0 & 2 & 1 & 4 & -2 \\ 0 & 0 & 0 & -5 & 3 \\ 0 & 0 & 0 & 0 & 0 \end{pmatrix},$$

它却具有如下特点：

（1）元素全为零的行位于矩阵的最下面.

（2）自上而下各行中第一个非零元素左边的零元素个数，随着行数的增加而增加.

形如$\boldsymbol{B}$的矩阵（有的可能无整行元素为零的情形）称为阶梯形矩阵，所有非零元素所在行的行数称为梯级数. 矩阵$\boldsymbol{B}$的秩可一眼看出，因为要子式不为零，最多只可能将 1 至 3 行都选，即非零子式最高只可能为 3 阶. 而恰好又有所有梯级上的第 1 列构成的 3 阶非零上三角形子式$\begin{vmatrix} 1 & 0 & 3 \\ 0 & 2 & 4 \\ 0 & 0 & -5 \end{vmatrix}=-10$，而所有更高阶子式均为零，故据定义知$r(\boldsymbol{B})=3$. 由此可知，阶梯形矩阵的秩等于其梯级数，即等于它的非零行数.

那么，一般的矩阵与阶梯形矩阵有何关联呢？下面不加证明地介绍两个定理来解决这一问题（有兴趣的读者应该能够依据行列式的性质和矩阵秩的定义进行证明）.

定理 2.8　任意一个$m\times n$矩阵都可以经过一系列初等变换化为$m\times n$阶梯形矩阵.

定理 2.9　矩阵的初等变换不改变矩阵的秩.

这两个定理告诉我们，在求一个非特殊矩阵的秩时，可以先将其化为阶梯形矩阵，然后由阶梯形矩阵的秩确定原矩阵的秩.

例 2.21　求矩阵$\boldsymbol{A},\boldsymbol{B}$的秩，其中：

$$A=\begin{pmatrix}1&1&1&2\\2&3&3&2\\1&1&2&1\end{pmatrix},\quad B=\begin{pmatrix}1&-1&2&1&0\\2&-2&4&-2&0\\3&0&6&-1&1\\2&1&4&2&1\end{pmatrix}.$$

解 因为

$$A=\begin{pmatrix}1&1&1&2\\2&3&3&2\\1&1&2&1\end{pmatrix}\xrightarrow[r_3-r_1]{r_2-2r_1}\begin{pmatrix}1&1&1&2\\0&1&1&-2\\0&0&1&-1\end{pmatrix},$$

所以 $r(A)=3$.

又因为

$$B=\begin{pmatrix}1&-1&2&1&0\\2&-2&4&-2&0\\3&0&6&-1&1\\2&1&4&2&1\end{pmatrix}\xrightarrow[\substack{r_3-3r_1\\r_4-2r_1}]{r_2-2r_1}\begin{pmatrix}1&-1&2&1&0\\0&0&0&-4&0\\0&3&0&-4&1\\0&3&0&0&1\end{pmatrix}\xrightarrow{r_2\leftrightarrow r_4}\begin{pmatrix}1&-1&2&1&0\\0&3&0&0&1\\0&3&0&-4&1\\0&0&0&-4&0\end{pmatrix}$$

$$\xrightarrow{r_3-r_2}\begin{pmatrix}1&-1&2&1&0\\0&3&0&0&1\\0&0&0&-4&0\\0&0&0&-4&0\end{pmatrix}\xrightarrow{r_4-r_3}\begin{pmatrix}1&-1&2&1&0\\0&3&0&0&1\\0&0&0&-4&0\\0&0&0&0&0\end{pmatrix},$$

故 $r(B)=3$.

例 2.22 试证明：（1）$r(A)=r(A^{\mathrm{T}})$；（2）n 阶矩阵 A 可逆的充分必要条件是 A 为满秩矩阵，即 $r(A)=n$.

证明 （1）A^{T} 中的任意一个 k 阶子式都是 A 中的一个 k 阶子式的转置行列式，又行列式转置后其值不变，故 A^{T} 中非零子式的最高阶数与 A 中非零子式的最高阶数相等，即 $r(A^{\mathrm{T}})=r(A)$.

（2）n 阶矩阵 A 可逆的充分必要条件是 $|A|\neq 0$，故由矩阵的秩的定义有 $r(A)=n$.

例 2.23 设 n 阶矩阵 A 非奇异，$B=(b_{ij})_{n\times t}, C=(c_{ij})_{s\times n}$，试证明：

$$r(AB)=r(B),\quad r(CA)=r(C).$$

证明 因为矩阵 A 为 n 阶非奇异矩阵，故存在有限个初等矩阵 $Q_1,Q_2,\cdots Q_s$，使得 $A=Q_1Q_2\cdots Q_s$，于是

$$AB=Q_1Q_2\cdots Q_sB,\quad CA=CQ_1Q_2\cdots Q_s.$$

由初等矩阵与初等变换的关系可知，AB 可由 B 经一系列初等行变换得到，CA 可由 C 经一系列初等列变换得到. 又初等变换不改变矩阵的秩，故有

$$r(AB)=r(B),\quad r(CA)=r(C).$$

关于矩阵的秩的命题，常用的结论或公式还有：

（1）设 A,B 均为 $m\times n$ 矩阵，则 $r(A\pm B)\leqslant r(A)+r(B)$.

（2）设 A 为 $m\times n$ 矩阵，B 为 $n\times s$ 矩阵，则 $r(A)+r(B)-n\leqslant r(AB)\leqslant\min\{r(A),r(B)\}$.

（3）设 A 为 $m\times n$ 矩阵，B 为 $n\times s$ 矩阵，若 $AB=O$，则 $r(A)+r(B)\leqslant n$.

习题 2.4

1. 求下列矩阵的秩.

（1）$\begin{pmatrix}1&2&3\\2&3&1\\3&1&2\end{pmatrix}$；　（2）$\begin{pmatrix}1&2&3&4\\1&-2&4&5\\1&10&1&2\end{pmatrix}$；　（3）$\begin{pmatrix}1&-1\\-1&2\\2&4\end{pmatrix}$；

（4）$\begin{pmatrix}14&12&6&8&2\\6&104&21&9&17\\7&6&3&4&1\\35&30&15&20&6\end{pmatrix}$；　（5）$A=\begin{pmatrix}1&2&3&0&1\\-2&-2&0&3&2\\2&4&6&0&0\\1&2&-1&0&-1\\0&0&1&1&1\end{pmatrix}$.

2. 证明下列命题.

（1）设 A,B 均为 $m\times n$ 矩阵，则 $r(A\pm B)\leqslant r(A)+r(B)$.

（2）设 A 为 $m\times n$ 矩阵，B 为 $n\times s$ 矩阵，则 $r(A)+r(B)-n\leqslant r(AB)\leqslant \min\{r(A),r(B)\}$.

（3）设 A 为 $m\times n$ 矩阵，B 为 $n\times s$ 矩阵，若 $AB=O$，则 $r(A)+r(B)\leqslant n$.

§2.5　矩阵的分块

在矩阵的讨论或运算过程中，对于一些规模较大或结构特殊的矩阵，有时需要把它们看成若干个小矩阵排列而成，这样能使矩阵显得结构简单且明晰，便于分析和运算. 矩阵中的这些小矩阵称为子块（或子矩阵），原矩阵分块后称为分块矩阵. 给定一个矩阵，可以根据需要把它写成不同的分块矩阵形式，这样的操作称为矩阵的分块.

分块矩阵在运算时，可以把子块当成元素按矩阵的原有运算规则进行运算，并保证最终结果与直接进行运算所得结果一致. 为此，矩阵的分块在加法和乘法运算中应遵从相应的原则.

2.5.1　加法运算中的分块原则

相加矩阵的行、列的分块方式要一致，即行块、列块数应对应相等，对应位置上的子块的行数、列数应对应相等.

例 2.24　已知 $A=\begin{pmatrix}1&0&1&3\\0&1&2&4\\0&0&-1&0\\0&0&0&-1\end{pmatrix}$，$B=\begin{pmatrix}1&2&0&0\\2&0&0&0\\6&-2&1&0\\0&0&0&1\end{pmatrix}$，用矩阵的分块计算 $A+B$.

解　$$A+B=\left(\begin{array}{cc:cc}1&0&1&3\\0&1&2&4\\ \hdashline 0&0&-1&0\\0&0&0&-1\end{array}\right)+\left(\begin{array}{cc:cc}1&2&0&0\\2&0&0&0\\ \hdashline 6&-2&1&0\\0&0&0&1\end{array}\right)$$

$$=\begin{pmatrix} E & A_1 \\ O & -E \end{pmatrix}+\begin{pmatrix} B_1 & O \\ B_2 & E \end{pmatrix}=\begin{pmatrix} E+B_1 & A_1 \\ B_2 & O \end{pmatrix}$$

$$=\begin{pmatrix} 2 & 2 & 1 & 3 \\ 2 & 1 & 2 & 4 \\ 6 & -2 & 0 & 0 \\ 0 & 0 & 0 & 0 \end{pmatrix}.$$

2.5.2 乘法运算中的分块原则

利用分块矩阵计算矩阵 $A_{m\times n}$ 与 $B_{n\times s}$ 的乘积 AB 时，要使左乘矩阵 A 的列的分块与右乘矩阵 B 的行的分块一致，即 A 的列块数与 B 的行块数等；同时，还要使得矩阵 A 的某列块的列数与矩阵 B 的对应行块的行数相等．并且要注意，子块相乘时 A 的各子块始终左乘 B 的对应子块．

例 2.25 已知 $A=\begin{pmatrix} 1 & 0 & -2 & 0 \\ 0 & 1 & 0 & -2 \\ 0 & 0 & 5 & 3 \end{pmatrix}$，$B=\begin{pmatrix} 3 & 0 & -2 \\ 1 & 2 & 0 \\ 0 & 1 & 0 \\ 0 & 0 & 1 \end{pmatrix}$，用分块矩阵计算 AB．

解（解法一）

$$AB=\left(\begin{array}{cc:cc} 1 & 0 & -2 & 0 \\ 0 & 1 & 0 & -2 \\ \hdashline 0 & 0 & 5 & 3 \end{array}\right)\left(\begin{array}{cc:c} 3 & 0 & -2 \\ 1 & 2 & 0 \\ \hdashline 0 & 1 & 0 \\ 0 & 0 & 1 \end{array}\right)=\begin{pmatrix} E & -2E \\ O & A_1 \end{pmatrix}\begin{pmatrix} B_1 & B_2 \\ B_3 & B_4 \end{pmatrix}=\begin{pmatrix} B_1-2B_3 & B_2-2B_4 \\ A_1B_3 & A_1B_4 \end{pmatrix}.$$

又

$$B_1-2B_3=\begin{pmatrix} 3 & 0 \\ 1 & 2 \end{pmatrix}-2\begin{pmatrix} 0 & 1 \\ 0 & 0 \end{pmatrix}=\begin{pmatrix} 3 & -2 \\ 1 & 2 \end{pmatrix},\quad B_2-2B_4=\begin{pmatrix} -2 \\ 0 \end{pmatrix}-2\begin{pmatrix} 0 \\ 1 \end{pmatrix}=\begin{pmatrix} -2 \\ -2 \end{pmatrix},$$

$$A_1B_3=(5\quad 3)\begin{pmatrix} 0 & 1 \\ 0 & 0 \end{pmatrix}=(0\quad 5),\quad A_1B_4=(5\quad 3)\begin{pmatrix} 0 \\ 1 \end{pmatrix}=(3),$$

所以

$$AB=\begin{pmatrix} 3 & -2 & -2 \\ 1 & 2 & -2 \\ 0 & 5 & 3 \end{pmatrix}.$$

（解法二）

$$AB=\left(\begin{array}{cc:cc} 1 & 0 & -2 & 0 \\ 0 & 1 & 0 & -2 \\ \hdashline 0 & 0 & 5 & 3 \end{array}\right)\left(\begin{array}{c:cc} 3 & 0 & -2 \\ 1 & 2 & 0 \\ \hdashline 0 & 1 & 0 \\ 0 & 0 & 1 \end{array}\right)=\begin{pmatrix} E & -2E \\ O & A_1 \end{pmatrix}\begin{pmatrix} B_1 & B_2 \\ O & E \end{pmatrix}=\begin{pmatrix} B_1 & B_2-2E \\ O & A_1 \end{pmatrix}.$$

故

$$AB=\begin{pmatrix} 3 & -2 & -2 \\ 1 & 2 & -2 \\ 0 & 5 & 3 \end{pmatrix}.$$

从上例两种不同分块的解法可以看出，不同的分块方法使得求解过程的繁杂程度不一样．一般地，要尽可能把特殊的零子块和单位子块分出来，这样可以简化子块的运算．

形如$\begin{pmatrix} \boldsymbol{A}_1 & \boldsymbol{O} & \cdots & \boldsymbol{O} \\ \boldsymbol{O} & \boldsymbol{A}_2 & \cdots & \boldsymbol{O} \\ \vdots & \vdots & & \vdots \\ \boldsymbol{O} & \boldsymbol{O} & \cdots & \boldsymbol{A}_s \end{pmatrix}$的分块矩阵，称为分块对角矩阵或准对角矩阵．当主对角线上各子块均为对角矩阵时，分块对角矩阵$\begin{pmatrix} \boldsymbol{A}_1 & \boldsymbol{O} & \cdots & \boldsymbol{O} \\ \boldsymbol{O} & \boldsymbol{A}_2 & \cdots & \boldsymbol{O} \\ \vdots & \vdots & & \vdots \\ \boldsymbol{O} & \boldsymbol{O} & \cdots & \boldsymbol{A}_s \end{pmatrix}$才是对角矩阵．

形如$\begin{pmatrix} \boldsymbol{A}_{11} & \boldsymbol{A}_{12} & \cdots & \boldsymbol{A}_{1s} \\ \boldsymbol{O} & \boldsymbol{A}_{22} & \cdots & \boldsymbol{A}_{2s} \\ \vdots & \vdots & & \vdots \\ \boldsymbol{O} & \boldsymbol{O} & \cdots & \boldsymbol{A}_{ss} \end{pmatrix}$的分块矩阵，称为分块上三角形矩阵；形如$\begin{pmatrix} \boldsymbol{A}_{11} & \boldsymbol{O} & \cdots & \boldsymbol{O} \\ \boldsymbol{A}_{21} & \boldsymbol{A}_{22} & \cdots & \boldsymbol{O} \\ \vdots & \vdots & & \vdots \\ \boldsymbol{A}_{s1} & \boldsymbol{A}_{s2} & \cdots & \boldsymbol{A}_{ss} \end{pmatrix}$的分块矩阵，称为分块下三角形矩阵．如果分块上（下）三角形矩阵的主对角线上的子块 $A_{ii}\ (i=1,2,\cdots,s)$ 均为方阵，那么利用拉普拉斯定理可推得

$$\begin{vmatrix} \boldsymbol{A}_{11} & \boldsymbol{A}_{12} & \cdots & \boldsymbol{A}_{1s} \\ \boldsymbol{O} & \boldsymbol{A}_{22} & \cdots & \boldsymbol{A}_{2s} \\ \vdots & \vdots & & \vdots \\ \boldsymbol{O} & \boldsymbol{O} & \cdots & \boldsymbol{A}_{ss} \end{vmatrix} = \begin{vmatrix} \boldsymbol{A}_{11} & \boldsymbol{O} & \cdots & \boldsymbol{O} \\ \boldsymbol{A}_{21} & \boldsymbol{A}_{22} & \cdots & \boldsymbol{O} \\ \vdots & \vdots & & \vdots \\ \boldsymbol{A}_{s1} & \boldsymbol{A}_{s2} & \cdots & \boldsymbol{A}_{ss} \end{vmatrix} = \det \boldsymbol{A}_{11} \det \boldsymbol{A}_{22} \cdots \det \boldsymbol{A}_{ss}.$$

例 2.26　设有分块矩阵 $\boldsymbol{W}=\begin{pmatrix} \boldsymbol{A} & \boldsymbol{C} \\ \boldsymbol{O} & \boldsymbol{B} \end{pmatrix}$，其中 $\boldsymbol{A},\boldsymbol{B}$ 分别为 r 阶与 k 阶可逆方阵，$\boldsymbol{C}$ 是 $r\times k$ 矩阵，$\boldsymbol{O}$ 是 $k\times r$ 零矩阵，证明 $\boldsymbol{W}$ 可逆，并求出其逆矩阵．

证明　因为 $\boldsymbol{A},\boldsymbol{B}$ 均为可逆方阵，那么 $|\boldsymbol{A}|\neq 0$，$|\boldsymbol{B}|\neq 0$，根据拉普拉斯定理可得

$$|\boldsymbol{W}|=\begin{vmatrix} \boldsymbol{A} & \boldsymbol{C} \\ \boldsymbol{O} & \boldsymbol{B} \end{vmatrix}=|\boldsymbol{A}||\boldsymbol{B}|\neq 0,$$

故 $\boldsymbol{W}$ 可逆．

设 $\boldsymbol{W}$ 的逆为分块矩阵形式 $\boldsymbol{W}^{-1}=\begin{pmatrix} \boldsymbol{X} & \boldsymbol{R} \\ \boldsymbol{Q} & \boldsymbol{Y} \end{pmatrix}$，其中 $\boldsymbol{X},\boldsymbol{Y}$ 分别为与 $\boldsymbol{A},\boldsymbol{B}$ 同阶的方阵，于是有

$$\boldsymbol{W}\boldsymbol{W}^{-1}=\begin{pmatrix} \boldsymbol{A} & \boldsymbol{C} \\ \boldsymbol{O} & \boldsymbol{B} \end{pmatrix}\begin{pmatrix} \boldsymbol{X} & \boldsymbol{R} \\ \boldsymbol{Q} & \boldsymbol{Y} \end{pmatrix}=\begin{pmatrix} \boldsymbol{AX}+\boldsymbol{CQ} & \boldsymbol{AR}+\boldsymbol{CY} \\ \boldsymbol{BQ} & \boldsymbol{BY} \end{pmatrix}=\begin{pmatrix} \boldsymbol{E}_r & \boldsymbol{O} \\ \boldsymbol{O} & \boldsymbol{E}_k \end{pmatrix},$$

所以

$$\begin{cases} \boldsymbol{AX}+\boldsymbol{CQ}=\boldsymbol{E}_r \\ \boldsymbol{AR}+\boldsymbol{CY}=\boldsymbol{O} \\ \boldsymbol{BQ}=\boldsymbol{O} \\ \boldsymbol{BY}=\boldsymbol{E}_k \end{cases}.$$

解之得 $\boldsymbol{Q}=\boldsymbol{O}_{k\times r}$，$\boldsymbol{Y}=\boldsymbol{B}^{-1}$，$\boldsymbol{X}=\boldsymbol{A}^{-1}$，$\boldsymbol{R}=-\boldsymbol{A}^{-1}\boldsymbol{C}\boldsymbol{B}^{-1}$，即

$$\boldsymbol{W}^{-1}=\begin{pmatrix}\boldsymbol{A}^{-1} & -\boldsymbol{A}^{-1}\boldsymbol{C}\boldsymbol{B}^{-1}\\ \boldsymbol{O} & \boldsymbol{B}^{-1}\end{pmatrix}.$$

关于分块矩阵的运算，主要还有下列一些普适性结论，读者可以自行验证.

结论 1 若 $\boldsymbol{A}=\begin{pmatrix}\boldsymbol{A}_1 & & & \\ & \boldsymbol{A}_2 & & \\ & & \ddots & \\ & & & \boldsymbol{A}_s\end{pmatrix}$，其中 $\boldsymbol{A}_i\ (i=1,2,\cdots,s)$ 为方形子矩阵，则有

$$\boldsymbol{A}^k=\begin{pmatrix}\boldsymbol{A}_1^k & & & \\ & \boldsymbol{A}_2^k & & \\ & & \ddots & \\ & & & \boldsymbol{A}_s^k\end{pmatrix}.$$

结论 2 若 $\boldsymbol{A}=\begin{pmatrix}\boldsymbol{A}_1 & & & \\ & \boldsymbol{A}_2 & & \\ & & \ddots & \\ & & & \boldsymbol{A}_s\end{pmatrix}$，其中 $\boldsymbol{A}_i\ (i=1,2,\cdots,s)$ 为可逆的子矩阵，则 $\boldsymbol{A}$ 可逆，且

$$\boldsymbol{A}^{-1}=\begin{pmatrix}\boldsymbol{A}_1^{-1} & & & \\ & \boldsymbol{A}_2^{-1} & & \\ & & \ddots & \\ & & & \boldsymbol{A}_s^{-1}\end{pmatrix}.$$

结论 3 若 $\boldsymbol{B}=\begin{pmatrix} & & & \boldsymbol{B}_1\\ & & \boldsymbol{B}_2 & \\ & \iddots & & \\ \boldsymbol{B}_s & & & \end{pmatrix}$，其中 $\boldsymbol{B}_i\ (i=1,2,\cdots,s)$ 为可逆的子矩阵，则 $\boldsymbol{B}$ 可逆，且

$$\boldsymbol{B}^{-1}=\begin{pmatrix} & & & \boldsymbol{B}_s^{-1}\\ & & \boldsymbol{B}_{s-1}^{-1} & \\ & \iddots & & \\ \boldsymbol{B}_1^{-1} & & & \end{pmatrix}.$$

结论 4 若 $\boldsymbol{W}_1=\begin{pmatrix}\boldsymbol{A} & \boldsymbol{O}\\ \boldsymbol{C} & \boldsymbol{B}\end{pmatrix},\boldsymbol{W}_2=\begin{pmatrix}\boldsymbol{C} & \boldsymbol{A}\\ \boldsymbol{B} & \boldsymbol{O}\end{pmatrix},\boldsymbol{W}_3=\begin{pmatrix}\boldsymbol{O} & \boldsymbol{A}\\ \boldsymbol{B} & \boldsymbol{C}\end{pmatrix}$，其中 $\boldsymbol{A},\boldsymbol{B}$ 为可逆的子矩阵，则 $\boldsymbol{W}_1,\boldsymbol{W}_2,\boldsymbol{W}_3$ 均可逆，且

$$\boldsymbol{W}_1^{-1}=\begin{pmatrix}\boldsymbol{A}^{-1} & \boldsymbol{O}\\ -\boldsymbol{B}^{-1}\boldsymbol{C}\boldsymbol{A}^{-1} & \boldsymbol{B}^{-1}\end{pmatrix},\quad \boldsymbol{W}_2^{-1}=\begin{pmatrix}\boldsymbol{O} & \boldsymbol{B}^{-1}\\ \boldsymbol{A}^{-1} & -\boldsymbol{A}^{-1}\boldsymbol{C}\boldsymbol{B}^{-1}\end{pmatrix},\quad \boldsymbol{W}_3^{-1}=\begin{pmatrix}-\boldsymbol{B}^{-1}\boldsymbol{C}\boldsymbol{A}^{-1} & \boldsymbol{B}^{-1}\\ \boldsymbol{A}^{-1} & \boldsymbol{O}\end{pmatrix}.$$

习题 2.5

1. 按指定分块用分块矩阵乘法求下列矩阵乘积.

（1）$\left(\begin{array}{cc:c} 1 & -2 & 0 \\ -1 & 2 & 1 \\ \hdashline 0 & 3 & 2 \end{array}\right)\left(\begin{array}{c:c} 0 & 1 \\ 1 & 0 \\ \hdashline 0 & -1 \end{array}\right)$；　（2）$\left(\begin{array}{ccc} 2 & 1 & -1 \\ \hdashline 3 & 0 & -2 \\ \hdashline 1 & -1 & 1 \end{array}\right)\left(\begin{array}{c:c:c} 1 & 1 & 0 \\ 0 & 0 & -1 \\ -1 & 2 & 1 \end{array}\right)$；

（3）$\left(\begin{array}{cc:cc} a & 0 & 0 & 0 \\ 0 & a & 0 & 0 \\ \hdashline 1 & 0 & b & 0 \\ 0 & 1 & 0 & b \end{array}\right)\left(\begin{array}{cc:cc} 1 & 0 & c & 0 \\ 0 & 1 & 0 & c \\ \hdashline 0 & 0 & d & 0 \\ 0 & 0 & 0 & d \end{array}\right)$.

2. 利用矩阵分块求下列矩阵的逆矩阵.

（1）$\begin{pmatrix} 1 & 1 & 1 \\ & 1 & 1 \\ & & 1 \end{pmatrix}$；　（2）$\begin{pmatrix} 5 & 2 & 0 & 0 \\ 2 & 1 & 0 & 0 \\ 0 & 0 & 1 & -2 \\ 0 & 0 & 1 & 1 \end{pmatrix}$；　（3）$\begin{pmatrix} 1 & & & \\ a & 1 & & \\ a^2 & a & 1 & \\ a^3 & a^2 & a & 1 \end{pmatrix}$；

（4）$\begin{pmatrix} & & & 1 \\ & & 1 & 1 \\ & 1 & 1 & 1 \\ 1 & 1 & 1 & 1 \end{pmatrix}$；　（5）$\begin{pmatrix} 1 & 0 & 0 & 0 \\ -2 & 3 & -3 & 0 \\ 0 & 0 & 5 & 6 \\ 0 & 0 & 6 & 7 \end{pmatrix}$.

综合练习 2

一、选择题

1. 有矩阵 $\boldsymbol{A}_{3\times2},\boldsymbol{B}_{2\times3},\boldsymbol{C}_{3\times2}$，下列（　　）运算可行.

（1）$\boldsymbol{AB}$　（2）$\boldsymbol{BC}$　（3）$\boldsymbol{ABC}$　（4）$\boldsymbol{AB}-\boldsymbol{BC}$

2. 已知矩阵 $\boldsymbol{A}_{m\times n},\boldsymbol{B}_{n\times m}\ (m\neq n)$，则下列（　　）运算的结果为 n 阶矩阵.

（1）$\boldsymbol{AB}$　（2）$\boldsymbol{BA}$　（3）$(\boldsymbol{BA})^{\mathrm{T}}$　（4）$\boldsymbol{A}^{\mathrm{T}}\boldsymbol{B}^{\mathrm{T}}$

3. 设 $\boldsymbol{A},\boldsymbol{B},\boldsymbol{C}$ 均为 n 阶矩阵，下列（　　）不是运算律.

（1）$(\boldsymbol{A}+\boldsymbol{B})+\boldsymbol{C}=(\boldsymbol{C}+\boldsymbol{B})+\boldsymbol{A}$　（2）$(\boldsymbol{A}+\boldsymbol{B})\boldsymbol{C}=\boldsymbol{CA}+\boldsymbol{CB}$

（3）$(\boldsymbol{AB})\boldsymbol{C}=\boldsymbol{A}(\boldsymbol{BC})$　（4）$(\boldsymbol{AB})\boldsymbol{C}=(\boldsymbol{AC})\boldsymbol{B}$

4. 设 $\boldsymbol{A},\boldsymbol{B}$ 均为 n 阶矩阵，当（　　）时，有 $(\boldsymbol{A}+\boldsymbol{B})(\boldsymbol{A}-\boldsymbol{B})=\boldsymbol{A}^2-\boldsymbol{B}^2$.

（1）$\boldsymbol{A}=\boldsymbol{E}$　（2）$\boldsymbol{B}=\boldsymbol{O}$　（3）$\boldsymbol{A}=\boldsymbol{B}$　（4）$\boldsymbol{AB}=\boldsymbol{BA}$.

5. 设 $\boldsymbol{A},\boldsymbol{B},\boldsymbol{C}$ 为同阶矩阵，若 $\boldsymbol{ABC}=\boldsymbol{E}$，则下列各式中总成立的有（　　）.

（1）$\boldsymbol{CAB}=\boldsymbol{E}$　（2）$\boldsymbol{BCA}=\boldsymbol{E}$　（3）$\boldsymbol{ACB}=\boldsymbol{E}$　（4）$\boldsymbol{CBA}=\boldsymbol{E}$

6. 若 $\boldsymbol{A}$ 是（　　　），则 $\boldsymbol{A}$ 必为方阵.

（1）对称矩阵　　（2）可逆矩阵

（3）n 阶矩阵的转置矩阵　　（4）线性方程组的系数矩阵

7. 若 $\boldsymbol{A}$ 是（　　　），则必有 $\boldsymbol{A}^{\mathrm{T}}=\boldsymbol{A}$.

（1）对称矩阵　（2）三角矩阵　（3）对角矩阵　（4）可逆矩阵

8. 设 $\boldsymbol{A}$ 是任一 $n(n\geqslant 3)$ 阶方阵，常数 k 满足 $k\neq 0$ 且 $k\neq\pm 1$，则 $(k\boldsymbol{A})^*$ 等于（　　　）.

（1）$k\boldsymbol{A}^*$　（2）$k^{n-1}\boldsymbol{A}^*$　（3）$k^n\boldsymbol{A}^*$　（4）$k^{-1}\boldsymbol{A}^*$

9. 设 $\boldsymbol{A},\boldsymbol{B},\boldsymbol{C}$ 为同阶矩阵，且 $\boldsymbol{A}$ 可逆，下列（　　　）式必成立.

（1）若 $\boldsymbol{AB}=\boldsymbol{AC}$，则 $\boldsymbol{B}=\boldsymbol{C}$　　（2）若 $\boldsymbol{AB}=\boldsymbol{CB}$，则 $\boldsymbol{A}=\boldsymbol{C}$

（3）若 $\boldsymbol{AB}=\boldsymbol{O}$，则 $\boldsymbol{B}=\boldsymbol{O}$　　（4）若 $\boldsymbol{BC}=\boldsymbol{O}$，则 $\boldsymbol{B}=\boldsymbol{O}$

10. 若 $\boldsymbol{A}$ 为非奇异上三角形矩阵，则（　　　）仍为上三角形矩阵.

（1）$2\boldsymbol{A}$　（2）$\boldsymbol{A}^2$　（3）$\boldsymbol{A}^{\mathrm{T}}$　（4）$\boldsymbol{A}^{-1}$

11. 设 $\boldsymbol{A}$ 为非奇异对称矩阵，则（　　　）仍为对称矩阵.

（1）$\boldsymbol{A}^{\mathrm{T}}$　（2）$\boldsymbol{A}^{-1}$　（3）$3\boldsymbol{A}$　（4）$\boldsymbol{AA}^{\mathrm{T}}$

12. 设 $\boldsymbol{A}$ 为 n 阶可逆矩阵，则下列（　　　）恒成立.

（1）$(2\boldsymbol{A})^{\mathrm{T}}=2\boldsymbol{A}^{\mathrm{T}}$　　（2）$(2\boldsymbol{A})^{-1}=2\boldsymbol{A}^{-1}$

（3）$((\boldsymbol{A}^{-1})^{-1})^{\mathrm{T}}=((\boldsymbol{A}^{\mathrm{T}})^{-1})^{-1}$　　（4）$\left((\boldsymbol{A}^{\mathrm{T}})^{\mathrm{T}}\right)^{-1}=\left((\boldsymbol{A}^{-1})^{-1}\right)^{\mathrm{T}}$

13. 设 $\boldsymbol{A},\boldsymbol{B},\boldsymbol{A}+\boldsymbol{B}$ 均为 n 阶可逆矩阵，则 $(\boldsymbol{A}^{-1}+\boldsymbol{B}^{-1})^{-1}$ 等于（　　　）.

（1）$\boldsymbol{A}^{-1}+\boldsymbol{B}^{-1}$　（2）$\boldsymbol{A}+\boldsymbol{B}$　（3）$\boldsymbol{A}(\boldsymbol{A}+\boldsymbol{B})^{-1}\boldsymbol{B}$　（4）$(\boldsymbol{A}+\boldsymbol{B})^{-1}$

14. 下列矩阵（　　　）是初等矩阵.

（1）$\begin{pmatrix}0&0&1\\0&1&0\\1&0&0\end{pmatrix}$　（2）$\begin{pmatrix}1&0&0\\0&0&1\\0&1&0\end{pmatrix}$　（3）$\begin{pmatrix}1&0&0\\0&1/2&0\\0&0&1\end{pmatrix}$　（4）$\begin{pmatrix}1&0&0\\0&1&-5\\0&0&1\end{pmatrix}$

15. 已知 $\boldsymbol{A}=\begin{pmatrix}1&0&2\\0&1&3\\2&3&1\end{pmatrix}$，则（　　　）.

（1）$\boldsymbol{A}$ 为可逆矩阵　　（2）$\boldsymbol{A}^{\mathrm{T}}=\boldsymbol{A}$

（3）$\boldsymbol{AA}^{\mathrm{T}}$ 为对称矩阵　　（4）$\begin{pmatrix}0&0&1\\0&1&0\\1&0&0\end{pmatrix}\boldsymbol{A}=\begin{pmatrix}2&3&1\\0&1&3\\1&0&2\end{pmatrix}$

16. 当 $\boldsymbol{A}=$（　　　）时，$\boldsymbol{A}\begin{pmatrix}a_{11}&a_{12}&a_{13}\\a_{21}&a_{22}&a_{23}\\a_{31}&a_{32}&a_{33}\end{pmatrix}=\begin{pmatrix}a_{11}-3a_{31}&a_{12}-3a_{32}&a_{13}-3a_{33}\\a_{21}&a_{22}&a_{23}\\a_{31}&a_{32}&a_{33}\end{pmatrix}$.

（1）$\begin{pmatrix}1&0&0\\0&1&0\\-3&0&1\end{pmatrix}$　（2）$\begin{pmatrix}1&0&-3\\0&1&0\\0&0&1\end{pmatrix}$　（3）$\begin{pmatrix}0&0&-3\\0&1&0\\1&0&1\end{pmatrix}$　（4）$\begin{pmatrix}1&0&0\\0&1&0\\0&-3&1\end{pmatrix}$

17. 设 $\boldsymbol{A}$ 为 $m\times n$ 矩阵，且 $r(\boldsymbol{A})=r<m<n$，则（　　　）.

（1）A中r阶子式不全为零　　（2）A中每一个阶数大于r的子式全为零

（3）A经初等变换可化为$\begin{pmatrix} E_r & O \\ O & O \end{pmatrix}$　　（4）A不可能是满秩矩阵

18. 设$n(n>3)$阶矩阵$A=\begin{pmatrix} 1 & a & \cdots & a \\ a & 1 & \cdots & a \\ \vdots & \vdots & \ddots & \vdots \\ a & a & \cdots & 1 \end{pmatrix}$，如果$r(A)=n-1$，则$a=$(　　　).

（1）1　　（2）$\dfrac{1}{1-n}$　　（3）-1　　（4）$\dfrac{1}{n-1}$

19. 设A是3阶矩阵，$|A|=5$，B是2阶矩阵，$|B|=-2$，则$\begin{vmatrix} & A^* \\ (3B)^{-1} & \end{vmatrix}=$(　　　).

（1）$\dfrac{75}{2}$　　（2）$\dfrac{25}{6}$　　（3）$-\dfrac{50}{9}$　　（4）$-\dfrac{25}{18}$

20. 已知$A=\begin{pmatrix} 3 & 2 & 1 \\ 6 & 4 & t \\ 9 & 6 & 3 \end{pmatrix}$，$P$为3阶非零矩阵，且满足$PA=O$，则(　　　).

（1）$t=2$时，$r(P)=1$　　（2）$t=2$时，$r(P)=2$

（3）$t\neq 2$时，$r(P)=1$　　（4）$t\neq 2$时，$r(P)=2$

二、填空题

1. 如果$A^2-2A+E=O$，则$(A-2E)^{-1}=$________.

2. 如果$A=\begin{pmatrix} -8 & 2 & -2 \\ 2 & x & -4 \\ -2 & -4 & x \end{pmatrix}$不可逆，则$x=$________.

3 设$A=\dfrac{1}{2}(B+E)$，则$A^2=A$的充分必要条件为________.

4. 设A,B均是n阶对称矩阵，则AB是对称矩阵的充分必要条件是________.

5. $\begin{pmatrix} 0 & 1 & 0 \\ 1 & 0 & 0 \\ 0 & 0 & 1 \end{pmatrix}^{2019}\begin{pmatrix} 1 & 6 & 7 \\ 2 & 5 & 8 \\ 3 & 4 & 9 \end{pmatrix}\begin{pmatrix} 0 & 0 & 1 \\ 0 & 1 & 0 \\ 1 & 0 & 0 \end{pmatrix}^{2018}=$________.

6. 已知$A=\begin{pmatrix} 0 & 1 & 0 & \cdots & 0 \\ 0 & 0 & 2 & \cdots & 0 \\ 0 & 0 & 0 & \ddots & \vdots \\ \vdots & \vdots & \vdots & \ddots & n-1 \\ n & 0 & 0 & \cdots & 0 \end{pmatrix}$，则$(A^*)^{-1}=$________.

7. 已知$A=\dfrac{1}{5}\begin{pmatrix} 0 & 0 & 1 & 0 \\ 0 & 2 & 0 & 0 \\ 3 & 0 & 0 & 0 \\ 0 & 0 & 0 & 4 \end{pmatrix}$，则$A^{-1}=$________.

8. $A=\begin{pmatrix}1&&\\&2&\\&&3\end{pmatrix}$，$B=\begin{pmatrix}1&0&0\\0&1&0\\0&3&1\end{pmatrix}$，则 $(AB)^{-1}=$________.

9. 设 $A=\begin{pmatrix}1&0&0&0\\-2&3&0&0\\0&-4&5&0\\0&0&-6&7\end{pmatrix}$，$B=(E+A)^{-1}(E-A)$，则 $(E+B)^{-1}=$________.

10. 如果 $A^3=2E$，则 $A^{-1}=$________.

11. 如果 $A^3=O$，则 $(E+A+A^2)^{-1}=$________.

12. 设 3 阶方阵 A,B 满足关系式 $A^{-1}BA=6A+BA$，且 $A=\begin{pmatrix}1/3&0&0\\0&1/4&0\\0&0&1/7\end{pmatrix}$，则 $B=$______.

三、计算题与证明题

1. 已知两个线性变换

$$\begin{cases}x_1=2y_1+y_3\\x_2=-2y_1+3y_2+2y_3\\x_3=4y_1+y_2+5y_3\end{cases},\quad\begin{cases}y_1=-3z_1+z_2\\y_2=2z_1+z_3\\y_3=-z_2+3z_3\end{cases},$$

用矩阵乘法表出 z_1,z_2,z_3 到 x_1,x_2,x_3 的线性变换.

2. 甲、乙两种合金均含有 A,B,C 三种金属，其含金成分如表 2-2 所示：

表 2-2　　　　单位：%

合金＼金属	A	B	C
甲	0.8	0.1	0.1
乙	0.4	0.3	0.3

现有甲种合金 30 t，乙种合金 20 t，试用矩阵乘法求三种金属的数量.

3. 某单位需用口径规格依次为 50 mm、30 mm、20 mm 的三种钢管，且三种钢管的需用量分别为 500 t，1200 t，2000 t. 已知三种规格钢管的价格分别为 3 千元、3.1 千元、3.2 千元，如果根据产销协议，低于 500 t 按 100%计价，500 t 至 1000t 按 95%计价，1000 t 以上按 90%计价. 试用矩阵运算求总购买费用.

4. 举反例说明下列命题是错误的.

（1）若 $A^2=O$，则 $A=O$.　　（2）若 $A^2=A$，则 $A=0$ 或 $A=E$.

（3）若 $AX=AY$，且 $A\neq O$，则 $X=Y$.

5. 设 $A=\begin{pmatrix}2&-2&-4\\-1&3&4\\1&-2&-3\end{pmatrix}$，$B=\begin{pmatrix}2&-3&-5\\-1&4&5\\1&-3&-4\end{pmatrix}$，

（1）验证 $AB=A,BA=B$.

（2）一般地，若 $A^2=A$，则称 A 为幂等矩阵. 利用（1）证明 A,B 均为幂等矩阵.

6. 设 $\boldsymbol{A}=\begin{pmatrix}1&1&0&0\\1&1&0&0\\0&0&1&0\\0&0&1&1\end{pmatrix}$，求 $\boldsymbol{A}^n$.

7. 求证：矩阵 $\boldsymbol{A}$ 与所有 n 阶对角矩阵可交换的充分必要条件是 $\boldsymbol{A}$ 为 n 阶对角矩阵.

8. 求证：对任意 $m\times n$ 矩阵 $\boldsymbol{A}$，$\boldsymbol{A}\boldsymbol{A}^{\mathrm{T}}$ 与 $\boldsymbol{A}^{\mathrm{T}}\boldsymbol{A}$ 均为对称矩阵.

9. 证明：如果 $\boldsymbol{A}$ 是实数域上的一个对称矩阵，且满足 $\boldsymbol{A}^2=\boldsymbol{O}$，则 $\boldsymbol{A}=\boldsymbol{O}$.

10. 证明：如果 $\boldsymbol{A}$ 是奇数阶的反对称矩阵，则 $\det\boldsymbol{A}=0$.

11. 设 $\boldsymbol{A},\boldsymbol{B},\boldsymbol{C},\boldsymbol{D}$ 均为 n 阶矩阵，且 $\det\boldsymbol{A}\neq 0$，$\boldsymbol{AC}=\boldsymbol{CA}$，求证：$\begin{vmatrix}\boldsymbol{A}&\boldsymbol{B}\\\boldsymbol{C}&\boldsymbol{D}\end{vmatrix}=|\boldsymbol{AD}-\boldsymbol{CB}|$.

12. 设 $\boldsymbol{A}$ 为 n 阶矩阵，$\boldsymbol{A}\neq\boldsymbol{O}$，且存在正整数 $k\geqslant 2$，使 $\boldsymbol{A}^k=\boldsymbol{O}$，求证：$\boldsymbol{E}-\boldsymbol{A}$ 可逆，且 $(\boldsymbol{E}-\boldsymbol{A})^{-1}=\boldsymbol{E}+\boldsymbol{A}+\boldsymbol{A}^2+\cdots+\boldsymbol{A}^{k-1}$.

13. 设 $\boldsymbol{A}$ 为 n 阶矩阵，$\boldsymbol{A}^2+2\boldsymbol{A}-3\boldsymbol{E}=\boldsymbol{O}$，证明：$\boldsymbol{A}-2\boldsymbol{E}$ 可逆，并求其逆.

14. 已知 n 阶矩阵 $\boldsymbol{A}$ 满足 $\boldsymbol{A}^2-3\boldsymbol{A}+2\boldsymbol{E}=\boldsymbol{O}$，求证 $\boldsymbol{A}$ 可逆，并求 $\boldsymbol{A}^{-1}$.

15. 设 $\boldsymbol{A}=\begin{pmatrix}1&1&1\\1&2&3\\1&1&3\end{pmatrix}$，求 $(\boldsymbol{A}^*)^{-1}$.

16. 设 $\boldsymbol{A},\boldsymbol{B},\boldsymbol{C}$ 为同阶方阵，其中 $\boldsymbol{C}$ 为可逆阵且满足 $\boldsymbol{C}^{-1}\boldsymbol{AC}=\boldsymbol{B}$，求证：对于任意正整数 n，有 $\boldsymbol{C}^{-1}\boldsymbol{A}^n\boldsymbol{C}=\boldsymbol{B}^n$.

17. 已知 $\boldsymbol{A},\boldsymbol{B}$ 为 3 阶矩阵，满足 $2\boldsymbol{A}^{-1}\boldsymbol{B}=\boldsymbol{B}-4\boldsymbol{E}$，

（1）证明：$\boldsymbol{A}-2\boldsymbol{E}$ 可逆；

（2）若 $\boldsymbol{B}=\begin{pmatrix}1&-2&0\\3&2&0\\0&0&2\end{pmatrix}$，求矩阵 $\boldsymbol{A}$.

18. 设 4 阶矩阵 $\boldsymbol{B}=\begin{pmatrix}1&-1&&\\&1&-1&\\&&1&-1\\&&&1\end{pmatrix}$，$\boldsymbol{C}=\begin{pmatrix}2&1&3&4\\&2&1&3\\&&2&1\\&&&2\end{pmatrix}$，且矩阵 $\boldsymbol{A}$ 满足关系式：$\boldsymbol{A}(\boldsymbol{E}-\boldsymbol{C}^{-1}\boldsymbol{B})^{\mathrm{T}}\boldsymbol{C}^{\mathrm{T}}=\boldsymbol{E}$，试将上式化简，并求出矩阵 $\boldsymbol{A}$.

19. 求 $\boldsymbol{A}=\begin{pmatrix}a&b&b&b\\b&a&b&b\\b&b&a&b\\b&b&b&a\end{pmatrix}$ 的秩.

20. 设 $\boldsymbol{A}$ 为 n 阶矩阵，且 $\boldsymbol{A}^2-\boldsymbol{A}=2\boldsymbol{E}$，证明：

（1）$\boldsymbol{A}$ 及 $\boldsymbol{A}+2\boldsymbol{E}$ 均可逆，并求 $\boldsymbol{A}^{-1}$ 和 $(\boldsymbol{A}+2\boldsymbol{E})^{-1}$；

（2）$r(2\boldsymbol{E}-\boldsymbol{A})+r(\boldsymbol{E}+\boldsymbol{A})=n$.

21. 已知 $\begin{pmatrix}x_0\\y_0\end{pmatrix}=\begin{pmatrix}5\\2\end{pmatrix}$，$\begin{pmatrix}x_n\\y_n\end{pmatrix}=\begin{pmatrix}-\dfrac{7}{2}&6\\-3&5\end{pmatrix}\begin{pmatrix}x_{n-1}\\y_{n-1}\end{pmatrix}$，求 $\lim\limits_{n\to\infty}x_n,\lim\limits_{n\to\infty}y_n$.

第 3 章 线性方程组

在现实问题以及其他数学分支与学科中，多变量的方程组求解是常见的问题，而每个方程变量之间呈线性关系的方程组是最简单也是最重要的基础情形，本章将讨论一般的线性方程组的概念及其基本求解问题.

§3.1 线性方程组概念及克拉默（Cramer）法则

3.1.1 线性方程组概念

一般的线性方程组是指形式为

$$\begin{cases} a_{11}x_1 + a_{12}x_2 + \cdots + a_{1n}x_n = b_1 \\ a_{21}x_1 + a_{22}x_2 + \cdots + a_{2n}x_n = b_2 \\ \qquad \cdots\cdots\cdots\cdots \\ a_{m1}x_1 + a_{m2}x_2 + \cdots + a_{mn}x_n = b_m \end{cases} \tag{3-1}$$

的方程组，其中 $x_1, x_2, \cdots, x_n$ 代表 n 个未知量，m 是方程的个数，$a_{ij}\ (i=1,\cdots,m;\ \ j=1,\cdots,n)$ 称为方程组的**系数**，$b_j\ (j=1,\cdots,n)$ 称为**常数项**. 系数 a_{ij} 的第一个下标 i 表示它在第 i 个方程，第二个下标 j 表示它是 x_j 的系数.

根据矩阵乘法规则可以将线性方程组（3-1）写成

$$\boldsymbol{Ax} = \boldsymbol{b} \tag{3-2}$$

其中

$$\boldsymbol{A} = \begin{pmatrix} a_{11} & a_{12} & \cdots & a_{1n} \\ a_{21} & a_{22} & \cdots & a_{2n} \\ \vdots & \vdots & & \vdots \\ a_{m1} & a_{m2} & \cdots & a_{mn} \end{pmatrix}_{m\times n}$$

称为方程组的系数矩阵，$\boldsymbol{x} = (x_1\ \ x_2\ \ \cdots\ \ x_n)^{\mathrm{T}}_{n\times 1}$ 为由方程组未知量构成的 $n\times 1$ 矩阵，$\boldsymbol{b} = (b_1\ \ b_2\ \ \cdots\ \ b_m)^{\mathrm{T}}_{m\times 1}$ 为由常数项构成的 $m\times 1$ 矩阵.

式（3-1）和（3-2）是线性方程组表达的两种等价形式，以后将它们不加区分地混同使用，它们均表示 m 个方程 n 个未知量的线性方程组.

关于线性方程组，我们所关心的问题自然是它的解. 所谓线性方程组（3-1）的**解**是指由 n 个数 $k_1, k_2, \cdots, k_n$ 组成的一个有序数组：$(k_1, k_2, \cdots, k_n)$，当未知量 $x_1, x_2, \cdots, x_n$ 分别用 $k_1, k_2, \cdots, k_n$ 代入之后，方程组（3-1）的每个方程都变成恒等式. 在后面也通常将线性方程组的解写成向量形式，因此也称之为**解向量**. 方程组（3-1）的解的全体称为它的**解集合**. 求解方程组实际上就是找出它的全部解. 如果两个方程组有相同的解集合，则称这两个方程组是**同解**的. 如果线性方程组（3-1）有解，则称它是**相容**的，如果无解，就称它**不相容**.

如果知道了一个线性方程组的全部系数和常数项，那么这个线性方程组就确定了. 也就是说，线性方程组（3-1）可以用其系数矩阵和常数项拼成一个新的矩阵来加以表示：

$$(\boldsymbol{A},\boldsymbol{b})=\begin{pmatrix} a_{11} & a_{12} & \cdots & a_{1n} & b_1 \\ a_{21} & a_{22} & \cdots & a_{2n} & b_2 \\ \vdots & \vdots & & \vdots & \vdots \\ a_{m1} & a_{m2} & \cdots & a_{mn} & b_m \end{pmatrix} \tag{3-3}$$

矩阵（3-3）称为线性方程组（3-1）的增广矩阵. 矩阵（3-3）中的每一行都表示了方程组中每一个方程的系数和常数项，对线性方程组的求解及变换过程，实际上都可在对其增广矩阵的操作中加以实现.

如果线性方程组（3-1）的每个方程的常数项都为零，也即

$$\begin{cases} a_{11}x_1 + a_{12}x_2 + \cdots + a_{1n}x_n = 0 \\ a_{21}x_1 + a_{22}x_2 + \cdots + a_{2n}x_n = 0 \\ \cdots\cdots\cdots\cdots \\ a_{m1}x_1 + a_{m2}x_2 + \cdots + a_{mn}x_n = 0 \end{cases},$$

称这样的线性方程组为 **n 元齐次线性方程组**. 显然，齐次线性方程组一定是有解的，因为 $x_1 = x_2 = \cdots = x_n = 0$ 一定是它的解. 把这个解称为齐次线性方程组的**零解**.

3.1.2　克拉默（Cramer）法则

对于线性方程组来说，首先要关注的目标就是其解的问题. 下面考虑一种较为简单的情形，即线性方程组中方程的个数和未知量个数相等的情形，而对更为一般的情形（方程个数不等于未知量个数），将留到下一节处理.

这里的主要结论可以由如下定理表示：

定理 3.1（Cramer 法则）　如果线性方程组

$$\begin{cases} a_{11}x_1 + a_{12}x_2 + \cdots + a_{1n}x_n = b_1 \\ a_{21}x_1 + a_{22}x_2 + \cdots + a_{2n}x_n = b_2 \\ \cdots\cdots\cdots\cdots \\ a_{n1}x_1 + a_{n2}x_2 + \cdots + a_{nn}x_n = b_n \end{cases} \tag{3-4}$$

的系数矩阵做成的行列式

$$|\boldsymbol{A}|=\begin{vmatrix} a_{11} & a_{12} & \cdots & a_{1n} \\ a_{21} & a_{22} & \cdots & a_{2n} \\ \vdots & \vdots & & \vdots \\ a_{n1} & a_{n2} & \cdots & a_{nn} \end{vmatrix} \neq 0,$$

则方程组有唯一的解，其解可以表示为

$$x_1=\frac{|A_1|}{|A|},\quad x_2=\frac{|A_2|}{|A|},\quad \cdots,\quad x_n=\frac{|A_n|}{|A|},\tag{3-5}$$

其中 $|A_j|\ (j=1,2,\cdots,n)$ 是将系数行列式 $|A|$ 中的第 j 列换成常数项得到的 n 阶行列式：

$$|A_j|=\begin{vmatrix} a_{11} & \cdots & a_{1,j-1} & b_1 & a_{1,j+1} & \cdots & a_{1n} \\ a_{21} & \cdots & a_{2,j-1} & b_2 & a_{2,j+1} & \cdots & a_{2n} \\ \vdots & & \vdots & \vdots & \vdots & & \vdots \\ a_{n1} & \cdots & a_{n,j-1} & b_n & a_{n,j+1} & \cdots & a_{nn} \end{vmatrix}.$$

注：定理 3.1 包含了三个结论：（1）方程组是有解的；（2）解是唯一的；（3）解由公式（3-5）给出.

证明 将线性方程组（3-4）写成矩阵方程的形式：

$$\boldsymbol{Ax}=\boldsymbol{b},$$

这里 $\boldsymbol{A}=(a_{ij})_{n\times n}$ 为系数矩阵. 因为 $|\boldsymbol{A}|\neq 0$，所以 $\boldsymbol{A}^{-1}$ 存在. 令 $\boldsymbol{x}=\boldsymbol{A}^{-1}\boldsymbol{b}$，则有

$$\boldsymbol{Ax}=\boldsymbol{AA}^{-1}\boldsymbol{b}=\boldsymbol{b},$$

这说明 $\boldsymbol{x}=\boldsymbol{A}^{-1}\boldsymbol{b}$ 是方程组（3-4）的解.

由于 $\boldsymbol{Ax}=\boldsymbol{b}$，所以 $\boldsymbol{A}^{-1}\boldsymbol{Ax}=\boldsymbol{A}^{-1}\boldsymbol{b}$，即 $\boldsymbol{x}=\boldsymbol{A}^{-1}\boldsymbol{b}$. 由逆矩阵的唯一性可知，$\boldsymbol{x}=\boldsymbol{A}^{-1}\boldsymbol{b}$ 是方程组（3-4）的唯一解.

由于 $\boldsymbol{A}^{-1}=\frac{1}{|\boldsymbol{A}|}\boldsymbol{A}^*$，则有 $\boldsymbol{x}=\boldsymbol{A}^{-1}\boldsymbol{b}=\frac{1}{|\boldsymbol{A}|}\boldsymbol{A}^*\boldsymbol{b}$，即

$$\begin{pmatrix} x_1 \\ x_2 \\ \vdots \\ x_n \end{pmatrix}=\frac{1}{|\boldsymbol{A}|}\begin{pmatrix} A_{11} & A_{21} & \cdots & A_{n1} \\ A_{12} & A_{22} & \cdots & A_{n2} \\ \vdots & \vdots & & \vdots \\ A_{1n} & A_{2n} & \cdots & A_{nn} \end{pmatrix}\begin{pmatrix} b_1 \\ b_2 \\ \vdots \\ b_n \end{pmatrix}=\frac{1}{|\boldsymbol{A}|}\begin{pmatrix} b_1A_{11}+b_2A_{21}+\cdots+b_nA_{n1} \\ b_1A_{12}+b_2A_{22}+\cdots+b_nA_{n2} \\ \vdots \\ b_1A_{1n}+b_2A_{2n}+\cdots+b_nA_{nn} \end{pmatrix},$$

也即

$$x_j=\frac{1}{|\boldsymbol{A}|}(b_1A_{1j}+b_2A_{2j}+\cdots+b_nA_{nj})=\frac{|\boldsymbol{A}_j|}{|\boldsymbol{A}|},\qquad j=1,2,\cdots,n.$$

证毕.

克拉默法则可认为是行列式在线性方程组求解上的一个应用，其解决的是方程个数与未知量个数相等，且系数行列式不为零的线性方程组的求解问题.

例 3.1 用克拉默法则求解线性方程组

$$\begin{cases} x_1-x_2-x_3=2 \\ 2x_1-x_2-3x_3=1 \\ 3x_1+2x_2-5x_3=0 \end{cases}.$$

解 因为方程的系数行列式

$$\begin{vmatrix} 1 & -1 & -1 \\ 2 & -1 & -3 \\ 3 & 2 & -5 \end{vmatrix} = 3 \neq 0 ,$$

又

$$|A_1| = \begin{vmatrix} 2 & -1 & -1 \\ 1 & -1 & -3 \\ 0 & 2 & -5 \end{vmatrix} = 15 , \quad |A_2| = \begin{vmatrix} 1 & 2 & -1 \\ 2 & 1 & -3 \\ 3 & 0 & -5 \end{vmatrix} = 0 , \quad |A_3| = \begin{vmatrix} 1 & -1 & 2 \\ 2 & -1 & 1 \\ 3 & 2 & 0 \end{vmatrix} = 9 ,$$

故由克拉默法则，它有唯一解：

$$x_1 = \frac{|A_1|}{|A|} = \frac{15}{3} = 5 , \quad x_2 = \frac{|A_2|}{|A|} = \frac{0}{3} = 0 , \quad x_3 = \frac{|A_3|}{|A|} = \frac{9}{3} = 3 .$$

应该注意的是，**克拉默法则只能应用于系数矩阵的行列式不为零的方程组**，至于方程组系数矩阵的行列式为零的情形，我们将在下一节讨论.

对于常数项全为零的齐次线性方程组，显然它是有解的，因为 $(0 \ \ 0 \ \cdots \ 0)$ 就是它的一个解，称之为零解. 对于齐次线性方程组，我们关心的问题是，它除去零解之外，还有没有其他解，也即它有没有非零解. 对于方程个数与未知量个数相同的齐次线性方程组，应用克拉默法则可得到如下的定理：

定理 3.2 如果齐次线性方程组

$$\begin{cases} a_{11}x_1 + a_{12}x_2 + \cdots + a_{1n}x_n = 0 \\ a_{21}x_1 + a_{22}x_2 + \cdots + a_{2n}x_n = 0 \\ \qquad \cdots\cdots\cdots\cdots \\ a_{n1}x_1 + a_{n2}x_2 + \cdots + a_{nn}x_n = 0 \end{cases} \tag{3-6}$$

的系数行列式 $|A| \neq 0$，那么它只有零解. 也即，若方程组（3-6）有非零解，那么它的系数行列式 $|A| = 0$.

证明 应用克拉默法则，因为系数行列式 $|A| \neq 0$，所以方程组有唯一解. 因为行列式 $|A_j|$ 中有一列为零，所以

$$|A_j| = 0 , \quad j = 1, 2, \cdots, n .$$

这就是说，它的唯一解：

$$\begin{pmatrix} \dfrac{|A_1|}{|A|} & \dfrac{|A_2|}{|A|} & \cdots & \dfrac{|A_n|}{|A|} \end{pmatrix} = (0 \ \ 0 \ \ \cdots \ \ 0) .$$

证毕.

例 3.2 求 k 在什么条件下，方程组 $\begin{cases} kx_1 + x_2 = 0 \\ x_1 + kx_2 = 0 \end{cases}$ 有非零解.

解 根据定理 3.2，如果方程组有非零解，那么其系数行列式

$$\begin{vmatrix} k & 1 \\ 1 & k \end{vmatrix} = k^2 - 1 = 0 ,$$

所以 $k = \pm 1$.

习题 3.1

1. 用克拉默法则求解下列方程组.

（1）$\begin{cases} x_1 + 2x_2 + 3x_3 = 1 \\ 2x_1 + 2x_2 + 5x_3 = 2 \\ 3x_1 + 5x_2 + x_3 = 3 \end{cases}$；（2）$\begin{cases} x_1 + x_2 + x_3 = 2 \\ x_1 + 2x_2 + 4x_3 = 3 \\ x_1 + 3x_2 + 9x_3 = 5 \end{cases}$；

（3）$\begin{cases} 5x_1 + 6x_2 = 1 \\ x_1 + 5x_2 + 6x_3 = 0 \\ x_2 + 5x_3 + 6x_4 = 0 \\ x_3 + 5x_4 + 6x_5 = 0 \\ x_4 + 5x_5 = 1 \end{cases}$.

2. 判断齐次线性方程组

$$\begin{cases} 2x_1 + 2x_2 - x_3 = 0 \\ x_1 - 2x_2 + 4x_3 = 0 \\ 5x_1 + 8x_2 - 2x_3 = 0 \end{cases}$$

是否仅有零解？

3. 如果齐次线性方程组

$$\begin{cases} kx_1 + x_2 + x_3 = 0 \\ x_1 + kx_2 - x_3 = 0 \\ 2x_1 - x_2 + x_3 = 0 \end{cases}$$

有非零解，则 k 应取何值？

§3.2 消元法及解的判定

现在来讨论一般的线性方程组（3-1）的求解过程. 在中学所学的代数中，已讨论过用加减消元法和代入消元法求解二、三元线性方程组，实际上，用这种方法比用行列式求解线性方程组更具有普遍性. 下面先看一个例子.

例如，求解方程组

$$\begin{cases} 2x_1 - x_2 + 3x_3 = 1 \\ 4x_1 + 2x_2 + 5x_3 = 4 \\ 2x_1 + x_2 + 2x_3 = 5 \end{cases}.$$

第二个方程减去第一个方程的 2 倍，第三个方程减去第一个方程，得到

$$\begin{cases}2x_1-x_2+3x_3=1\\ \quad 4x_2-x_3=2\\ \quad 2x_2-x_3=4\end{cases}.$$

第二个方程减去第三个方程的 2 倍，再交换第二个方程和第三个方程的位置，得到

$$\begin{cases}2x_1-x_2+3x_3=1\\ \quad 2x_2-x_3=4\\ \quad\quad x_3=-6\end{cases}.$$

回代后容易得到方程组的解为：$x_1=9$，$x_2=-1$，$x_3=-6$.

容易看到的是，由于线性方程组可以由其增广矩阵加以表示，故利用消元法对方程组进行变换就等价于对其增广矩阵进行初等行变换. 上例的求解过程也可以由其增广矩阵的初等行变换加以表示：

$$(\boldsymbol{A},\boldsymbol{b})=\begin{pmatrix}2&-1&3&1\\4&2&5&4\\2&1&2&5\end{pmatrix}\xrightarrow[r_3-r_1]{r_2-2r_1}\begin{pmatrix}2&-1&3&1\\0&4&-1&2\\0&2&-1&4\end{pmatrix}$$

$$\xrightarrow{r_2-2r_3}\begin{pmatrix}2&-1&3&1\\0&0&1&-6\\0&2&-1&4\end{pmatrix}\xrightarrow{r_2\leftrightarrow r_3}\begin{pmatrix}2&-1&3&1\\0&2&-1&4\\0&0&1&-6\end{pmatrix}.$$

经过初等行变换将增广矩阵变换成的最后一个矩阵，其代表的线性方程组就是

$$\begin{cases}2x_1-x_2+3x_3=1\\ \quad 2x_2-x_3=4\\ \quad\quad x_3=-6\end{cases}.$$

这和前面用消元法求解的结果是一样的.

通过这个例子可以看出，消元法实际上就是对方程组反复进行如下三种基本的变换：

（1）用一个非零常数乘以某一方程.

（2）把一个方程的倍数加到另一个方程上.

（3）交换两个方程的位置.

将如上这三种变换称为线性方程组的**初等变换**，这正好对应了矩阵的三种基本初等行变换.

消元法的过程就是对方程组反复施行初等变换的过程. 下面可以证明，初等变换总是把方程组变成**同解的方程组**. 这里对第二种初等变换进行证明，另外两种初等变换，读者可以自行证明.

对方程组

$$\begin{cases}a_{11}x_1+a_{12}x_2+\cdots+a_{1n}x_n=b_1\\ a_{21}x_1+a_{22}x_2+\cdots+a_{2n}x_n=b_2\\ \cdots\cdots\cdots\cdots\\ a_{m1}x_1+a_{m2}x_2+\cdots+a_{mn}x_n=b_m\end{cases} \tag{3-7}$$

进行第二种初等变换. 为方便起见且不失一般性，将第二个方程的 k 倍加到第一个方程上，得到新方程组

$$\begin{cases}(a_{11}+ka_{21})x_1+(a_{12}+ka_{22})x_2+\cdots+(a_{1n}+ka_{2n})x_n=b_1+kb_2\\ a_{21}x_1+a_{22}x_2+\cdots+a_{2n}x_n=b_2\\ \cdots\cdots\cdots\cdots\\ a_{m1}x_1+a_{m2}x_2+\cdots+a_{mn}x_n=b_m\end{cases}. \tag{3-8}$$

现在设$(c_1\ \ c_2\ \ \cdots\ \ c_n)$为方程组（3-7）的任一解，由于方程组（3-7）与（3-8）的后$m-1$个方程是一样的，所以$(c_1\ \ c_2\ \ \cdots\ \ c_n)$满足方程组（3-8）的后$m-1$个方程．又因为$(c_1\ \ c_2\ \ \cdots\ \ c_n)$满足方程组（3-7）的前面两个方程，即

$$a_{11}c_1+a_{12}c_2+\cdots+a_{1n}c_n=b_1,$$
$$a_{21}c_1+a_{22}c_2+\cdots+a_{2n}c_n=b_2,$$

将第二式乘以k并加到第一式，得

$$(a_{11}+ka_{21})c_1+(a_{12}+ka_{22})c_2+\cdots+(a_{1n}+ka_{2n})c_n=b_1+kb_2 .$$

所以$(c_1\ \ c_2\ \ \cdots\ \ c_n)$满足方程组（3-8）的第一个方程，因而是方程组（3-8）的解．

类似地，也可以证明方程组（3-8）的任一解也是方程组（3-7）的解，这就证明了方程组（3-7）与（3-8）是同解的方程组．

对于最为一般的线性方程组（3-1），其消元法的过程，也就是对其增广矩阵进行初等行变换化简的过程，而利用系数矩阵$\boldsymbol{A}$以及增广矩阵$\boldsymbol{B}=(\boldsymbol{A},\boldsymbol{b})$的秩，可以很方便地讨论线性方程组是否有解以及解的形式问题．

首先检查方程组（3-1）中未知量x_1的系数，若x_1的系数$a_{11},a_{21},\cdots,a_{m1}$全部为零，那么方程组（3-1）可以看作未知量$x_2,\cdots,x_n$的方程组来求解．如果$x_1$的系数不全为零，那么利用交换方程组中方程位置的方式，总可以让第一个方程的x_1的系数不为零．不失一般性，假设$a_{11}\neq 0$，分别把第一个方程的$-\dfrac{a_{i1}}{a_{11}}$倍加到第i个方程上$(i=2,\cdots,m)$，于是方程组（3-1）可以变换为

$$\begin{cases}a_{11}x_1+a_{12}x_2+\cdots+a_{1n}x_n=b_1\\ \qquad a'_{22}x_2+\cdots+a'_{2n}x_n=b_2\\ \qquad\cdots\cdots\cdots\\ \qquad a'_{m2}x_2+\cdots+a'_{mn}x_n=b_m\end{cases},$$

其中$a'_{ij}=a_{ij}-\dfrac{a_{i1}}{a_{11}}\cdot a_{1j}$，$i=2,\cdots,m$，$j=2,\cdots,n$．

这是与原方程组同解的方程组，按照前面的思路，对$x_2,\cdots,x_n$一步步消元下去，最终会得到一个阶梯形的方程组．不失一般性，假设得到的方程组为

$$\begin{cases}c_{11}x_1+c_{12}x_2+\cdots+c_{1r}x_r+\cdots+c_{1n}x_n=d_1\\ \qquad c_{22}x_2+\cdots+c_{2r}x_r+\cdots+c_{2n}x_n=d_2\\ \qquad\qquad\cdots\cdots\cdots\cdots\\ \qquad\qquad c_{rr}x_r+\cdots+c_{rn}x_n=d_r\\ \qquad\qquad\qquad 0=d_{r+1}\\ \qquad\qquad\qquad 0=0\\ \qquad\qquad\qquad \cdots\cdots\\ \qquad\qquad\qquad 0=0\end{cases}. \tag{3-9}$$

方程组（3-9）中的 $c_{ii}\neq 0$，$i=1,2,\cdots,r$．方程组中“$0=0$”这样的恒等式可能不出现，也可能出现，这时去掉它们也不影响方程组（3-9）的解，并且显然，方程组（3-9）与（3-1）是同解的．

若以增广矩阵的初等行变换来表示上述消元的过程，即

$$(\boldsymbol{A},\boldsymbol{b})=\begin{pmatrix} a_{11} & a_{12} & \cdots & a_{1n} & b_1 \\ a_{21} & a_{22} & \cdots & a_{2n} & b_2 \\ \vdots & \vdots & & \vdots & \vdots \\ a_{m1} & a_{m2} & \cdots & a_{mn} & b_m \end{pmatrix}\to\begin{pmatrix} c_{11} & c_{12} & \cdots & c_{1r} & \cdots & c_{1n} & d_1 \\ 0 & c_{22} & \cdots & c_{2r} & \cdots & c_{2n} & d_2 \\ \vdots & \vdots & & \vdots & & \vdots & \vdots \\ 0 & 0 & \cdots & c_{rr} & \cdots & c_{rn} & d_r \\ 0 & 0 & \cdots & 0 & \cdots & 0 & d_{r+1} \\ 0 & 0 & \cdots & 0 & \cdots & 0 & 0 \\ \vdots & \vdots & & \vdots & & \vdots & \vdots \\ 0 & 0 & \cdots & 0 & \cdots & 0 & 0 \end{pmatrix}. \tag{3-10}$$

也就是通过初等行变换将增广矩阵最终变换成一个阶梯形矩阵．

现在来考察线性方程组（3-9）或者说矩阵（3-10）．

若 $d_{r+1}\neq 0$，这意味着方程组（3-9）中有方程 $0=d_{r+1}$，此时不论 $x_1,\cdots,x_n$ 取什么值都不能满足这个方程，故方程组（3-9）无解，也即方程组（3-1）无解．此时从增广矩阵上看，可以得到：$r=r(\boldsymbol{A})<r(\boldsymbol{A},\boldsymbol{b})=r+1$．

若 $d_{r+1}=0$ 或者方程组（3-9）中根本没有“$0=0$”这样的方程，可分两种情况讨论：

（1）当 $r=n$ 时，这时阶梯形方程组为

$$\begin{cases} c_{11}x_1+c_{12}x_2+\cdots+c_{1n}x_n=d_1 \\ \qquad\quad c_{22}x_2+\cdots+c_{2n}x_n=d_2 \\ \qquad\qquad\cdots\cdots\cdots \\ \qquad\qquad\qquad\quad c_{nn}x_n=d_n \end{cases}, \tag{3-11}$$

对应的增广矩阵变换为

$$(\boldsymbol{A},\boldsymbol{b})=\begin{pmatrix} a_{11} & a_{12} & \cdots & a_{1n} & b_1 \\ a_{21} & a_{22} & \cdots & a_{2n} & b_2 \\ \vdots & \vdots & & \vdots & \vdots \\ a_{m1} & a_{m2} & \cdots & a_{mn} & b_m \end{pmatrix}\to\begin{pmatrix} c_{11} & c_{12} & \cdots & c_{1n} & d_1 \\ 0 & c_{22} & \cdots & c_{2n} & d_2 \\ \vdots & \vdots & & \vdots & \vdots \\ 0 & 0 & \cdots & c_{nn} & d_n \\ 0 & 0 & \cdots & 0 & 0 \\ \vdots & \vdots & & \vdots & \vdots \\ 0 & 0 & \cdots & 0 & 0 \end{pmatrix},$$

其中 $c_{ii}\neq 0$，$i=1,2,\cdots,n$．由方程组（3-11）的最后一个方程开始，将 $x_n,x_{n-1},\cdots,x_1$ 的值可以逐个唯一地求解出来，也就是方程组（3-1）有唯一的解．此时容易从增广矩阵的变换中看出，$r(\boldsymbol{A})=r(\boldsymbol{A},\boldsymbol{b})=n$．

（2）当 $r<n$ 时，此时阶梯形方程组为

$$\begin{cases} c_{11}x_1 + c_{12}x_2 + \cdots + c_{1,r-1}x_{r-1} + c_{1r}x_r + c_{1,r+1}x_{r+1} + \cdots + c_{1n}x_n = d_1 \\ \qquad c_{22}x_2 + \cdots + c_{2,r-1}x_{r-1} + c_{2r}x_r + c_{2,r+1}x_{r+1} + \cdots + c_{1n}x_n = d_2 \\ \qquad\qquad \cdots\cdots\cdots \\ \qquad\qquad\qquad c_{rr}x_r + c_{r,r+1}x_{r+1} + \cdots + c_{rn}x_n = d_r \end{cases},$$

其中 $c_{ii} \neq 0$， $i = 1,2,\cdots,n$． 此时通过增广矩阵的初等行变换表示为

$$(\boldsymbol{A},\boldsymbol{b}) = \begin{pmatrix} a_{11} & a_{12} & \cdots & a_{1n} & b_1 \\ a_{21} & a_{22} & \cdots & a_{2n} & b_2 \\ \vdots & \vdots & & \vdots & \vdots \\ a_{m1} & a_{m2} & \cdots & a_{mn} & b_m \end{pmatrix} \to \begin{pmatrix} c_{11} & c_{12} & \cdots & c_{1r} & \cdots & c_{1n} & d_1 \\ 0 & c_{22} & \cdots & c_{2r} & \cdots & c_{2n} & d_2 \\ \vdots & \vdots & & \vdots & & \vdots & \vdots \\ 0 & 0 & \cdots & c_{rr} & \cdots & c_{rn} & d_r \\ 0 & 0 & \cdots & 0 & \cdots & 0 & 0 \\ 0 & 0 & \cdots & 0 & \cdots & 0 & 0 \\ \vdots & \vdots & & \vdots & & \vdots & \vdots \\ 0 & 0 & \cdots & 0 & \cdots & 0 & 0 \end{pmatrix}.$$

将其改写成

$$\begin{cases} c_{11}x_1 + c_{12}x_2 + \cdots + c_{1,r-1}x_{r-1} + c_{1r}x_r = d_1 - c_{1,r+1}x_{r+1} - \cdots - c_{1n}x_n \\ \qquad c_{22}x_2 + \cdots + c_{2,r-1}x_{r-1} + c_{2r}x_r = d_2 - c_{2,r+1}x_{r+1} - \cdots - c_{2n}x_n \\ \qquad\qquad \cdots\cdots\cdots \\ \qquad\qquad\qquad c_{rr}x_r = d_r - c_{r,r+1}x_{r+1} - \cdots - c_{rn}x_n \end{cases}. \tag{3-12}$$

由此可以看出，只要任意给定 $x_{r+1},\cdots,x_n$ 一组值，就可以唯一地确定 $x_1, x_2,\cdots, x_r$ 的值，这样也就得到方程组（3-12）的一个解，也即方程组（3-1）的一个解．由式（3-12）可以将 $x_1, x_2,\cdots, x_r$ 通过 $x_{r+1},\cdots,x_n$ 表示出来，这样的一组表达式称为方程组（3-1）的**一般解**，也称为**通解**，而称 $x_{r+1},\cdots,x_n$ 为一组**自由未知量**．当自由未知量取遍实数域中的所有实数时，也就得到了方程组（3-1）的所有实数解．此时可以看出， $r = r(\boldsymbol{A}) = r(\boldsymbol{A},\boldsymbol{b}) < n$．

通过上面的分析，可以将一般线性方程组（3-1）的解的情况总结为如下定理：

定理 3.3（线性方程组的解的判定定理） 设 n 元线性方程组 $\boldsymbol{Ax} = \boldsymbol{b}$，则方程组

（1）无解，当且仅当 $r = r(\boldsymbol{A}) < r(\boldsymbol{A},\boldsymbol{b}) = r+1 \leqslant n+1$；

（2）有唯一解，当且仅当 $r(\boldsymbol{A}) = r(\boldsymbol{A},\boldsymbol{b}) = n$；

（3）有无穷多解，当且仅当 $r(\boldsymbol{A}) = r(\boldsymbol{A},\boldsymbol{b}) < n$．

定理 3.3 给出了判断线性方程组的解的基本方法，而且在推导这个定理的过程中，也展现了利用增广矩阵求解线性方程组的一般方法．

例 3.3 求解非齐次线性方程组：

$$\begin{cases} x_1 - 2x_2 + 3x_3 - x_4 = 1 \\ 3x_1 - x_2 + 5x_3 - 3x_4 = 2 \\ 2x_1 + x_2 + 2x_3 - 2x_4 = 3 \end{cases}.$$

解 对增广矩阵施行初等行变换，变成阶梯形矩阵：

$$(\boldsymbol{A},\boldsymbol{b})=\begin{pmatrix}1&-2&3&-1&1\\3&-1&5&-3&2\\2&1&2&-2&3\end{pmatrix}\xrightarrow[r_3-2r_1]{r_2-3r_1}\begin{pmatrix}1&-2&3&-1&1\\0&5&-4&0&-1\\0&5&-4&0&1\end{pmatrix}$$

$$\xrightarrow{r_3-r_2}\begin{pmatrix}1&-2&3&-1&1\\0&5&-4&0&-1\\0&0&0&0&2\end{pmatrix}.$$

可以看到，$2=r(\boldsymbol{A})<r(\boldsymbol{A},\boldsymbol{b})=3$，所以由定理 3.3 可知，方程组无解.

例 3.4　求解齐次线性方程组

$$\begin{cases}x_1+2x_2+2x_3+x_4=0\\2x_1+x_2-2x_3-2x_4=0\\x_1-x_2-4x_3-3x_4=0\end{cases}.$$

解　对于齐次线性方程组而言，只需写出系数矩阵进行初等行变换即可（因为其增广矩阵的最后一列为零，初等行变换对其没有影响）. 将其化为最简形：

$$A=\begin{pmatrix}1&2&2&1\\2&1&-2&-2\\1&-1&-4&-3\end{pmatrix}\xrightarrow[r_3-r_1]{r_2-2r_1}\begin{pmatrix}1&2&2&1\\0&-3&-6&-4\\0&-3&-6&-4\end{pmatrix}$$

$$\xrightarrow[-\frac{1}{3}\times r_2]{r_3-r_2}\begin{pmatrix}1&2&2&1\\0&1&2&\frac{4}{3}\\0&0&0&0\end{pmatrix}\xrightarrow{r_1-2r_2}\begin{pmatrix}1&0&-2&-\frac{5}{3}\\0&1&2&\frac{4}{3}\\0&0&0&0\end{pmatrix},$$

即得到与原方程组同解的方程组：

$$\begin{cases}x_1-2x_3-\frac{5}{3}x_4=0\\x_2+2x_3+\frac{4}{3}x_4=0\end{cases}.$$

由此得到方程组的一般解：

$$\begin{cases}x_1=2x_3+\frac{5}{3}x_4\\x_2=-2x_3-\frac{4}{3}x_4\end{cases},$$

这里 x_3,x_4 为自由未知量，可以取任意值. 通常令 $x_3=c_1$，$x_4=c_2$，可将一般解写成参数形式：

$$\begin{cases}x_1=2c_1+\frac{5}{3}c_2\\x_2=-2c_1-\frac{4}{3}c_2\\x_3=c_1\\x_4=c_2\end{cases},$$

其中c_1,c_2为任意实数，或者将一般解写成向量形式：

$$\begin{pmatrix} x_1 \\ x_2 \\ x_3 \\ x_4 \end{pmatrix} = \begin{pmatrix} 2c_1+\frac{5}{3}c_2 \\ -2c_1-\frac{4}{3}c_2 \\ c_1 \\ c_2 \end{pmatrix} = c_1\begin{pmatrix} 2 \\ -2 \\ 1 \\ 0 \end{pmatrix} + c_2\begin{pmatrix} \frac{5}{3} \\ -\frac{4}{3} \\ 0 \\ 1 \end{pmatrix}.$$

例 3.5 求解非齐次线性方程组

$$\begin{cases} 2x_1+x_2-x_3+x_4=1 \\ 3x_1-2x_2+x_3-3x_4=4 \\ x_1+4x_2-3x_3+5x_4=-2 \end{cases}.$$

解 对方程组的增广矩阵进行初等行变换化为最简形：

$$(\boldsymbol{A},\boldsymbol{b}) = \begin{pmatrix} 2 & 1 & -1 & 1 & 1 \\ 3 & -2 & 1 & -3 & 4 \\ 1 & 4 & -3 & 5 & -2 \end{pmatrix} \xrightarrow[r_2-3r_3]{r_1-2r_3} \begin{pmatrix} 0 & -7 & 5 & -9 & 5 \\ 0 & -14 & 10 & -18 & 10 \\ 1 & 4 & -3 & 5 & -2 \end{pmatrix}$$

$$\xrightarrow{r_1\leftrightarrow r_3} \begin{pmatrix} 1 & 4 & -3 & 5 & -2 \\ 0 & -14 & 10 & -18 & 10 \\ 0 & -7 & 5 & -9 & 5 \end{pmatrix} \xrightarrow[-\frac{1}{14}r_2]{r_3-\frac{1}{2}r_2} \begin{pmatrix} 1 & 4 & -3 & 5 & -2 \\ 0 & 1 & -\frac{5}{7} & \frac{9}{7} & -\frac{5}{7} \\ 0 & 0 & 0 & 0 & 0 \end{pmatrix}$$

$$\xrightarrow{r_1-4r_2} \begin{pmatrix} 1 & 0 & -\frac{1}{7} & -\frac{1}{7} & \frac{6}{7} \\ 0 & 1 & -\frac{5}{7} & \frac{9}{7} & -\frac{5}{7} \\ 0 & 0 & 0 & 0 & 0 \end{pmatrix}.$$

所以原方程组的同解方程组为

$$\begin{cases} x_1-\frac{1}{7}x_3-\frac{1}{7}x_4=\frac{6}{7} \\ x_2-\frac{5}{7}x_3+\frac{9}{7}x_4=-\frac{5}{7} \end{cases}.$$

整理得到方程组的一般解为

$$\begin{cases} x_1=\frac{6}{7}+\frac{1}{7}x_3+\frac{1}{7}x_4 \\ x_2=-\frac{5}{7}+\frac{5}{7}x_3-\frac{9}{7}x_4 \end{cases},$$

其中x_3,x_4为自由未知量．令$x_3=c_1$，$x_4=c_2$，将一般解写成参数形式：

$$\begin{cases} x_1 = \dfrac{6}{7} + \dfrac{1}{7}c_1 + \dfrac{1}{7}c_2 \\ x_2 = -\dfrac{5}{7} + \dfrac{5}{7}c_1 - \dfrac{9}{7}c_2 \\ x_3 = c_1 \\ x_4 = c_2 \end{cases},$$

其中 c_1, c_2 为任意实数.

例 3.6　设有线性方程组：

$$\begin{cases} (1+\lambda)x_1 + x_2 + x_3 = 0 \\ x_1 + (1+\lambda)x_2 + x_3 = 3 \\ x_1 + x_2 + (1+\lambda)x_3 = \lambda \end{cases},$$

问 λ 取何值时，方程组：（1）有唯一解？（2）无解？（3）有无穷多解？并在有无穷多解时求其一般解.

解（解法一）　对方程组的增广矩阵进行初等行变换化为阶梯形矩阵：

$$(\boldsymbol{A},\boldsymbol{b}) = \begin{pmatrix} 1+\lambda & 1 & 1 & 0 \\ 1 & 1+\lambda & 1 & 3 \\ 1 & 1 & 1+\lambda & \lambda \end{pmatrix} \xrightarrow{r_1 \leftrightarrow r_3} \begin{pmatrix} 1 & 1 & 1+\lambda & \lambda \\ 1 & 1+\lambda & 1 & 3 \\ 1+\lambda & 1 & 1 & 0 \end{pmatrix}$$

$$\xrightarrow[r_3-(1+\lambda)r_1]{r_2-r_1} \begin{pmatrix} 1 & 1 & 1+\lambda & \lambda \\ 0 & \lambda & -\lambda & 3-\lambda \\ 0 & -\lambda & -\lambda(2+\lambda) & -\lambda(1+\lambda) \end{pmatrix}$$

$$\xrightarrow{r_3+r_2} \begin{pmatrix} 1 & 1 & 1+\lambda & \lambda \\ 0 & \lambda & -\lambda & 3-\lambda \\ 0 & 0 & -\lambda(3+\lambda) & (1-\lambda)(3+\lambda) \end{pmatrix}.$$

（1）当 $\lambda \neq 0$ 且 $\lambda \neq -3$ 时，$r(\boldsymbol{A}) = r(\boldsymbol{A},\boldsymbol{b}) = 3$，此时方程组有唯一解；

（2）当 $\lambda = 0$ 时，$1 = r(\boldsymbol{A}) < r(\boldsymbol{A},\boldsymbol{b}) = 2$，此时方程组无解；

（3）当 $\lambda = -3$ 时，$r(\boldsymbol{A}) = r(\boldsymbol{A},\boldsymbol{b}) = 2 < 3$，此时方程组有无穷多解，这时

$$(\boldsymbol{A},\boldsymbol{b}) \to \begin{pmatrix} 1 & 1 & -2 & -3 \\ 0 & -3 & 3 & 6 \\ 0 & 0 & 0 & 0 \end{pmatrix} \xrightarrow{-\frac{1}{3}\times r_2} \begin{pmatrix} 1 & 1 & -2 & -3 \\ 0 & 1 & -1 & -2 \\ 0 & 0 & 0 & 0 \end{pmatrix}$$

$$\xrightarrow{r_1-r_2} \begin{pmatrix} 1 & 0 & -1 & -1 \\ 0 & 1 & -1 & -2 \\ 0 & 0 & 0 & 0 \end{pmatrix}.$$

得到方程组的一般解：

$$\begin{cases} x_1 = -1 + x_3 \\ x_2 = -2 + x_3 \end{cases},$$

这里 x_3 为自由未知量. 令 $x_3 = c$，则一般解的参数形式为

$$\begin{cases}x_1=-1+c\\x_2=-2+c\\x_3=c\end{cases},$$

这里c为任意常数.

（解法二） 由于方程组中未知量个数等于方程个数且为 3，故其系数矩阵为方阵. 由定理 3.3 可知，方程组有唯一解的充分必要条件为$r(\boldsymbol{A})=3$，也即$|\boldsymbol{A}|\neq 0$，故

$$|\boldsymbol{A}|=\begin{vmatrix}1+\lambda & 1 & 1\\1 & 1+\lambda & 1\\1 & 1 & 1+\lambda\end{vmatrix}=(3+\lambda)\begin{vmatrix}1 & 1 & 1\\1 & 1+\lambda & 1\\1 & 1 & 1+\lambda\end{vmatrix}$$
$$=(3+\lambda)\begin{vmatrix}1 & 1 & 1\\0 & \lambda & 0\\0 & 0 & \lambda\end{vmatrix}=\lambda^2(3+\lambda).$$

因此，当$\lambda\neq 0$且$\lambda\neq -3$时，方程组有唯一解.

当$\lambda=0$时，

$$(\boldsymbol{A},\boldsymbol{b})=\begin{pmatrix}1 & 1 & 1 & 0\\1 & 1 & 1 & 3\\1 & 1 & 1 & 0\end{pmatrix}\to\begin{pmatrix}1 & 1 & 1 & 0\\0 & 0 & 0 & 3\\0 & 0 & 0 & 0\end{pmatrix},$$

此时$1=r(\boldsymbol{A})<r(\boldsymbol{A},\boldsymbol{b})=2$，方程组无解.

当$\lambda=-3$时，

$$(\boldsymbol{A},\boldsymbol{b})=\begin{pmatrix}-2 & 1 & 1 & 0\\1 & -2 & 1 & 3\\1 & 1 & -2 & -3\end{pmatrix}\to\begin{pmatrix}1 & 0 & -1 & -1\\0 & 1 & -1 & -2\\0 & 0 & 0 & 0\end{pmatrix},$$

所以$r(\boldsymbol{A})=r(\boldsymbol{A},\boldsymbol{b})=2<3$，方程组有无穷多解，其一般解为

$$\begin{cases}x_1=-1+x_3\\x_2=-2+x_3\end{cases},$$

这里x_3为自由未知量.

注意，虽然解法二比解法一显得更为简单，但是解法二只适用于系数矩阵为方阵的情形.

将定理 3.3 应用到齐次线性方程组，有：

推论 1 对于齐次线性方程组

$$\begin{cases}a_{11}x_1+a_{12}x_2+\cdots+a_{1n}x_n=0\\a_{12}x_1+a_{22}x_2+\cdots+a_{2n}x_n=0\\\quad\cdots\cdots\cdots\\a_{m1}x_1+a_{m2}x_2+\cdots+a_{mn}x_n=0\end{cases},$$

如果$m<n$，那么它必有非零解.

证明　显然，由于方程组的增广矩阵的最后一列为零，在化为阶梯形矩阵之后，系数矩阵的秩一定等于增广矩阵的秩，所以齐次方程组一定有解．由于方程的个数小于未知量的个数，所以系数矩阵的行数小于列数，也即

$$r(\boldsymbol{A}) = r(\boldsymbol{A}, \boldsymbol{b}) \leqslant m < n ,$$

故由定理 3.3 可知，它的解不是唯一的，也即它还有除零解以外的非零解．证毕．

推论 2　对于系数矩阵为方阵的齐次线性方程组，它有非零解的充分必要条件是其系数行列式等于零．

可以进一步将定理 3.3 推广到矩阵方程的情形：

定理 3.4　矩阵方程 $\boldsymbol{AX} = \boldsymbol{B}$ 有解的充分必要条件是：$r(\boldsymbol{A}) = r(\boldsymbol{A}, \boldsymbol{B})$．

证明　设 $\boldsymbol{A}$ 是 $m \times n$ 矩阵，$\boldsymbol{B}$ 是 $m \times s$ 矩阵，则 $\boldsymbol{X}$ 是 $n \times s$ 矩阵．把矩阵 $\boldsymbol{X}$ 和 $\boldsymbol{B}$ 按列分块，记为

$$\boldsymbol{X} = (\boldsymbol{x}_1, \boldsymbol{x}_2, \cdots, \boldsymbol{x}_s) ,\quad \boldsymbol{B} = (\boldsymbol{b}_1, \boldsymbol{b}_2, \cdots, \boldsymbol{b}_s) ,$$

由分块矩阵的运算规则得

$$\boldsymbol{AX} = \boldsymbol{B} \Leftrightarrow \boldsymbol{A}(\boldsymbol{x}_1, \boldsymbol{x}_2, \cdots, \boldsymbol{x}_s) = (\boldsymbol{Ax}_1, \boldsymbol{Ax}_2, \cdots, \boldsymbol{Ax}_s) = (\boldsymbol{b}_1, \boldsymbol{b}_2, \cdots, \boldsymbol{b}_s) ,$$

则矩阵方程 $\boldsymbol{AX} = \boldsymbol{B}$ 等价于 s 个线性方程组

$$\boldsymbol{Ax}_i = \boldsymbol{b}_i ,\quad i = 1, 2, \cdots, s .$$

假设 $r(\boldsymbol{A}) = r$，$\boldsymbol{A}$ 的行阶梯形矩阵为 $\tilde{\boldsymbol{A}}$，则 $\tilde{\boldsymbol{A}}$ 有 r 个非零行，而 $\tilde{\boldsymbol{A}}$ 的后 $m - r$ 行皆为零行．设

$$(\boldsymbol{A}, \boldsymbol{B}) = (\boldsymbol{A}, \boldsymbol{b}_1, \boldsymbol{b}_2, \cdots, \boldsymbol{b}_s) \sim (\tilde{\boldsymbol{A}}, \tilde{\boldsymbol{b}}_1, \tilde{\boldsymbol{b}}_2, \cdots, \tilde{\boldsymbol{b}}_s) ,$$

从而

$$(\boldsymbol{A}, \boldsymbol{b}_i) \sim (\tilde{\boldsymbol{A}}, \tilde{\boldsymbol{b}}_i) ,\quad i = 1, 2, \cdots, s .$$

所以

$$\begin{aligned} \boldsymbol{AX} = \boldsymbol{B} \text{有解} &\Leftrightarrow \boldsymbol{Ax}_i = \boldsymbol{b}_i \text{有解},\quad i = 1, 2, \cdots, s \\ &\Leftrightarrow r(\boldsymbol{A}) = r(\boldsymbol{A}, \boldsymbol{b}_i) ,\quad i = 1, 2, \cdots, s \\ &\Leftrightarrow \tilde{\boldsymbol{b}}_i \text{的后 } m - r \text{ 个元素全为零},\quad i = 1, 2, \cdots, s \\ &\Leftrightarrow (\tilde{\boldsymbol{b}}_1, \tilde{\boldsymbol{b}}_2, \cdots, \tilde{\boldsymbol{b}}_s) \text{的后 } m - r \text{ 行全为零行} \\ &\Leftrightarrow r(\boldsymbol{A}, \boldsymbol{B}) = r = r(\boldsymbol{A}) . \end{aligned}$$

证毕．

定理 3.5　设 $\boldsymbol{AB} = \boldsymbol{C}$，则 $r(\boldsymbol{C}) \leqslant \min\{r(\boldsymbol{A}), r(\boldsymbol{B})\}$．

证明　因为 $\boldsymbol{AB} = \boldsymbol{C}$，说明矩阵方程 $\boldsymbol{AX} = \boldsymbol{C}$ 有解 $\boldsymbol{X} = \boldsymbol{B}$，则由定理 3.4 可知

$$r(\boldsymbol{A}) = r(\boldsymbol{A}, \boldsymbol{C}) .$$

因为 $r(\boldsymbol{C}) \leqslant r(\boldsymbol{A}, \boldsymbol{C})$，所以有

$$r(\boldsymbol{C}) \leqslant r(\boldsymbol{A}) .$$

又因为 $\boldsymbol{B}^{\mathrm{T}} \boldsymbol{A}^{\mathrm{T}} = \boldsymbol{C}^{\mathrm{T}}$，说明矩阵方程 $\boldsymbol{B}^{\mathrm{T}} \boldsymbol{X} = \boldsymbol{C}^{\mathrm{T}}$ 有解 $\boldsymbol{X} = \boldsymbol{A}^{\mathrm{T}}$，则由定理 3.4 可知

$$r(\boldsymbol{B}^{\mathrm{T}})=r(\boldsymbol{B}^{\mathrm{T}},\boldsymbol{C}^{\mathrm{T}}).$$

因为 $r(\boldsymbol{C}^{\mathrm{T}})\leqslant r(\boldsymbol{B}^{\mathrm{T}},\boldsymbol{C}^{\mathrm{T}})$，所以

$$r(\boldsymbol{C}^{\mathrm{T}})\leqslant r(\boldsymbol{B}^{\mathrm{T}}),$$

也即

$$r(\boldsymbol{C})\leqslant r(\boldsymbol{B}).$$

综上所述，得到

$$r(\boldsymbol{C})\leqslant \min\{r(\boldsymbol{A}),r(\boldsymbol{B})\}.$$

证毕.

关于定理 3.4 和定理 3.5 的应用，我们会在下一章进一步介绍.

习题 3.2

1. 用消元法求解下列方程组.

（1）$\begin{cases}x_1+x_2+2x_3-x_4=0\\2x_1+x_2+x_3-x_4=0\\2x_1+2x_2+x_3+2x_4=0\end{cases}$；（2）$\begin{cases}x_1+2x_2+x_3-x_4=0\\3x_1+6x_3-x_3-3x_4=0\\5x_1+10x_2+x_3-5x_4=0\end{cases}$；

（3）$\begin{cases}3x_1+4x_2-5x_3+7x_4=0\\2x_1-3x_2+3x_3-2x_4=0\\4x_1+11x_2-13x_3+16x_4=0\\7x_1-2x_2+x_3+3x_4=0\end{cases}$；（4）$\begin{cases}x_1-2x_2+3x_3-4x_4=4\\x_2-x_3+x_4=-3\\x_1+3x_2+4x_4=1\\-7x_2+3x_3+x_4=-3\end{cases}$；

（5）$\begin{cases}2x_1+x_2-x_3+x_4=1\\3x_1-2x_2+2x_3-3x_4=2\\5x_1+x_2-x_3+2x_4=-1\\2x_1-x_2+x_3-3x_4=4\end{cases}$；（6）$\begin{cases}x_1+2x_2+3x_3-x_4=1\\3x_1+2x_2+x_3-x_4=1\\2x_1+3x_2+x_3+x_4=1\\2x_1+2x_2+2x_3-x_4=1\\5x_1+5x_2+2x_3=2\end{cases}$.

2. 设有线性方程组

$$\begin{pmatrix}1&\lambda-1&-2\\0&\lambda-2&\lambda+1\\0&0&2\lambda+1\end{pmatrix}\begin{pmatrix}x_1\\x_2\\x_3\end{pmatrix}=\begin{pmatrix}1\\3\\5\end{pmatrix},$$

当 λ 为何值时，方程组（1）有唯一解?（2）无解?（3）有无穷多解？并在有无穷多解时求其一般解.

3. λ 为何值时，非齐次线性方程组

$$\begin{cases}\lambda x_1+x_2+x_3=1\\x_1+\lambda x_2+x_3=\lambda\\x_1+x_2+\lambda x_3=\lambda^2\end{cases}$$

（1）有唯一解?（2）无解?（3）有无穷多解?

4. 讨论 a,b 取什么值时，下列方程组有解.

（1）$\begin{cases} ax_1+x_2+x_3=4 \\ x_1+bx_2+x_3=3 \\ x_1+2bx_2+x_3=4 \end{cases}$；　（2）$\begin{cases} ax_1-2x_2-x_3=1 \\ 2x_1+x_2+x_3=b \\ 10x_1+5x_2+4x_3=-1 \end{cases}$；

（3）$\begin{cases} x_1+x_2+x_3+x_4+x_5=1 \\ 3x_1+2x_2+x_3+x_4-3x_5=a \\ x_2+2x_3+2x_4+6x_5=3 \\ 5x_1+4x_2+3x_3+3x_4-x_5=b \end{cases}$；　（4）$\begin{cases} x_1+x_2+x_3+x_4=0 \\ x_2+2x_3+2x_4=1 \\ -x_2+(a-3)x_3-2x_4=b \\ 3x_1+2x_2+x_3+ax_4=-1 \end{cases}$.

综合练习 3

1. 求解方程组

$$\begin{cases} x_1+x_2+x_3=1 \\ a_1x_1+a_2x_2+a_3x_3=0 \\ a_1^2x_1+a_2^2x_2+a_3^2x_3=0 \end{cases},$$

其中 a_1,a_2,a_3 两两不相等.

2. 用消元法求解线性方程组.

（1）$\begin{cases} x_1+2x_2+3x_3+x_4=3 \\ x_1+3x_2+4x_3+2x_4=2 \\ 2x_1+7x_2+9x_3+3x_4=7 \\ 3x_1+7x_2+10x_3+2x_4=12 \end{cases}$；　（2）$\begin{cases} x_1-x_2+2x_3-2x_4+3x_5=1 \\ 2x_1-x_2+5x_3-9x_4+8x_5=-1 \\ 3x_1-2x_2+7x_3-11x_4+11x_5=0 \\ x_1-x_2+x_3-x_4+3x_5=3 \end{cases}$.

3. 设有非齐次线性方程组

$$\begin{cases} -2x_1+x_2+x_3=-2 \\ x_1-2x_2+x_3=\lambda \\ x_1+x_2-2x_3=\lambda^2 \end{cases},$$

当 λ 取何值时，此方程组有解？并求出它的一般解.

4. 设

$$\begin{cases} (2-\lambda)x_1+2x_2-2x_3=1 \\ 2x_1+(5-\lambda)x_2-4x_3=2 \\ -2x_1-4x_2+(5-\lambda)x_3=-\lambda-1 \end{cases},$$

当 λ 取何值时，此方程组:（1）有唯一解？（2）无解？（3）有无穷多解？并在有无穷多解时求其一般解.

5. 设有齐次线性方程组

$$\begin{cases} (1+a)x_1+x_2+\cdots+x_n=0 \\ 2x_1+(2+a)x_2+\cdots+2x_n=0 \\ \cdots\cdots\cdots\cdots \\ nx_1+nx_2+\cdots+(n+a)x_n=0 \end{cases} \quad (n\geqslant 2),$$

当 a 为何值时，该方程组有非零解？

6. 设有齐次线性方程组

$$\begin{cases} ax_1+bx_2+bx_3+\cdots+bx_n=0 \\ bx_1+ax_2+bx_3+\cdots+bx_n=0 \\ \cdots\cdots\cdots\cdots \\ bx_1+bx_2+bx_3+\cdots+ax_n=0 \end{cases},$$

其中 $n\geqslant 2$，$ab\neq 0$，讨论：当 a,b 为何值时，方程组只有零解？有无穷多解？有无穷多解时，求出通解.

7. 设有方程组

$$\begin{cases} x_1-x_2=a_1 \\ x_2-x_3=a_2 \\ x_3-x_4=a_3 \\ x_4-x_5=a_4 \\ x_5-x_1=a_5 \end{cases},$$

求证：方程组有解的充分必要条件是 $\sum_{i=1}^{5}a_i=0$.

8. 证明：线性方程组

$$\begin{cases} a_{11}x_1+a_{12}x_2+\cdots+a_{1n}x_n=b_1 \\ a_{21}x_1+a_{22}x_2+\cdots+a_{2n}x_n=b_2 \\ \cdots\cdots\cdots\cdots \\ a_{n1}x_1+a_{n2}x_2+\cdots+a_{nn}x_n=b_n \end{cases}$$

对任何 $b_1,b_2,\cdots,b_n$ 都有解的充分必要条件是系数行列式 $|\boldsymbol{A}|\neq 0$.（提示，利用定理 3.4）

第 4 章　向量组的线性相关性

向量概念在以前的学习中已经出现过，例如，在解析几何中，把“既有大小又有方向的量”叫作向量. 而在引进坐标系之后，可以用有序数组的方式来表示向量. 向量在各领域的应用很广泛. 例如，刻画空间中一个球的位置和大小时，需要知道它的球心坐标和半径，因此需要用四个数来对它进行描述. 在经济管理领域，用到向量的地方也比较多，譬如一个工厂生产几种产品，为了说明这个工厂的产量，就需要同时指出每种产品的产量；又比如一个工厂的原料来自不同的地方，那么一个原料的采购计划就需要同时指出每个原料产地的采购量. 关于向量及向量组的概念和理论，可以在代数学中进行系统的分析和总结，并探讨它们的性质和作用.

§4.1　向量组及其线性组合

4.1.1　向量及向量组的概念

首先给出向量的数学定义：

定义 4.1　n 个有序的数 $a_1,a_2,\cdots,a_n$ 所组成的数组称为一个 n 维向量，记为

$$(a_1,\ a_2,\ \cdots,\ a_n)\ ,$$

这 n 个数称为该向量的分量，第 i 个数 a_i 称为第 i 个分量.

分量全为实数的向量称为**实向量**，分量为复数的向量称为**复向量**. 本书中除特别说明之外，一般只讨论实向量. 特别地，若一个向量的分量全部为零，则称这个向量为**零向量**.

几何上的 2 维、3 维实向量可以认为是向量的特殊情形，即当 $n=2,3$ 时，其几何意义分别为平面和空间上的向量或点. 但当 $n>3$ 时，n 维向量就没有直观的几何意义了. 不过我们仍然称其为向量，这一方面是因为它包含了作为特殊情形的 2 维、3 维向量，另一方面也是因为它和普通的 2 维、3 维向量有许多共通的运算性质. 因此，在代数学中对向量使用了一个统一的几何意义上的名称.

可以把向量写成一行，称其为**行向量**，也可以将向量写成一列，称其为**列向量**，也即分别可看作行矩阵和列矩阵. 习惯上一般用小写的希腊字母 $\boldsymbol{\alpha},\boldsymbol{\beta},\boldsymbol{\gamma},\cdots$ 等表示**列向量**.

规定：行向量和列向量按照矩阵的运算规则进行运算. 也就是说，根据矩阵的运算规则，向量之间存在着加法、乘法运算，向量与数之间存在着数乘运算. 因此，n 维列向量

$$\boldsymbol{\alpha}=\begin{pmatrix} a_1 \\ a_2 \\ \vdots \\ a_n \end{pmatrix}$$

与 n 维行向量

$$\boldsymbol{\alpha}^{\mathrm{T}}=(a_1,\ a_2,\ \cdots,\ a_n)$$

在运算中总看作两个不同的向量.

定义 4.2 若干个同维数的行向量或列向量组成的集合称为**向量组**.

例如，线性方程组 $\boldsymbol{A}_{m\times n}\boldsymbol{x}=\boldsymbol{0}$ 的所有解，当 $r(\boldsymbol{A})<n$ 时就是一个包含无穷多 n 维解向量的向量组. 另外，为了讨论问题或方便起见，常常将一个矩阵看作由行向量组或列向量组构成. 例如，m 个 n 维列向量所组成的向量组 $A:\boldsymbol{\alpha}_1,\boldsymbol{\alpha}_2,\cdots,\boldsymbol{\alpha}_m$ 构成一个 $n\times m$ 矩阵：

$$\boldsymbol{A}=(\boldsymbol{\alpha}_1,\ \boldsymbol{\alpha}_2,\ \cdots,\ \boldsymbol{\alpha}_m).$$

因此，含有有限个有序向量的向量组可以与矩阵一一对应.

4.1.2 向量组的线性组合

两个向量之间最简单的关系就是成比例，也就是说，有一个实数 k，使得

$$\boldsymbol{\beta}=k\boldsymbol{\alpha}.$$

在多个向量之间，类似的成比例关系表现为线性组合.

定义 4.3 $\boldsymbol{\beta}$ 称为向量组 $\boldsymbol{\alpha}_1,\boldsymbol{\alpha}_2,\cdots,\boldsymbol{\alpha}_s$ 的一个**线性组合**，如果有 s 个实数 $k_1,k_2,\cdots,k_s$，使得

$$\boldsymbol{\beta}=k_1\boldsymbol{\alpha}_1+k_2\boldsymbol{\alpha}_2+\cdots+k_s\boldsymbol{\alpha}_s,$$

其中 $k_1,k_2,\cdots,k_s$ 称为这个线性组合的系数. 此时也称向量 $\boldsymbol{\beta}$ 能够被向量组 $\boldsymbol{\alpha}_1,\boldsymbol{\alpha}_2,\cdots,\boldsymbol{\alpha}_s$ **线性表示**.

由 n 阶单位矩阵 $\boldsymbol{E}_n$ 的所有列组成的向量组称为 **n 维单位坐标向量组**，通常记为

$$\boldsymbol{\varepsilon}_1=(1,0,\cdots,0)^{\mathrm{T}},\quad \boldsymbol{\varepsilon}_2=(0,1,\cdots,0)^{\mathrm{T}},\quad \cdots,\quad \boldsymbol{\varepsilon}_n=(0,0,\cdots,1)^{\mathrm{T}}.$$

很容易看出，任意的 n 维向量 $\boldsymbol{\alpha}=(a_1,a_2,\cdots,a_n)^{\mathrm{T}}$，都可以由 n 维单位坐标向量组线性表示，因为

$$\boldsymbol{\alpha}=a_1\boldsymbol{\varepsilon}_1+a_2\boldsymbol{\varepsilon}_2+\cdots+a_n\boldsymbol{\varepsilon}_n.$$

对于熟悉的一般线性方程组

$$\begin{cases} a_{11}x_1+a_{12}x_2+\cdots+a_{1n}x_n=b_1 \\ a_{21}x_1+a_{22}x_2+\cdots+a_{2n}x_n=b_2 \\ \qquad\cdots\cdots\cdots\cdots \\ a_{m1}x_1+a_{m2}x_2+\cdots+a_{mn}x_n=b_m \end{cases},$$

若令

$$\boldsymbol{\beta}=\begin{pmatrix} b_1 \\ b_2 \\ \vdots \\ b_m \end{pmatrix},\quad \boldsymbol{\alpha}_j=\begin{pmatrix} a_{1j} \\ a_{2j} \\ \vdots \\ a_{mj} \end{pmatrix},\quad j=1,2,\cdots,n,$$

则线性方程组可以表示为

$$x_1\boldsymbol{\alpha}_1+x_2\boldsymbol{\alpha}_2+\cdots+x_n\boldsymbol{\alpha}_n=\boldsymbol{\beta}.$$

此时，方程组是否有解的问题也等价于：常数项向量 $\boldsymbol{\beta}$ 是否能由系数矩阵的列向量组 $\boldsymbol{\alpha}_1,\boldsymbol{\alpha}_2,\cdots,\boldsymbol{\alpha}_n$ 线性表示.

由此回忆上一章线性方程组的解的判定，由定理 3.3 立即可以得到如下定理.

定理 4.1　向量 $\boldsymbol{\beta}=(b_1,b_2,\cdots,b_m)^{\mathrm{T}}$ 能够由向量组 $\boldsymbol{\alpha}_j=(a_{1j},a_{2j},\cdots,a_{mj})^{\mathrm{T}}$ $(j=1,2,\cdots,n)$ 线性表示的充分必要条件是矩阵 $\boldsymbol{A}=(\boldsymbol{\alpha}_1,\boldsymbol{\alpha}_2,\cdots,\boldsymbol{\alpha}_n)$ 的秩等于矩阵 $\boldsymbol{B}=(\boldsymbol{\alpha}_1,\boldsymbol{\alpha}_2,\cdots,\boldsymbol{\alpha}_n,\boldsymbol{\beta})$ 的秩.

例 4.1　已知向量 $\boldsymbol{\beta}_1=(4,3,-1,11)^{\mathrm{T}}$，$\boldsymbol{\beta}_2=(4,3,0,11)^{\mathrm{T}}$，判断 $\boldsymbol{\beta}_1,\boldsymbol{\beta}_2$ 分别是否可以由向量组 $\boldsymbol{\alpha}_1=(1,2,-1,5)^{\mathrm{T}}$，$\boldsymbol{\alpha}_2=(2,-1,1,1)^{\mathrm{T}}$ 线性表示.

解　设 $x_1\boldsymbol{\alpha}_1+x_2\boldsymbol{\alpha}_2=\boldsymbol{\beta}_1$，则

$$x_1\begin{pmatrix}1\\2\\-1\\5\end{pmatrix}+x_2\begin{pmatrix}2\\-1\\1\\1\end{pmatrix}=\begin{pmatrix}4\\3\\-1\\11\end{pmatrix}.$$

将方程组的增广矩阵化为行最简形：

$$\begin{pmatrix}1&2&4\\2&-1&3\\-1&1&-1\\5&1&11\end{pmatrix}\xrightarrow[\substack{r_3+r_1\\r_4-5r_1}]{r_2-2r_1}\begin{pmatrix}1&2&4\\0&-5&-5\\0&3&3\\0&-9&-9\end{pmatrix}\xrightarrow[\substack{r_3-3r_2\\r_4+9r_2}]{-\frac{1}{5}\times r_2}\begin{pmatrix}1&2&4\\0&1&1\\0&0&0\\0&0&0\end{pmatrix}\xrightarrow{r_1-2r_2}\begin{pmatrix}1&0&2\\0&1&1\\0&0&0\\0&0&0\end{pmatrix},$$

所以方程组有唯一解：$x_1=2$，$x_2=1$. 故 $\boldsymbol{\beta}_1=2\boldsymbol{\alpha}_1+\boldsymbol{\alpha}_2$.

设 $y_1\boldsymbol{\alpha}_1+y_2\boldsymbol{\alpha}_2=\boldsymbol{\beta}_2$，则

$$y_1\begin{pmatrix}1\\2\\-1\\5\end{pmatrix}+y_2\begin{pmatrix}2\\-1\\1\\1\end{pmatrix}=\begin{pmatrix}4\\3\\0\\11\end{pmatrix}.$$

方程组的增广矩阵化为阶梯形矩阵：

$$\begin{pmatrix}1&2&4\\2&-1&3\\-1&1&0\\5&1&11\end{pmatrix}\xrightarrow[\substack{r_3+r_1\\r_4-5r_1}]{r_2-2r_1}\begin{pmatrix}1&2&4\\0&-5&-5\\0&3&4\\0&-9&-9\end{pmatrix}\xrightarrow[\substack{r_3-3r_2\\r_4+9r_2}]{-\frac{1}{5}\times r_2}\begin{pmatrix}1&2&4\\0&1&1\\0&0&1\\0&0&0\end{pmatrix},$$

可以看出，系数矩阵的秩为 2，而增广矩阵的秩为 3，故方程组无解. 所以 $\boldsymbol{\beta}_2$ 不能由向量组 $\boldsymbol{\alpha}_1$，$\boldsymbol{\alpha}_2$ 线性表示.

例 4.2　设 $\boldsymbol{\alpha}_1=(1,1,2,2)^{\mathrm{T}}$，$\boldsymbol{\alpha}_2=(1,2,1,3)^{\mathrm{T}}$，$\boldsymbol{\alpha}_3=(1,-1,4,0)^{\mathrm{T}}$，$\boldsymbol{\beta}=(1,0,3,1)^{\mathrm{T}}$，问向量 $\boldsymbol{\beta}$ 是否可以由向量组 $\boldsymbol{\alpha}_1,\boldsymbol{\alpha}_2,\boldsymbol{\alpha}_3$ 线性表示？若可以，请求出表示式.

解　根据定理 4.1，需要判断 $\boldsymbol{A}=(\boldsymbol{\alpha}_1,\boldsymbol{\alpha}_2,\boldsymbol{\alpha}_3)$ 与 $\boldsymbol{B}=(\boldsymbol{A},\boldsymbol{\beta})$ 的秩是否相等. 因此，将 $\boldsymbol{B}$ 化为

阶梯形乃至行最简形

$$B=\begin{pmatrix}1&1&1&1\\1&2&-1&0\\2&1&4&3\\2&3&0&1\end{pmatrix}\xrightarrow[r_4-2r_1]{\substack{r_2-r_1\\r_3-2r_1}}\begin{pmatrix}1&1&1&1\\0&1&-2&-1\\0&-1&2&1\\0&1&-2&-1\end{pmatrix}$$

$$\xrightarrow[r_4-r_2]{r_3+r_2}\begin{pmatrix}1&1&1&1\\0&1&-2&-1\\0&0&0&0\\0&0&0&0\end{pmatrix}\xrightarrow{r_1-r_2}\begin{pmatrix}1&0&3&2\\0&1&-2&-1\\0&0&0&0\\0&0&0&0\end{pmatrix},$$

可见 $r(\boldsymbol{A})=r(\boldsymbol{B})=2$，因此，向量 $\boldsymbol{\beta}$ 可以由向量组 $\boldsymbol{\alpha}_1,\boldsymbol{\alpha}_2,\boldsymbol{\alpha}_3$ 线性表示.

由上述行最简形矩阵，可得方程组 $x_1\boldsymbol{\alpha}_1+x_2\boldsymbol{\alpha}_2+x_3\boldsymbol{\alpha}_3=\boldsymbol{\beta}$ 的一般解为

$$x_1=2-3c,\quad x_2=-1+2c,\quad x_3=c,$$

其中 c 为任意常数. 从而得到表示式为

$$\boldsymbol{\beta}=(2-3c)\boldsymbol{\alpha}_1+(2c-1)\boldsymbol{\alpha}_2+c\boldsymbol{\alpha}_3.$$

4.1.3 向量组之间的关系

下面讨论两个向量组之间的关系.

定义 4.4 有向量组 $A:\boldsymbol{\alpha}_1,\boldsymbol{\alpha}_2,\cdots,\boldsymbol{\alpha}_t$ 和向量组 $B:\boldsymbol{\beta}_1,\boldsymbol{\beta}_2,\cdots,\boldsymbol{\beta}_s$，若向量组 A 中的每一个向量都可以被向量组 B 线性表示，则称**向量组 A 能够被向量组 B 线性表示**；若向量组 A 与向量组 B 能够互相表示，则称这两个**向量组等价**.

例如，向量组 $\boldsymbol{\alpha}_1=(1,1,1)^{\mathrm{T}}$，$\boldsymbol{\alpha}_2=(1,2,0)^{\mathrm{T}}$ 与向量组 $\boldsymbol{\beta}_1=(1,0,2)^{\mathrm{T}}$，$\boldsymbol{\beta}_2=(0,1,-1)^{\mathrm{T}}$ 是等价的，因为不难验证

$$\boldsymbol{\alpha}_1=\boldsymbol{\beta}_1+\boldsymbol{\beta}_2,\quad \boldsymbol{\alpha}_2=\boldsymbol{\beta}_1+2\boldsymbol{\beta}_2;$$
$$\boldsymbol{\beta}_1=2\boldsymbol{\alpha}_1-\boldsymbol{\alpha}_2,\quad \boldsymbol{\beta}_2=-\boldsymbol{\alpha}_1+\boldsymbol{\alpha}_2.$$

由定义不难知道，每一个向量组都可以经由它自身线性表示. 同时，如果向量组 $\boldsymbol{\alpha}_1,\boldsymbol{\alpha}_2,\cdots,\boldsymbol{\alpha}_t$ 可以由向量组 $\boldsymbol{\beta}_1,\boldsymbol{\beta}_2,\cdots,\boldsymbol{\beta}_s$ 线性表示，向量组 $\boldsymbol{\beta}_1,\boldsymbol{\beta}_2,\cdots,\boldsymbol{\beta}_s$ 可以由向量组 $\boldsymbol{\gamma}_1,\boldsymbol{\gamma}_2,\cdots,\boldsymbol{\gamma}_p$ 线性表示，那么向量组 $\boldsymbol{\alpha}_1,\boldsymbol{\alpha}_2,\cdots,\boldsymbol{\alpha}_t$ 也可以由向量组 $\boldsymbol{\gamma}_1,\boldsymbol{\gamma}_2,\cdots,\boldsymbol{\gamma}_p$ 线性表示.

事实上，如果

$$\boldsymbol{\alpha}_i=\sum_{j=1}^{s}k_{ij}\boldsymbol{\beta}_j,\quad i=1,2,\cdots,t,$$

$$\boldsymbol{\beta}_j=\sum_{m=1}^{p}l_{jm}\boldsymbol{\gamma}_m,\quad j=1,2,\cdots,s,$$

那么

$$\boldsymbol{\alpha}_i=\sum_{j=1}^{s}k_{ij}\sum_{m=1}^{p}l_{jm}\boldsymbol{\gamma}_m=\sum_{j=1}^{s}\sum_{m=1}^{p}k_{ij}l_{jm}\boldsymbol{\gamma}_m=\sum_{m=1}^{p}\left(\sum_{j=1}^{s}k_{ij}l_{jm}\right)\boldsymbol{\gamma}_m,\quad i=1,2,\cdots,t.$$

也就是说，向量组 $\boldsymbol{\alpha}_1,\boldsymbol{\alpha}_2,\cdots,\boldsymbol{\alpha}_t$ 中的每一个向量都可以经由向量组 $\boldsymbol{\gamma}_1,\boldsymbol{\gamma}_2,\cdots,\boldsymbol{\gamma}_p$ 线性表示.

由上述分析得知，向量组之间的等价具有以下性质：

（1）**自反性**：每一个向量组都与其自身等价.

（2）**对称性**：若向量组 $\boldsymbol{\alpha}_1,\boldsymbol{\alpha}_2,\cdots,\boldsymbol{\alpha}_t$ 与向量组 $\boldsymbol{\beta}_1,\boldsymbol{\beta}_2,\cdots,\boldsymbol{\beta}_s$ 等价，则向量组 $\boldsymbol{\beta}_1,\boldsymbol{\beta}_2,\cdots,\boldsymbol{\beta}_s$ 与向量组 $\boldsymbol{\alpha}_1,\boldsymbol{\alpha}_2,\cdots,\boldsymbol{\alpha}_t$ 等价.

（3）**传递性**：如果向量组 $\boldsymbol{\alpha}_1,\boldsymbol{\alpha}_2,\cdots,\boldsymbol{\alpha}_t$ 与向量组 $\boldsymbol{\beta}_1,\boldsymbol{\beta}_2,\cdots,\boldsymbol{\beta}_s$ 等价，向量组 $\boldsymbol{\beta}_1,\boldsymbol{\beta}_2,\cdots,\boldsymbol{\beta}_s$ 与向量组 $\boldsymbol{\gamma}_1,\boldsymbol{\gamma}_2,\cdots,\boldsymbol{\gamma}_p$ 等价，那么向量组 $\boldsymbol{\alpha}_1,\boldsymbol{\alpha}_2,\cdots,\boldsymbol{\alpha}_t$ 与向量组 $\boldsymbol{\gamma}_1,\boldsymbol{\gamma}_2,\cdots,\boldsymbol{\gamma}_p$ 等价.

可以从矩阵的角度来探讨向量组之间互相线性表示的含义：

若将 n 维向量组 A 和 B 构成的矩阵分别记为：$\boldsymbol{A}=(\boldsymbol{\alpha}_1,\boldsymbol{\alpha}_2,\cdots,\boldsymbol{\alpha}_t)$，$\boldsymbol{B}=(\boldsymbol{\beta}_1,\boldsymbol{\beta}_2,\cdots,\boldsymbol{\beta}_s)$，那么向量组 B 能够被向量组 A 线性表示，也就是对每个向量 $\boldsymbol{\beta}_j\ (j=1,2,\cdots,s)$，存在实数 k_{1j}，$k_{2j},\cdots,k_{tj}$，使得

$$\boldsymbol{\beta}_j=k_{1j}\boldsymbol{\alpha}_1+k_{2j}\boldsymbol{\alpha}_2+\cdots+k_{tj}\boldsymbol{\alpha}_j=(\boldsymbol{\alpha}_1,\boldsymbol{\alpha}_2,\cdots,\boldsymbol{\alpha}_t)\begin{pmatrix}k_{1j}\\k_{2j}\\\vdots\\k_{tj}\end{pmatrix},$$

所以

$$(\boldsymbol{\beta}_1,\boldsymbol{\beta}_2,\cdots,\boldsymbol{\beta}_s)=(\boldsymbol{\alpha}_1,\boldsymbol{\alpha}_2,\cdots,\boldsymbol{\alpha}_t)\begin{pmatrix}k_{11}&k_{12}&\cdots&k_{1s}\\k_{21}&k_{22}&\cdots&k_{2s}\\\vdots&\vdots&&\vdots\\k_{t1}&k_{t2}&\cdots&k_{ts}\end{pmatrix}.$$

其中，矩阵 $\boldsymbol{K}_{t\times s}$ 称为这一线性表示的系数矩阵.

由此，若 $\boldsymbol{B}_{n\times s}=\boldsymbol{A}_{n\times t}\boldsymbol{K}_{t\times s}$，则可以称矩阵 $\boldsymbol{B}$ 的列向量组能够被矩阵 $\boldsymbol{A}$ 的列向量组线性表示，$\boldsymbol{K}$ 为这一线性表示的系数矩阵. 另外，不难看出，若将矩阵 $\boldsymbol{B}$ 和矩阵 $\boldsymbol{K}$ 按行分块，则 $\boldsymbol{B}$ 的行向量组能够被 $\boldsymbol{K}$ 的行向量组线性表示：

$$\begin{pmatrix}\boldsymbol{\delta}_1^{\mathrm{T}}\\\boldsymbol{\delta}_2^{\mathrm{T}}\\\vdots\\\boldsymbol{\delta}_n^{\mathrm{T}}\end{pmatrix}=\begin{pmatrix}a_{11}&a_{12}&\cdots&a_{t1}\\a_{12}&a_{22}&\cdots&a_{t2}\\\vdots&\vdots&&\vdots\\a_{n1}&a_{n2}&\cdots&a_{nt}\end{pmatrix}\begin{pmatrix}\boldsymbol{\gamma}_1^{\mathrm{T}}\\\boldsymbol{\gamma}_2^{\mathrm{T}}\\\vdots\\\boldsymbol{\gamma}_t^{\mathrm{T}}\end{pmatrix},$$

其中 $\boldsymbol{\delta}_i^{\mathrm{T}}\ (i=1,2,\cdots,n)$ 是矩阵 $\boldsymbol{B}$ 的行向量，$\boldsymbol{\gamma}_j^{\mathrm{T}}\ (j=1,2,\cdots,t)$ 是矩阵 $\boldsymbol{K}$ 的行向量.

如果一个矩阵 $\boldsymbol{A}$ 可经过初等行变换变成另一个矩阵 $\boldsymbol{B}$，也就意味着 $\boldsymbol{A}$ 的每个行向量都能被 $\boldsymbol{B}$ 的行向量组线性表示，所以 $\boldsymbol{A}$ 的行向量组能够被 $\boldsymbol{B}$ 的行向量组线性表示；同时由于初等行变换是可逆的，所以 $\boldsymbol{B}$ 也可经初等行变换变成 $\boldsymbol{A}$，从而 $\boldsymbol{B}$ 的行向量组能够被 $\boldsymbol{A}$ 的行向量组线性表示. 这意味着 $\boldsymbol{A}$ 的行向量组与 $\boldsymbol{B}$ 的行向量组等价.

同样的，若矩阵 $\boldsymbol{A}$ 与矩阵 $\boldsymbol{B}$ 列等价，那么它们的列向量组也是等价的.

由上面的讨论，n 维向量组 $B:\boldsymbol{\beta}_1,\boldsymbol{\beta}_2,\cdots,\boldsymbol{\beta}_s$ 能够被向量组 $A:\boldsymbol{\alpha}_1,\boldsymbol{\alpha}_2,\cdots,\boldsymbol{\alpha}_t$ 线性表示的含义是，存在一个矩阵 $\boldsymbol{K}_{t\times s}$，使得

$$(\boldsymbol{\beta}_1,\boldsymbol{\beta}_2,\cdots,\boldsymbol{\beta}_s)=(\boldsymbol{\alpha}_1,\boldsymbol{\alpha}_2,\cdots,\boldsymbol{\alpha}_t)\boldsymbol{K}_{t\times s},$$

也即矩阵方程

$$(\boldsymbol{\alpha}_1,\boldsymbol{\alpha}_2,\cdots,\boldsymbol{\alpha}_t)\boldsymbol{X}=(\boldsymbol{\beta}_1,\boldsymbol{\beta}_2,\cdots,\boldsymbol{\beta}_s)$$

有解. 由上一章定理 3.4，即可得到如下结论：

定理 4.2 向量组 $B:\boldsymbol{\beta}_1,\boldsymbol{\beta}_2,\cdots,\boldsymbol{\beta}_s$ 能够被向量组 $A:\boldsymbol{\alpha}_1,\boldsymbol{\alpha}_2,\cdots,\boldsymbol{\alpha}_t$ 线性表示的充分必要条件是矩阵 $\boldsymbol{A}=(\boldsymbol{\alpha}_1,\boldsymbol{\alpha}_2,\cdots,\boldsymbol{\alpha}_t)$ 的秩等于矩阵 $(\boldsymbol{A},\boldsymbol{B})=(\boldsymbol{\alpha}_1,\cdots,\boldsymbol{\alpha}_t,\boldsymbol{\beta}_1,\cdots,\boldsymbol{\beta}_s)$ 的秩，也即 $r(\boldsymbol{A})=r(\boldsymbol{A},\boldsymbol{B})$.

推论 向量组 $A:\boldsymbol{\alpha}_1,\boldsymbol{\alpha}_2,\cdots,\boldsymbol{\alpha}_t$ 与向量组 $B:\boldsymbol{\beta}_1,\boldsymbol{\beta}_2,\cdots,\boldsymbol{\beta}_s$ 等价的充分必要条件是

$$r(\boldsymbol{\alpha}_1,\boldsymbol{\alpha}_2,\cdots,\boldsymbol{\alpha}_t)=r(\boldsymbol{A})=r(\boldsymbol{B})=r(\boldsymbol{\beta}_1,\boldsymbol{\beta}_2,\cdots,\boldsymbol{\beta}_s)=r(\boldsymbol{A},\boldsymbol{B}).$$

证明 向量组 A 与向量组 B 能够互相线性表示，由定理 4.2，即

$$r(\boldsymbol{A})=r(\boldsymbol{A},\boldsymbol{B}) \text{ 且 } r(\boldsymbol{B})=r(\boldsymbol{B},\boldsymbol{A}).$$

由于 $r(\boldsymbol{A},\boldsymbol{B})=r(\boldsymbol{B},\boldsymbol{A})$，所以，两个向量组等价的充分必要条件为

$$r(\boldsymbol{A})=r(\boldsymbol{B})=r(\boldsymbol{A},\boldsymbol{B}).$$

证毕.

例 4.3 设

$$\boldsymbol{\alpha}_1=(1,-1,1,-1)^{\mathrm{T}},\quad \boldsymbol{\alpha}_2=(3,1,1,3)^{\mathrm{T}},\quad \boldsymbol{\beta}_1=(2,0,1,1)^{\mathrm{T}},\quad \boldsymbol{\beta}_2=(1,1,0,2)^{\mathrm{T}},\quad \boldsymbol{\beta}_3=(3,-1,2,0)^{\mathrm{T}},$$

求证向量组 $\boldsymbol{\alpha}_1,\boldsymbol{\alpha}_2$ 与向量组 $\boldsymbol{\beta}_1,\boldsymbol{\beta}_2,\boldsymbol{\beta}_3$ 等价.

解 记 $\boldsymbol{A}=(\boldsymbol{\alpha}_1,\boldsymbol{\alpha}_2)$，$\boldsymbol{B}=(\boldsymbol{\beta}_1,\boldsymbol{\beta}_2,\boldsymbol{\beta}_3)$，根据推论 4.1，需要证明 $r(\boldsymbol{A})=r(\boldsymbol{B})=r(\boldsymbol{A},\boldsymbol{B})$.

将矩阵 $(\boldsymbol{A},\boldsymbol{B})$ 化为阶梯形：

$$(\boldsymbol{A},\boldsymbol{B})=\begin{pmatrix}1&3&2&1&3\\-1&1&0&1&-1\\1&1&1&0&2\\-1&3&1&2&0\end{pmatrix}\xrightarrow[r_4+r_1]{\substack{r_2+r_1\\r_3-r_1}}\begin{pmatrix}1&3&2&1&3\\0&4&2&2&2\\0&-2&-1&-1&-1\\0&6&3&3&3\end{pmatrix}\xrightarrow{r}\begin{pmatrix}1&3&2&1&3\\0&2&1&1&1\\0&0&0&0&0\\0&0&0&0&0\end{pmatrix}.$$

所以

$$r(\boldsymbol{A})=r(\boldsymbol{A},\boldsymbol{B})=2.$$

另外，可以看出，在矩阵 $\boldsymbol{B}$ 中存在一个非零的 2 阶子式，且 $r(\boldsymbol{B})\leqslant r(\boldsymbol{A},\boldsymbol{B})=2$，所以

$$r(\boldsymbol{B})=2.$$

故向量组 $\boldsymbol{\alpha}_1,\boldsymbol{\alpha}_2$ 与向量组 $\boldsymbol{\beta}_1,\boldsymbol{\beta}_2,\boldsymbol{\beta}_3$ 等价.

定理 4.3 若向量组 $B:\boldsymbol{\beta}_1,\boldsymbol{\beta}_2,\cdots,\boldsymbol{\beta}_s$ 能够被向量组 $A:\boldsymbol{\alpha}_1,\boldsymbol{\alpha}_2,\cdots,\boldsymbol{\alpha}_t$ 线性表示，则

$$r(\boldsymbol{\beta}_1,\boldsymbol{\beta}_2,\cdots,\boldsymbol{\beta}_s)=r(\boldsymbol{B})\leqslant r(\boldsymbol{A})=r(\boldsymbol{\alpha}_1,\boldsymbol{\alpha}_2,\cdots,\boldsymbol{\alpha}_t).$$

证明 记 $\boldsymbol{A}=(\boldsymbol{\alpha}_1,\boldsymbol{\alpha}_2,\cdots,\boldsymbol{\alpha}_t)$，$\boldsymbol{B}=(\boldsymbol{\beta}_1,\boldsymbol{\beta}_2,\cdots,\boldsymbol{\beta}_s)$，则存在矩阵 $\boldsymbol{K}$，使得

$$\boldsymbol{B}=\boldsymbol{A}\boldsymbol{K}.$$

由上一章定理 3.5 可知

$$r(\boldsymbol{B})=r(\boldsymbol{A}\boldsymbol{K})\leqslant r(\boldsymbol{A}).$$

证毕.

在上一章，将线性方程组写成矩阵的形式，通过矩阵运算求得其解，并判断其有解、无解、有无穷多解的充分必要条件；在这一章，将向量组的问题表述为矩阵形式，通过矩阵的运算得出结论. 这种用矩阵的语言来表述问题的方式，是线性代数的基本方法，读者应有意识地加强这方面的练习.

习题 4.1

1. 把向量 $\boldsymbol{\beta}$ 表示成向量组 $\boldsymbol{\alpha}_1,\boldsymbol{\alpha}_2,\boldsymbol{\alpha}_3,\boldsymbol{\alpha}_4$ 的线性组合.

（1）$\boldsymbol{\beta}=(1,2,1,1)^{\mathrm{T}}$，$\boldsymbol{\alpha}_1=(1,1,1,1)^{\mathrm{T}}$，$\boldsymbol{\alpha}_2=(1,1,-1,-1)^{\mathrm{T}}$，$\boldsymbol{\alpha}_3=(1,-1,1,-1)^{\mathrm{T}}$，$\boldsymbol{\alpha}_4=(1,-1,-1,1)^{\mathrm{T}}$；

（2）$\boldsymbol{\beta}=(0,0,0,1)^{\mathrm{T}}$，$\boldsymbol{\alpha}_1=(1,1,0,1)^{\mathrm{T}}$，$\boldsymbol{\alpha}_2=(2,1,3,1)^{\mathrm{T}}$，$\boldsymbol{\alpha}_3=(1,1,0,0)^{\mathrm{T}}$，$\boldsymbol{\alpha}_4=(0,1,-1,-1)^{\mathrm{T}}$.

2. 判断下列各题中向量 $\boldsymbol{\beta}$ 是否是其余向量的线性组合？如果是，求出 $\boldsymbol{\beta}$ 的线性组合表示式.

（1）$\boldsymbol{\beta}=(1,-2,2)^{\mathrm{T}}$，$\boldsymbol{\alpha}_1=(1,-1,2)^{\mathrm{T}}$，$\boldsymbol{\alpha}_2=(-1,2,-3)^{\mathrm{T}}$，$\boldsymbol{\alpha}_3=(2,3,-2)^{\mathrm{T}}$；

（2）$\boldsymbol{\beta}=(-1,1,3,1)^{\mathrm{T}}$，$\boldsymbol{\alpha}_1=(1,2,1,1)^{\mathrm{T}}$，$\boldsymbol{\alpha}_2=(1,1,1,2)^{\mathrm{T}}$，$\boldsymbol{\alpha}_3=(-3,-2,1,-3)^{\mathrm{T}}$；

（3）$\boldsymbol{\beta}=\left(1,0,-\dfrac{1}{2}\right)^{\mathrm{T}}$，$\boldsymbol{\alpha}_1=(1,1,1)^{\mathrm{T}}$，$\boldsymbol{\alpha}_2=(1,-1,-2)^{\mathrm{T}}$，$\boldsymbol{\alpha}_3=(-1,1,2)^{\mathrm{T}}$.

3. 已知向量组 $A:\boldsymbol{\alpha}_1=(0,1,2,3)^{\mathrm{T}},\boldsymbol{\alpha}_2=(3,0,1,2)^{\mathrm{T}},\boldsymbol{\alpha}_3=(2,3,0,1)^{\mathrm{T}}$；向量组 $B:\boldsymbol{\beta}_1=(2,1,1,2)^{\mathrm{T}}$，$\boldsymbol{\beta}_2=(0,-2,1,1)^{\mathrm{T}},\boldsymbol{\beta}_3=(4,4,1,3)^{\mathrm{T}}$，求证：向量组 B 能够由向量组 A 线性表示，但向量组 A 不能由向量组 B 线性表示.

4. 已知向量组 $A:\boldsymbol{\alpha}_1=(0,1,1)^{\mathrm{T}},\boldsymbol{\alpha}_2=(1,1,0)^{\mathrm{T}}$；向量组 $B:\boldsymbol{\beta}_1=(-1,0,1)^{\mathrm{T}},\boldsymbol{\beta}_2=(1,2,1)^{\mathrm{T}}$，$\boldsymbol{\beta}_3=(3,2,-1)^{\mathrm{T}}$，证明向量组 A 与向量组 B 等价.

5. 设有向量组 $A:\boldsymbol{\alpha}_1=(a,2,10)^{\mathrm{T}},\boldsymbol{\alpha}_2=(-2,1,5)^{\mathrm{T}},\boldsymbol{\alpha}_1=(-1,1,4)^{\mathrm{T}}$ 及向量 $\boldsymbol{\beta}=(1,b,-1)^{\mathrm{T}}$，问 a,b 为何值时：

（1）向量 $\boldsymbol{\beta}$ 不能由向量组 A 线性表示；

（2）向量 $\boldsymbol{\beta}$ 能由向量组 A 线性表示，且表示式唯一；

（3）向量 $\boldsymbol{\beta}$ 能由向量组 A 线性表示，且表示式不唯一.

6. n 维列向量组 $A:\boldsymbol{\alpha}_1,\boldsymbol{\alpha}_2,\cdots,\boldsymbol{\alpha}_m$ 构成 $n\times m$ 矩阵 $\boldsymbol{A}=(\boldsymbol{\alpha}_1,\boldsymbol{\alpha}_2,\cdots,\boldsymbol{\alpha}_m)_{n\times m}$，$n$ 维单位坐标向量组构成 n 阶单位矩阵 $\boldsymbol{E}_n=(\boldsymbol{\varepsilon}_1,\boldsymbol{\varepsilon}_2,\cdots,\boldsymbol{\varepsilon}_n)$，求证：$n$ 维单位坐标向量组能够被向量组 A 表示的充分必要条件是 $r(\boldsymbol{A})=n$.

§4.2　线性相关性

在本小节，先探讨一组向量之间的内在关系.

定义 4.5　对于向量组 $A:\boldsymbol{\alpha}_1,\boldsymbol{\alpha}_2,\cdots,\boldsymbol{\alpha}_m$，如果存在 m 个不全为零的实数：$k_1,k_2,\cdots,k_m$，使得

$$k_1\boldsymbol{\alpha}_1+k_2\boldsymbol{\alpha}_2+\cdots+k_m\boldsymbol{\alpha}_m=\boldsymbol{0},$$

则称向量组 A 是**线性相关**的，否则称它是**线性无关**的.

也即：若有一组不全为零的实数，能将向量组 A 中的向量线性组合成零向量，那么向量组 A 线性相关；若要把向量组 A 中的向量线性组合成零向量，系数必须全部为零，那么向量组 A 线性无关.

在讨论向量组线性相关与否的时候，通常是指 $m \geqslant 2$ 的情形，但定义 4.5 其实也适用于 $m=1$ 的情形. 当 $m=1$ 时，向量组只含有 1 个向量 $\boldsymbol{\alpha}$，若 $\boldsymbol{\alpha}=\mathbf{0}$，则根据定义，它是线性相关的；若 $\boldsymbol{\alpha} \neq \mathbf{0}$，则它是线性无关的. 两个向量 $\boldsymbol{\alpha}_1,\boldsymbol{\alpha}_2$ 线性相关的充要条件是其对应分量成比例，几何意义为两个向量共线；三个向量 $\boldsymbol{\alpha}_1,\boldsymbol{\alpha}_2,\boldsymbol{\alpha}_3$ 线性相关的几何意义是这三个向量共面.

由定义 4.5 可以直接得到下面的定理：

定理 4.4 向量组 $A:\boldsymbol{\alpha}_1,\boldsymbol{\alpha}_2,\cdots,\boldsymbol{\alpha}_m$ 线性相关的充分必要条件是：向量组 A 中至少有一个向量能够被其余的向量线性表示.

证明 若向量组 A 线性相关，则存在一组不全为零的实数 $k_1,k_2,\cdots,k_m$，使得

$$k_1\boldsymbol{\alpha}_1+k_2\boldsymbol{\alpha}_2+\cdots+k_m\boldsymbol{\alpha}_m=\mathbf{0}.$$

不失一般性，假设 $k_1 \neq 0$，则

$$\boldsymbol{\alpha}_1=-\frac{k_2}{k_1}\boldsymbol{\alpha}_2-\cdots-\frac{k_m}{k_1}\boldsymbol{\alpha}_m,$$

也即 $\boldsymbol{\alpha}_1$ 可以由向量 $\boldsymbol{\alpha}_2,\cdots,\boldsymbol{\alpha}_m$ 线性表示.

若向量组 A 中至少有一个向量能够被其余的向量线性表示，不失一般性，假设 $\boldsymbol{\alpha}_m$ 能够被其余向量线性表示，即有实数 $l_1,\cdots,l_{m-1}$，使得

$$\boldsymbol{\alpha}_m=l_1\boldsymbol{\alpha}_1+\cdots+l_{m-1}\boldsymbol{\alpha}_{m-1},$$

那么

$$l_1\boldsymbol{\alpha}_1+\cdots+l_{m-1}\boldsymbol{\alpha}_{m-1}+(-1)\boldsymbol{\alpha}_m=\mathbf{0}.$$

也即存在一组不全为零的数 $l_1,\cdots,l_{m-1},-1$，将向量组 A 中的向量线性组合为零向量，所以向量组 A 线性相关.

以线性方程组的角度来看，若向量组 $\boldsymbol{\alpha}_1,\boldsymbol{\alpha}_2,\cdots,\boldsymbol{\alpha}_m$ 线性相关，也即齐次线性方程组

$$x_1\boldsymbol{\alpha}_1+x_2\boldsymbol{\alpha}_2+\cdots+x_m\boldsymbol{\alpha}_m=\mathbf{0}$$

有非零解. 由齐次线性方程组的解的知识，容易得到如下定理.

定理 4.5 向量组 $A:\boldsymbol{\alpha}_1,\boldsymbol{\alpha}_2,\cdots,\boldsymbol{\alpha}_m$ 线性相关的充分必要条件是它们所构成的矩阵 $\boldsymbol{A}=(\boldsymbol{\alpha}_1,\boldsymbol{\alpha}_2,\cdots,\boldsymbol{\alpha}_m)$ 的秩小于向量的个数 m，线性无关的充要条件是 $\boldsymbol{A}=(\boldsymbol{\alpha}_1,\boldsymbol{\alpha}_2,\cdots,\boldsymbol{\alpha}_m)$ 的秩等于向量的个数 m.

推论 m 个 n 维向量组成的向量组，当 $m>n$ 时一定是线性相关的.

证明 设 $\boldsymbol{\alpha}_1,\cdots,\boldsymbol{\alpha}_n,\boldsymbol{\alpha}_{n+1},\cdots,\boldsymbol{\alpha}_m$ 为 m 个 n 维向量，考察矩阵

$$\boldsymbol{A}_{n\times m}=(\boldsymbol{\alpha}_1,\cdots,\boldsymbol{\alpha}_n,\boldsymbol{\alpha}_{n+1},\cdots,\boldsymbol{\alpha}_m).$$

显然，矩阵 $\boldsymbol{A}_{n\times m}$ 的秩不超过其行数，所以 $r(\boldsymbol{A}) \leqslant n<m$，即向量组所组成的矩阵的秩小于向量的个数，由定理 4.5，故 $\boldsymbol{\alpha}_1,\cdots,\boldsymbol{\alpha}_n,\boldsymbol{\alpha}_{n+1},\cdots,\boldsymbol{\alpha}_m$ 线性相关. 证毕.

特别地，$n+1$ 个 n 维向量一定是线性相关的.

例 4.4　求证：n 个 n 维向量 $\boldsymbol{\alpha}_1,\boldsymbol{\alpha}_2,\cdots,\boldsymbol{\alpha}_n$ 线性无关的充分必要条件是：方阵 $\boldsymbol{A}=(\boldsymbol{\alpha}_1,\boldsymbol{\alpha}_2,\cdots,\boldsymbol{\alpha}_n)$ 的行列式不等于零.

证明　由定理 4.5，n 个 n 维向量 $\boldsymbol{\alpha}_1,\boldsymbol{\alpha}_2,\cdots,\boldsymbol{\alpha}_n$ 线性无关的充分必要条件是

$$r(\boldsymbol{A})=r(\boldsymbol{\alpha}_1,\boldsymbol{\alpha}_2,\cdots,\boldsymbol{\alpha}_n)=n,$$

这也即行列式 $|\boldsymbol{A}|\neq 0$.

例 4.5　讨论 n 维单位坐标向量组的线性相关性.

解　n 维单位坐标向量组构成的矩阵为 n 阶单位矩阵

$$\boldsymbol{E}_n=(\boldsymbol{\varepsilon}_1,\boldsymbol{\varepsilon}_2,\cdots,\boldsymbol{\varepsilon}_n).$$

由 $|\boldsymbol{E}_n|=1\neq 0$ 可知，$r(\boldsymbol{E}_n)=n$，所以 n 维单位坐标向量组线性无关.

例 4.6　已知 $\boldsymbol{\alpha}_1=(1,1,1)^{\mathrm{T}}$，$\boldsymbol{\alpha}_2=(0,2,5)^{\mathrm{T}}$，$\boldsymbol{\alpha}_3=(2,4,7)^{\mathrm{T}}$，讨论向量组 $\boldsymbol{\alpha}_1,\boldsymbol{\alpha}_2,\boldsymbol{\alpha}_3$ 以及向量组 $\boldsymbol{\alpha}_1,\boldsymbol{\alpha}_2$ 的线性相关性.

解　对矩阵 $(\boldsymbol{\alpha}_1,\boldsymbol{\alpha}_2,\boldsymbol{\alpha}_3)$ 施行初等行变换变成阶梯形矩阵：

$$(\boldsymbol{\alpha}_1,\boldsymbol{\alpha}_2,\boldsymbol{\alpha}_3)=\begin{pmatrix}1&0&2\\1&2&4\\1&5&7\end{pmatrix}\xrightarrow[r_3-r_1]{r_2-r_1}\begin{pmatrix}1&0&2\\0&2&2\\0&5&5\end{pmatrix}\xrightarrow{r_3-\frac{5}{2}r_2}\begin{pmatrix}1&0&2\\0&2&2\\0&0&0\end{pmatrix},$$

可知 $r(\boldsymbol{\alpha}_1,\boldsymbol{\alpha}_2,\boldsymbol{\alpha}_3)=2$，所以向量组 $\boldsymbol{\alpha}_1,\boldsymbol{\alpha}_2,\boldsymbol{\alpha}_3$ 线性相关；同时也可以看出 $r(\boldsymbol{\alpha}_1,\boldsymbol{\alpha}_2)=2$，所以向量组 $\boldsymbol{\alpha}_1,\boldsymbol{\alpha}_2$ 线性无关.

例 4.7　已知向量组 $\boldsymbol{\alpha}_1,\boldsymbol{\alpha}_2,\boldsymbol{\alpha}_3$ 线性无关，$\boldsymbol{\beta}_1=\boldsymbol{\alpha}_1+\boldsymbol{\alpha}_2$，$\boldsymbol{\beta}_2=\boldsymbol{\alpha}_2+\boldsymbol{\alpha}_3$，$\boldsymbol{\beta}_3=\boldsymbol{\alpha}_3+\boldsymbol{\alpha}_1$，求证：向量组 $\boldsymbol{\beta}_1,\boldsymbol{\beta}_2,\boldsymbol{\beta}_3$ 线性无关.

证明（证法一）设有实数 k_1,k_2,k_3 使得

$$k_1\boldsymbol{\beta}_1+k_2\boldsymbol{\beta}_2+k_3\boldsymbol{\beta}_3=\boldsymbol{0},$$

即

$$k_1(\boldsymbol{\alpha}_1+\boldsymbol{\alpha}_2)+k_2(\boldsymbol{\alpha}_2+\boldsymbol{\alpha}_3)+k_3(\boldsymbol{\alpha}_3+\boldsymbol{\alpha}_1)=\boldsymbol{0}.$$

整理得

$$(k_1+k_3)\boldsymbol{\alpha}_1+(k_1+k_2)\boldsymbol{\alpha}_2+(k_2+k_3)\boldsymbol{\alpha}_3=\boldsymbol{0},$$

因为 $\boldsymbol{\alpha}_1,\boldsymbol{\alpha}_2,\boldsymbol{\alpha}_3$ 线性无关，所以

$$\begin{cases}k_1+k_3=0\\k_1+k_2=0.\\k_2+k_3=0\end{cases}$$

该方程组的系数矩阵为

$$\boldsymbol{K}=\begin{pmatrix}1&0&1\\1&1&0\\0&1&1\end{pmatrix}.$$

容易计算得到$|\boldsymbol{K}|=2\neq 0$，故齐次方程组只有零解：$k_1=k_2=k_3=0$，所以向量组$\boldsymbol{\beta}_1,\boldsymbol{\beta}_2,\boldsymbol{\beta}_3$线性无关.

（证法二） 将两个向量组的线性表示写成矩阵形式：

$$(\boldsymbol{\beta}_1,\boldsymbol{\beta}_2,\boldsymbol{\beta}_3)=(\boldsymbol{\alpha}_1,\boldsymbol{\alpha}_2,\boldsymbol{\alpha}_3)\begin{pmatrix}1&0&1\\1&1&0\\0&1&1\end{pmatrix},$$

记作

$$\boldsymbol{B}=\boldsymbol{A}\boldsymbol{K}.$$

考虑齐次方程组$\boldsymbol{Bx}=\boldsymbol{0}$. 若该方程组只有零解，说明向量组$\boldsymbol{\beta}_1,\boldsymbol{\beta}_2,\boldsymbol{\beta}_3$线性无关. 将$\boldsymbol{B}=\boldsymbol{AK}$代入线性方程组，得到

$$\boldsymbol{AKx}=\boldsymbol{0}\Leftrightarrow \boldsymbol{A}(\boldsymbol{Kx})=\boldsymbol{0}.$$

因为矩阵$\boldsymbol{A}$的列向量组线性无关，所以$\boldsymbol{A}$列满秩，所以$\boldsymbol{Kx}=\boldsymbol{0}$. 因为$|\boldsymbol{K}|=2\neq 0$，所以$\boldsymbol{x}=\boldsymbol{0}$，也即$\boldsymbol{Bx}=\boldsymbol{0}$只有零解，所以向量组$\boldsymbol{\beta}_1,\boldsymbol{\beta}_2,\boldsymbol{\beta}_3$线性无关.

（证法三） 将两个向量组的线性表示写成矩阵形式：

$$(\boldsymbol{\beta}_1,\boldsymbol{\beta}_2,\boldsymbol{\beta}_3)=(\boldsymbol{\alpha}_1,\boldsymbol{\alpha}_2,\boldsymbol{\alpha}_3)\begin{pmatrix}1&0&1\\1&1&0\\0&1&1\end{pmatrix},$$

记作

$$\boldsymbol{B}=\boldsymbol{A}\boldsymbol{K}.$$

因为方阵$r(\boldsymbol{K})=3$可逆，所以$r(\boldsymbol{B})=r(\boldsymbol{A})$. 因为矩阵$\boldsymbol{A}$的列向量组线性无关，所以$r(\boldsymbol{A})=3$，也即$r(\boldsymbol{B})=3$，所以向量组$\boldsymbol{\beta}_1,\boldsymbol{\beta}_2,\boldsymbol{\beta}_3$线性无关.

证法一是利用向量组线性无关的定义，通过向量的运算转化为以$\boldsymbol{K}$为系数矩阵的齐次线性方程组，再转化为证明该齐次方程组只有零解；证法二与证法三是将向量组之间的线性表示转化为矩阵形式，得到线性表示的系数矩阵$\boldsymbol{K}$，其中，证法二将向量组线性无关的问题转化为齐次方程组只有零解，而证法三利用了矩阵秩的知识，直接绕开了线性方程组而得到结论. 这三种证法是讨论向量组线性相关性的常见方法，读者应该熟练掌握.

关于向量组的线性相关性，下面介绍一些常见的重要结论.

定理 4.6 关于向量组，有：

（1）若向量组中的一部分向量（部分组）是线性相关的，那么整个向量组也是线性相关的；反之，如果一个向量组是线性无关的，那么它的任一部分组也是线性无关的.

（2）若一个向量组是线性无关的，加入一个向量之后，变得线性相关，那么新加入的向量一定能够被原来的向量线性表示，且表示法唯一.

证明 （1）设有向量组$\boldsymbol{\alpha}_1,\boldsymbol{\alpha}_2,\cdots,\boldsymbol{\alpha}_n$，不失一般性，假设其前$m$个向量$\boldsymbol{\alpha}_1,\boldsymbol{\alpha}_2,\cdots,\boldsymbol{\alpha}_m$是线性相关的，则存在不全为零的$m$个数$k_1,k_2,\cdots,k_m$，使得

$$k_1\boldsymbol{\alpha}_1+k_2\boldsymbol{\alpha}_2+\cdots+k_m\boldsymbol{\alpha}_m=\boldsymbol{0}.$$

那么有

$$k_1\boldsymbol{\alpha}_1+k_2\boldsymbol{\alpha}_2+\cdots+k_m\boldsymbol{\alpha}_m+0\cdot\boldsymbol{\alpha}_{m+1}+\cdots+0\cdot\boldsymbol{\alpha}_n=\boldsymbol{0}.$$

由于 $k_1, k_2, \cdots, k_m, 0, \cdots, 0$ 这 n 个数不全为零，所以向量组 $\boldsymbol{\alpha}_1, \boldsymbol{\alpha}_2, \cdots, \boldsymbol{\alpha}_n$ 也是线性相关的.

后半部分是前半部分的逆否命题.

特别地，含有零向量的向量组是线性相关的.

(2)假设向量组 $\boldsymbol{\alpha}_1, \boldsymbol{\alpha}_2, \cdots, \boldsymbol{\alpha}_n$ 线性无关，$\boldsymbol{\alpha}_1, \boldsymbol{\alpha}_2, \cdots, \boldsymbol{\alpha}_n, \boldsymbol{\beta}$ 线性相关，则存在不全为零的 $n+1$ 个数 $k_1, k_2, \cdots, k_n, k_{n+1}$，使得

$$k_1\boldsymbol{\alpha}_1 + k_2\boldsymbol{\alpha}_2 + \cdots + k_n\boldsymbol{\alpha}_n + k_{n+1}\boldsymbol{\beta} = \mathbf{0}.$$

若 $k_{n+1} = 0$，那么 $k_1, k_2, \cdots, k_n$ 中至少有一个不为零，且

$$k_1\boldsymbol{\alpha}_1 + k_2\boldsymbol{\alpha}_2 + \cdots + k_n\boldsymbol{\alpha}_n = \mathbf{0},$$

也即存在不全为零的 n 个数 $k_1, k_2, \cdots, k_n$，使得 $\boldsymbol{\alpha}_1, \cdots, \boldsymbol{\alpha}_n$ 线性组合为零向量，这与假设 $\boldsymbol{\alpha}_1, \boldsymbol{\alpha}_2, \cdots, \boldsymbol{\alpha}_n$ 线性无关矛盾. 所以 $k_{n+1} \neq 0$. 因此有

$$\boldsymbol{\beta} = -\frac{k_1}{k_{n+1}}\boldsymbol{\alpha}_1 - \frac{k_2}{k_{n+1}}\boldsymbol{\alpha}_2 \cdots - \frac{k_n}{k_{n+1}}\boldsymbol{\alpha}_n.$$

所以新加入的向量 $\boldsymbol{\beta}$ 能够被原来的向量 $\boldsymbol{\alpha}_1, \boldsymbol{\alpha}_2, \cdots, \boldsymbol{\alpha}_n$ 线性表示.

现证表示法唯一.

设 $\boldsymbol{\beta}$ 被 $\boldsymbol{\alpha}_1, \boldsymbol{\alpha}_2, \cdots, \boldsymbol{\alpha}_n$ 线性表示的任意两种表示方法为

$$\boldsymbol{\beta} = c_1\boldsymbol{\alpha}_1 + c_2\boldsymbol{\alpha}_2 + \cdots + c_n\boldsymbol{\alpha}_n,$$
$$\boldsymbol{\beta} = d_1\boldsymbol{\alpha}_1 + d_2\boldsymbol{\alpha}_2 + \cdots + d_n\boldsymbol{\alpha}_n,$$

两式相减得

$$(c_1 - d_1)\boldsymbol{\alpha}_1 + (c_2 - d_2)\boldsymbol{\alpha}_2 + \cdots + (c_n - d_n)\boldsymbol{\alpha}_n = \mathbf{0}.$$

因为 $\boldsymbol{\alpha}_1, \boldsymbol{\alpha}_2, \cdots, \boldsymbol{\alpha}_n$ 线性无关，所以

$$c_1 = d_1,\quad c_2 = d_2,\quad \cdots,\quad c_n = d_n,$$

也即 $\boldsymbol{\beta}$ 的表示法唯一.

证毕.

例 4.8　设向量组 $\boldsymbol{\alpha}_1, \boldsymbol{\alpha}_2, \boldsymbol{\alpha}_3$ 线性相关，向量组 $\boldsymbol{\alpha}_2, \boldsymbol{\alpha}_3, \boldsymbol{\alpha}_4$ 线性无关，求证：

(1) $\boldsymbol{\alpha}_1$ 能够被 $\boldsymbol{\alpha}_2, \boldsymbol{\alpha}_3$ 线性表示；

(2) $\boldsymbol{\alpha}_4$ 不能由 $\boldsymbol{\alpha}_1, \boldsymbol{\alpha}_2, \boldsymbol{\alpha}_3$ 线性表示.

证明　(1) 因为向量组 $\boldsymbol{\alpha}_2, \boldsymbol{\alpha}_3, \boldsymbol{\alpha}_4$ 线性无关，由定理 4.6 结论 (1)，那么 $\boldsymbol{\alpha}_2, \boldsymbol{\alpha}_3$ 也是线性无关的. 又因为 $\boldsymbol{\alpha}_1, \boldsymbol{\alpha}_2, \boldsymbol{\alpha}_3$ 线性相关，由定理 4.6 结论 (2)，新加入的向量 $\boldsymbol{\alpha}_1$ 一定能够被 $\boldsymbol{\alpha}_2, \boldsymbol{\alpha}_3$ 线性表示.

(2) 假设 $\boldsymbol{\alpha}_4$ 能够被 $\boldsymbol{\alpha}_1, \boldsymbol{\alpha}_2, \boldsymbol{\alpha}_3$ 线性表示，又由上一问知，$\boldsymbol{\alpha}_1$ 能够被 $\boldsymbol{\alpha}_2, \boldsymbol{\alpha}_3$ 线性表示，实际上也就是 $\boldsymbol{\alpha}_4$ 能够被 $\boldsymbol{\alpha}_2, \boldsymbol{\alpha}_3$ 线性表示，这与向量组 $\boldsymbol{\alpha}_2, \boldsymbol{\alpha}_3, \boldsymbol{\alpha}_4$ 线性无关矛盾，所以 $\boldsymbol{\alpha}_4$ 不能够被 $\boldsymbol{\alpha}_1, \boldsymbol{\alpha}_2, \boldsymbol{\alpha}_3$ 线性表示.

在两个向量组之间，有如下重要结论：

定理 4.7　有向量组 $A: \boldsymbol{\alpha}_1, \boldsymbol{\alpha}_2, \cdots, \boldsymbol{\alpha}_t$；向量组 $B: \boldsymbol{\beta}_1, \boldsymbol{\beta}_2, \cdots, \boldsymbol{\beta}_s$，如果满足：

(1) 向量组 A 能够被向量组 B 线性表示；

（2）$t>s$，

那么向量组 A 一定线性相关.

证明 设有 t 个实数 $k_1,k_2,\cdots,k_t$ 使得

$$k_1\boldsymbol{\alpha}_1+k_2\boldsymbol{\alpha}_2+\cdots+k_t\boldsymbol{\alpha}_t=\mathbf{0}\,, \tag{4-1}$$

由于向量组 A 能够被向量组 B 线性表示，设表示式为

$$\boldsymbol{\alpha}_j=c_{1j}\boldsymbol{\beta}_1+c_{2j}\boldsymbol{\beta}_2+\cdots+c_{sj}\boldsymbol{\beta}_s\,,\quad j=1,2,\cdots,t\,,$$

将其代入式（4-1）有

$$\begin{aligned}&k_1(c_{11}\boldsymbol{\beta}_1+c_{21}\boldsymbol{\beta}_2+\cdots+c_{s1}\boldsymbol{\beta}_s)+k_2(c_{12}\boldsymbol{\beta}_1+c_{22}\boldsymbol{\beta}_2+\cdots+c_{s2}\boldsymbol{\beta}_s)+\cdots+\\&k_t(c_{1t}\boldsymbol{\beta}_1+c_{2t}\boldsymbol{\beta}_2+\cdots+c_{st}\boldsymbol{\beta}_s)=\mathbf{0}.\end{aligned} \tag{4-2}$$

整理得

$$\begin{aligned}&(c_{11}k_1+c_{12}k_2+\cdots+c_{1t}k_t)\boldsymbol{\beta}_1+(c_{21}k_1+c_{22}k_2+\cdots+c_{2t}k_t)\boldsymbol{\beta}_2+\cdots+\\&(c_{s1}k_1+c_{s2}k_2+\cdots+c_{st}k_t)\boldsymbol{\beta}_s=\mathbf{0}.\end{aligned} \tag{4-3}$$

令 $\boldsymbol{\beta}_i\ (i=1,2,\cdots,s)$ 前的系数全部为零，有

$$\begin{cases}c_{11}k_1+c_{12}k_2+\cdots+c_{1t}k_t=0\\c_{21}k_1+c_{22}k_2+\cdots+c_{2t}k_t=0\\\qquad\cdots\cdots\cdots\\c_{s1}k_1+c_{s2}k_2+\cdots+c_{st}k_t=0\end{cases}. \tag{4-4}$$

观察关于未知数 $k_1,k_2,\cdots,k_t$ 的齐次线性方程组（4-4），由于 $t>s$，即未知数的个数大于方程的个数，所以齐次方程组（4-4）有非零解，也即存在一组不全为零的数 $k_1,k_2,\cdots,k_t$，使得式（4-3）成立，也即使得式（4-2）成立，也即使得式（4-1）成立，也即向量组 A 线性相关.

证毕.

将定理 4.7 换一下说法，可得：

推论 若向量组 $\boldsymbol{\alpha}_1,\boldsymbol{\alpha}_2,\cdots,\boldsymbol{\alpha}_t$ 可由向量组 $\boldsymbol{\beta}_1,\boldsymbol{\beta}_2,\cdots,\boldsymbol{\beta}_s$ 线性表示，且 $\boldsymbol{\alpha}_1,\boldsymbol{\alpha}_2,\cdots,\boldsymbol{\alpha}_t$ 线性无关，那么 $t\leqslant s$.

习题 4.2

1. 判断下列向量组是线性相关还是线性无关.

（1）$\boldsymbol{\alpha}_1=(-1,3,1)^{\mathrm{T}}$，$\boldsymbol{\alpha}_2=(2,1,0)^{\mathrm{T}}$，$\boldsymbol{\alpha}_3=(1,4,1)^{\mathrm{T}}$；

（2）$\boldsymbol{\alpha}_1=(2,3,0)^{\mathrm{T}}$，$\boldsymbol{\alpha}_2=(-1,4,0)^{\mathrm{T}}$，$\boldsymbol{\alpha}_3=(0,0,2)^{\mathrm{T}}$；

（3）$\boldsymbol{\alpha}_1=(1,1,-1,1)^{\mathrm{T}}$，$\boldsymbol{\alpha}_2=(1,-1,2,-1)^{\mathrm{T}}$，$\boldsymbol{\alpha}_3=(3,1,0,1)^{\mathrm{T}}$.

2. a 取何值时，向量组 $\boldsymbol{\alpha}_1=(a,1,1)^{\mathrm{T}}$，$\boldsymbol{\alpha}_2=(1,a,-1)^{\mathrm{T}}$，$\boldsymbol{\alpha}_3=(1,-1,a)^{\mathrm{T}}$ 线性相关？线性无关？

3. 设向量组 $\boldsymbol{\alpha}_1,\boldsymbol{\alpha}_2,\boldsymbol{\alpha}_3$ 线性无关，判断向量组 $\boldsymbol{\beta}_1,\boldsymbol{\beta}_2,\boldsymbol{\beta}_3$ 的线性相关性.

（1）$\boldsymbol{\beta}_1=\boldsymbol{\alpha}_1+\boldsymbol{\alpha}_2$，$\boldsymbol{\beta}_2=2\boldsymbol{\alpha}_2+3\boldsymbol{\alpha}_3$，$\boldsymbol{\beta}_3=5\boldsymbol{\alpha}_1+3\boldsymbol{\alpha}_2$；

（2）$\boldsymbol{\beta}_1=\boldsymbol{\alpha}_1+2\boldsymbol{\alpha}_2+3\boldsymbol{\alpha}_3$，$\boldsymbol{\beta}_2=2\boldsymbol{\alpha}_1+2\boldsymbol{\alpha}_2+4\boldsymbol{\alpha}_3$，$\boldsymbol{\beta}_3=3\boldsymbol{\alpha}_1+\boldsymbol{\alpha}_2+3\boldsymbol{\alpha}_3$.

4. 设 $\boldsymbol{\beta}_1=\boldsymbol{\alpha}_1+\boldsymbol{\alpha}_2$，$\boldsymbol{\beta}_2=\boldsymbol{\alpha}_2+\boldsymbol{\alpha}_3$，$\boldsymbol{\beta}_3=\boldsymbol{\alpha}_3+\boldsymbol{\alpha}_4$，$\boldsymbol{\beta}_4=\boldsymbol{\alpha}_4+\boldsymbol{\alpha}_1$，证明向量组 $\boldsymbol{\beta}_1,\boldsymbol{\beta}_2,\boldsymbol{\beta}_3,\boldsymbol{\beta}_4$ 线

性相关.

5. 已知向量组 $\boldsymbol{\alpha}_1,\boldsymbol{\alpha}_2,\cdots,\boldsymbol{\alpha}_s$ 线性无关，$\boldsymbol{\beta}_1=\boldsymbol{\alpha}_1$，$\boldsymbol{\beta}_2=\boldsymbol{\alpha}_1+\boldsymbol{\alpha}_2$，$\cdots$，$\boldsymbol{\beta}_s=\boldsymbol{\alpha}_1+\boldsymbol{\alpha}_2+\cdots+\boldsymbol{\alpha}_s$，证明向量组 $\boldsymbol{\beta}_1,\boldsymbol{\beta}_2,\cdots,\boldsymbol{\beta}_s$ 线性无关.

6. 举例说明下列各命题是错误的.

（1）若向量组 $\boldsymbol{\alpha}_1,\boldsymbol{\alpha}_2,\cdots,\boldsymbol{\alpha}_m$ 是线性相关的，则 $\boldsymbol{\alpha}_1$ 可以由 $\boldsymbol{\alpha}_2,\cdots,\boldsymbol{\alpha}_m$ 线性表示；

（2）若向量组 $\boldsymbol{\alpha}_1,\boldsymbol{\alpha}_2,\cdots,\boldsymbol{\alpha}_m$ $(m\geqslant 2)$ 是线性相关的，则其中任意部分向量组线性相关；

（3）若向量组 $\boldsymbol{\alpha}_1,\boldsymbol{\alpha}_2,\cdots,\boldsymbol{\alpha}_m$ 是线性无关的，则将这 m 个向量各减少一个分量后所得向量组也是线性无关的；

（4）若向量组 $\boldsymbol{\alpha}_1,\boldsymbol{\alpha}_2,\cdots,\boldsymbol{\alpha}_m$ 中任意两个向量都不成比例，那么 $\boldsymbol{\alpha}_1,\boldsymbol{\alpha}_2,\cdots,\boldsymbol{\alpha}_m$ 线性无关.

§4.3　向量组的秩

在学习矩阵的秩时，引入了矩阵的最高阶非零子式，并把它的阶数定义为矩阵的秩. 矩阵的秩在前两节讨论向量的线性表示及线性相关性时起到了重要的作用. 在本节将把秩的概念引入向量组，并探讨向量组和矩阵的秩之间的关系.

首先介绍向量组的极大线性无关组的概念.

定义 4.6　若向量组 $\boldsymbol{\alpha}_1,\boldsymbol{\alpha}_2,\cdots,\boldsymbol{\alpha}_s$ 中的一个部分组 $\boldsymbol{\alpha}_{i_1},\boldsymbol{\alpha}_{i_2},\cdots,\boldsymbol{\alpha}_{i_r}$ $(r\leqslant s)$ 本身是线性无关的，并且向这向量组中任意添加一个向量（如果还有的话），所得的部分组变得线性相关，则称 $\boldsymbol{\alpha}_{i_1},\boldsymbol{\alpha}_{i_2},\cdots,\boldsymbol{\alpha}_{i_r}$ $(r\leqslant s)$ 是向量组 $\boldsymbol{\alpha}_1,\boldsymbol{\alpha}_2,\cdots,\boldsymbol{\alpha}_s$ 的一个**极大线性无关组**.

例如，在向量组 $\boldsymbol{\alpha}_1=(1,0)^{\mathrm{T}}$，$\boldsymbol{\alpha}_2=(0,1)^{\mathrm{T}}$，$\boldsymbol{\alpha}_3=(1,1)^{\mathrm{T}}$，$\boldsymbol{\alpha}_4=(1,2)^{\mathrm{T}}$ 中，$\boldsymbol{\alpha}_1,\boldsymbol{\alpha}_2$ 就是一个极大线性无关组. 同时不难看出 $\boldsymbol{\alpha}_1,\boldsymbol{\alpha}_3$ 也能构成一个极大线性无关组.

由极大线性无关组的定义和上一节定理 4.6 结论（2）可知，一个向量组的每一个向量都可以由它的极大线性无关组线性表示. 这意味着**一个向量组和它的任意一个极大线性无关组是等价的**. 同时由等价关系的传递性可知，**一个向量组的任意两个极大线性无关组都是等价的**.

虽然一个向量组的极大线性无关组可以有很多，但可以得到如下结论：

定理 4.8　一个向量组的极大线性无关组含有相同个数的向量.

证明　设 $B:\boldsymbol{\alpha}_{i_1},\boldsymbol{\alpha}_{i_2},\cdots,\boldsymbol{\alpha}_{i_r}$ 和 $C:\boldsymbol{\alpha}_{j_1},\boldsymbol{\alpha}_{j_2},\cdots,\boldsymbol{\alpha}_{j_t}$ 是一个向量组的两个极大线性无关组，由前面的讨论可知它们是等价的.

由于 B 可以被 C 线性表示，且 B 本身是线性无关的，由上一节推论 4.2 可知，$r\leqslant t$；同理，极大线性无关组 C 可以被 B 线性表示，所以 $r\geqslant t$. 因此有：$r=t$. 证毕.

定义 4.7　向量组 $\boldsymbol{\alpha}_1,\boldsymbol{\alpha}_2,\cdots,\boldsymbol{\alpha}_s$ 的极大线性无关组所含向量的个数，称为**向量组的秩**，记为：$r(\boldsymbol{\alpha}_1,\boldsymbol{\alpha}_2,\cdots,\boldsymbol{\alpha}_s)$.

由于线性无关的向量组的极大线性无关组就是它本身，所以一个向量组线性无关的充分必要条件可以表述为：**它的秩等于它所含向量的个数**.

我们知道，每一个向量组都与它自身的极大线性无关组等价，由等价的传递性知道，**任意两个等价向量组的极大线性无关组也是等价的**，因此，**等价的向量组必有相同的秩**.

还需要指出的是，含有非零向量的向量组一定有极大线性无关组，但是全部由零向量组成的向量组没有极大线性无关组. 我们规定这样的零向量组的秩为零.

例 4.9 全体 n 维向量构成的向量组记为 $\mathbf{R}^n$，求 $\mathbf{R}^n$ 的一个极大线性无关组和它的秩.

解 由例 4.5 知道，n 维单位坐标向量组 $\boldsymbol{\varepsilon}_1,\boldsymbol{\varepsilon}_2,\cdots,\boldsymbol{\varepsilon}_n$ 是线性无关的，同时我们知道任意 $n+1$ 个 n 维向量都是线性相关的，所以 n 维单位坐标向量组是 $\mathbf{R}^n$ 的一个极大线性无关组，所以 $\mathbf{R}^n$ 的秩为 n.

关于向量组的秩和矩阵的秩之间的关系，我们有如下结论：

定理 4.9 矩阵的秩等于它的列向量组的秩，也等于它的行向量组的秩.

证明 设矩阵 $\boldsymbol{A}=(\boldsymbol{\alpha}_1,\boldsymbol{\alpha}_2,\cdots,\boldsymbol{\alpha}_s)_{n\times s}$ 按列分块，并假设 $r(\boldsymbol{A})=r$，那么由矩阵的秩的定义，存在一个 r 阶子式 $D_r\neq 0$. 根据定理 4.5，D_r 所在的 r 列构成的 $n\times r$ 矩阵的秩为 r，故此 r 列线性无关. 又 $\boldsymbol{A}$ 中任意 $r+1$ 阶子式为零，所以 $\boldsymbol{A}$ 中任意 $r+1$ 列构成的 $n\times(r+1)$ 矩阵的秩小于 $r+1$，故 D_r 所在的 r 列加上任何一列必然变得线性相关. 因此，D_r 所在的 r 列是 $\boldsymbol{A}$ 的列向量组的一个极大线性无关组，所以 $\boldsymbol{A}$ 的列向量组的秩为 r.

可以用类似的方法证明矩阵 $\boldsymbol{A}$ 的行向量组的秩也是 r. 证毕.

定理 4.9 告诉我们，矩阵的秩和向量组的秩其实具有深刻的内在联系，其证明过程同时也给出了求向量组的秩以及一个极大线性无关组的方法：将列向量组构成一个矩阵，若 D_r 是矩阵的最高阶非零子式，那么 D_r 所在的列向量组就是向量组的一个极大线性无关组.

例 4.10 求向量组

$$\boldsymbol{\alpha}_1=(2,1,4,3)^{\mathrm{T}},\quad \boldsymbol{\alpha}_2=(-1,1,-6,6)^{\mathrm{T}},\quad \boldsymbol{\alpha}_3=(-1,-2,2,-9)^{\mathrm{T}},\quad \boldsymbol{\alpha}_4=(1,1,-2,7)^{\mathrm{T}},\quad \boldsymbol{\alpha}_5=(2,4,4,9)^{\mathrm{T}}$$

的秩和一个极大线性无关组，并将不属于极大线性无关组的向量用极大线性无关组线性表示.

解 对矩阵 $\boldsymbol{A}=(\boldsymbol{\alpha}_1,\boldsymbol{\alpha}_2,\boldsymbol{\alpha}_3,\boldsymbol{\alpha}_4,\boldsymbol{\alpha}_5)$ 作初等行变换，化为阶梯形矩阵：

$$\boldsymbol{A}=\begin{pmatrix}2&-1&-1&1&2\\1&1&-2&1&4\\4&-6&2&-2&4\\3&6&-9&7&9\end{pmatrix}\xrightarrow[\substack{r_3-4r_2\\ r_4-3r_2}]{r_1-2r_2}\begin{pmatrix}0&-3&3&-1&-6\\1&1&-2&1&4\\0&-10&10&-6&-12\\0&3&-3&4&-3\end{pmatrix}\xrightarrow[-\frac{1}{2}\times r_3]{r_1\leftrightarrow r_2}\begin{pmatrix}1&1&-2&1&4\\0&-3&3&-1&-6\\0&5&-5&3&6\\0&3&-3&4&-3\end{pmatrix}$$

$$\xrightarrow[r_4+r_2]{r_3+\frac{5}{3}r_2}\begin{pmatrix}1&1&-2&1&4\\0&-3&3&-1&-6\\0&0&0&\dfrac{4}{3}&-4\\0&0&0&3&-9\end{pmatrix}\xrightarrow[\frac{3}{4}\times r_3]{r_4-\frac{9}{4}r_3}\begin{pmatrix}1&1&-2&1&4\\0&-3&3&-1&-6\\0&0&0&1&-3\\0&0&0&0&0\end{pmatrix}.$$

从阶梯形矩阵可以看出矩阵的秩为 3，所以由定理 4.9，其列向量组的秩也为 3，$\boldsymbol{\alpha}_1,\boldsymbol{\alpha}_2,\boldsymbol{\alpha}_4$ 为其一个极大线性无关组.

进一步通过初等行变换将阶梯形矩阵化为最简形矩阵：

$$\boldsymbol{A}\to\begin{pmatrix}1&0&-1&0&4\\0&1&-1&0&3\\0&0&0&1&-3\\0&0&0&0&0\end{pmatrix}.$$

将上面最简形矩阵记为 $\boldsymbol{B}=(\boldsymbol{\beta}_1,\boldsymbol{\beta}_2,\boldsymbol{\beta}_3,\boldsymbol{\beta}_4,\boldsymbol{\beta}_5)$，而方程 $\boldsymbol{Ax}=\boldsymbol{0}$ 与 $\boldsymbol{Bx}=\boldsymbol{0}$ 是同解的，也即

$$x_1\boldsymbol{\alpha}_1+x_2\boldsymbol{\alpha}_2+x_3\boldsymbol{\alpha}_3+x_4\boldsymbol{\alpha}_4+x_5\boldsymbol{\alpha}_5=\boldsymbol{0}$$

与

$$x_1\boldsymbol{\beta}_1+x_2\boldsymbol{\beta}_2+x_3\boldsymbol{\beta}_3+x_4\boldsymbol{\beta}_4+x_5\boldsymbol{\beta}_5=\boldsymbol{0}$$

同解，所以 $\boldsymbol{\alpha}_1,\boldsymbol{\alpha}_2,\boldsymbol{\alpha}_3,\boldsymbol{\alpha}_4,\boldsymbol{\alpha}_5$ 之间的线性关系与 $\boldsymbol{\beta}_1,\boldsymbol{\beta}_2,\boldsymbol{\beta}_3,\boldsymbol{\beta}_4,\boldsymbol{\beta}_5$ 之间的线性关系相同. 而从矩阵 $\boldsymbol{B}$ 中可以看出

$$\boldsymbol{\beta}_3=-\boldsymbol{\beta}_1-\boldsymbol{\beta}_2,\quad \boldsymbol{\beta}_5=4\boldsymbol{\beta}_1+3\boldsymbol{\beta}_2-3\boldsymbol{\beta}_4,$$

所以

$$\boldsymbol{\alpha}_3=-\boldsymbol{\alpha}_1-\boldsymbol{\alpha}_2,\quad \boldsymbol{\alpha}_5=4\boldsymbol{\alpha}_1+3\boldsymbol{\alpha}_2-3\boldsymbol{\alpha}_4.$$

习题 4.3

1. 求下列向量组的秩，并求一个极大线性无关组，再将其余的向量用极大线性无关组线性表示.

（1）$\boldsymbol{\alpha}_1=(1,-2,5)^{\mathrm{T}}$，$\boldsymbol{\alpha}_2=(3,2,-1)^{\mathrm{T}}$，$\boldsymbol{\alpha}_3=(3,10,-17)^{\mathrm{T}}$；

（2）$\boldsymbol{\alpha}_1=(1,3,-5,1)^{\mathrm{T}}$，$\boldsymbol{\alpha}_2=(2,6,1,4)^{\mathrm{T}}$，$\boldsymbol{\alpha}_3=(3,9,7,10)^{\mathrm{T}}$；

（3）$\boldsymbol{\alpha}_1=(1,0,2,1)^{\mathrm{T}}$，$\boldsymbol{\alpha}_2=(1,2,0,1)^{\mathrm{T}}$，$\boldsymbol{\alpha}_3=(2,1,3,0)^{\mathrm{T}}$，$\boldsymbol{\alpha}_4=(2,5,-1,4)^{\mathrm{T}}$，$\boldsymbol{\alpha}_5=(1,-1,3,-1)^{\mathrm{T}}$；

（4）$\boldsymbol{\alpha}_1=(25,75,75,25)^{\mathrm{T}}$，$\boldsymbol{\alpha}_2=(31,94,94,32)^{\mathrm{T}}$，$\boldsymbol{\alpha}_3=(17,53,54,20)^{\mathrm{T}}$，$\boldsymbol{\alpha}_4=(43,132,134,48)^{\mathrm{T}}$.

2. 设向量组 $\boldsymbol{\alpha}_1=(a,3,1)^{\mathrm{T}}$，$\boldsymbol{\alpha}_2=(2,b,3)^{\mathrm{T}}$，$\boldsymbol{\alpha}_3=(1,2,1)^{\mathrm{T}}$，$\boldsymbol{\alpha}_4=(2,3,1)^{\mathrm{T}}$ 的秩为 2，求 a,b 的值.

3. 设

$$\boldsymbol{\alpha}_1=\begin{pmatrix}1+a\\1\\1\\1\end{pmatrix},\quad \boldsymbol{\alpha}_2=\begin{pmatrix}2\\2+a\\2\\2\end{pmatrix},\quad \boldsymbol{\alpha}_3=\begin{pmatrix}3\\3\\3+a\\3\end{pmatrix},\quad \boldsymbol{\alpha}_4=\begin{pmatrix}4\\4\\4\\4+a\end{pmatrix},$$

问：当 a 为何值时，$\boldsymbol{\alpha}_1,\boldsymbol{\alpha}_2,\boldsymbol{\alpha}_3,\boldsymbol{\alpha}_4$ 线性相关？当 $\boldsymbol{\alpha}_1,\boldsymbol{\alpha}_2,\boldsymbol{\alpha}_3,\boldsymbol{\alpha}_4$ 线性相关时，求一个极大线性无关组，并把其余向量用极大线性无关组线性表示.

4. 设向量组 $\boldsymbol{\beta}_1=(0,1,-1)^{\mathrm{T}},\boldsymbol{\beta}_2=(a,2,1)^{\mathrm{T}},\boldsymbol{\beta}_3=(b,1,0)^{\mathrm{T}}$ 与向量组 $\boldsymbol{\alpha}_1=(1,2,-3)^{\mathrm{T}},\boldsymbol{\alpha}_2=(3,0,1)^{\mathrm{T}}$，$\boldsymbol{\alpha}_3=(9,6,-7)^{\mathrm{T}}$ 有相同的秩，$\boldsymbol{\beta}_3$ 能够被 $\boldsymbol{\alpha}_1,\boldsymbol{\alpha}_2,\boldsymbol{\alpha}_3$ 线性表示，求 a,b 的值.

§4.4　线性方程组的解的结构

上一章我们学习了如何利用矩阵的初等行变换求解线性方程组，并建立了线性方程组的解的判定定理. 在系统地学习了向量的线性相关性等知识后，现在再来讨论如何从向量的角度来看待线性方程组的解，也就是线性方程组的解的结构问题. 在只有唯一解的情况下，当然没有什么结构可言，但在有多个解的情形下，其解的结构其实就是解与解之间的关系以及如何用这种关系来描述和刻画线性方程组的所有解.

我们知道，n 元线性方程组的解是 n 维向量，下面我们来考察在解不唯一的情形之下，线性方程组的解向量之间有什么关系.

4.4.1 齐次线性方程组的解的结构

首先讨论齐次线性方程组

$$\boldsymbol{Ax}=\boldsymbol{0}\,, \tag{4-5}$$

其中 $\boldsymbol{A}$ 是系数矩阵，$\boldsymbol{x}$ 是未知量向量. 容易发现，齐次线性方程组的解具有如下两个性质：

性质 4.1 齐次线性方程组（4-5）的两个解之和还是它的解.

证明 设 ξ_1,ξ_2 是方程组（4-5）的两个解，那么

$$A(\xi_1+\xi_2)=A\xi_1+A\xi_2=\boldsymbol{0}+\boldsymbol{0}=\boldsymbol{0}\,.$$

证毕.

性质 4.2 齐次线性方程组（4-5）的解的倍数还是它的解.

证明 设 $\boldsymbol{\xi}$ 是方程组（4-5）的解，k 为任意实数，则由矩阵乘法知识得

$$\boldsymbol{A}(k\boldsymbol{\xi})=k(\boldsymbol{A\xi})=k\cdot\boldsymbol{0}=\boldsymbol{0}\,.$$

证毕.

性质 4.1 和性质 4.2 说明，齐次线性方程组（4-5）的解的线性组合仍然是它的解，也即若 $\boldsymbol{\xi}_1,\boldsymbol{\xi}_2,\cdots,\boldsymbol{\xi}_t$ 是齐次线性方程组（4-5）的解，那么它们的线性组合

$$\boldsymbol{x}=k_1\boldsymbol{\xi}_1+k_2\boldsymbol{\xi}_2+\cdots+k_t\boldsymbol{\xi}_t\,,\ (k_1,k_2,\cdots,k_t\text{ 是任意实数})$$

仍然是齐次线性方程组（4-5）的解.

基于这个推理，结合向量组的基础解系的相关知识，不禁要问：齐次线性方程组（4-5）的全部解是否能由它的有限的几个解线性表示出来？答案是肯定的，为此首先介绍下面的定义：

定义 4.8 齐次线性方程组（4-5）的一组解 $\boldsymbol{\xi}_1,\boldsymbol{\xi}_2,\cdots,\boldsymbol{\xi}_t$ 称为它的一个**基础解系**，如果满足：

（1）齐次线性方程组（4-5）的任意一个解都能表示成 $\boldsymbol{\xi}_1,\boldsymbol{\xi}_2,\cdots,\boldsymbol{\xi}_t$ 的线性组合；

（2）$\boldsymbol{\xi}_1,\boldsymbol{\xi}_2,\cdots,\boldsymbol{\xi}_t$ 线性无关.

应该注意到，条件（2）是为了保证基础解系中没有多余的解.

如果基础解系确实存在,那么齐次线性方程组的一般解或通解就可以很方便地表示出来，下面证明，齐次线性方程组（4-5）确实有基础解系.

定理 4.10 在齐次线性方程组（4-5）有非零解的情形下，它有基础解系，并且基础解系所含解的个数等于 $n-r$，这里 r 为系数矩阵的秩，也即 $r(\boldsymbol{A})=r$（我们将看到，$n-r$ 也就是自由未知量的个数）.

证明 方程组（4-5）的系数矩阵的秩为 r，利用初等行变换将方程组（4-5）的系数矩阵化为最简形矩阵（消元法）. 不失一般性，假设系数矩阵 $\boldsymbol{A}$ 的前 r 列线性无关，则得到

$$A \overset{r}{\sim} \begin{pmatrix} 1 & \cdots & 0 & b_{1,r+1} & \cdots & b_{1n} \\ \vdots & & \vdots & \vdots & & \vdots \\ 0 & \cdots & 1 & b_{r,r+1} & & b_{rn} \\ 0 & & \cdots & \cdots & & 0 \\ \vdots & & & & & \vdots \\ 0 & & \cdots & \cdots & & 0 \end{pmatrix}.$$

即方程组（4-5）等价于

$$\begin{cases} x_1 = -b_{1,r+1}x_{r+1} - \cdots - b_{1n}x_n \\ \cdots\cdots \\ x_r = -b_{r,r+1}x_{r+1} - \cdots - b_{rn}x_n \end{cases}. \tag{4-6}$$

根据前面我们对线性方程组的了解，可将 $x_{r+1}, x_{r+2}, \cdots, x_n$ 称作自由未知量．在式（4-6）中，分别用 $n-r$ 组数

$$(1,0,\cdots,0)\,,\ (0,1,\cdots,0)\,,\ \cdots,\ (0,0,\cdots,1)$$

来代替自由未知量 $(x_{r+1}, x_{r+2}, \cdots, x_n)$，就得到方程组（4-5）的 $n-r$ 个解：

$$\xi_1 = \begin{pmatrix} -b_{1,r+1} \\ -b_{2,r+1} \\ \vdots \\ -b_{r,r+1} \\ 1 \\ 0 \\ \vdots \\ 0 \end{pmatrix},\ \xi_2 = \begin{pmatrix} -b_{1,r+2} \\ -b_{2,r+2} \\ \vdots \\ -b_{r,r+2} \\ 0 \\ 1 \\ \vdots \\ 0 \end{pmatrix},\ \cdots,\ \xi_{n-r} = \begin{pmatrix} -b_{1n} \\ -b_{2n} \\ \vdots \\ -b_{rn} \\ 0 \\ 0 \\ \vdots \\ 1 \end{pmatrix}. \tag{4-7}$$

现在来证明，(4-7) 就是方程组（4-5）的一个基础解系．首先，容易证明 $\xi_1, \xi_2, \cdots, \xi_{n-r}$ 是线性无关的．因为如果

$$k_1\xi_1 + k_2\xi_2 + \cdots + k_{n-r}\xi_{n-r} = \mathbf{0},$$

其系数矩阵 $(\xi_1, \xi_2, \cdots, \xi_{n-r})$ 中有一个 $n-r$ 子式不为零（由后 $n-r$ 行构成），而其秩不超过 $n-r$，所以系数矩阵 $(\xi_1, \xi_2, \cdots, \xi_{n-r})$ 的秩为 $n-r$，所以推出 $k_1 = k_2 = \cdots = k_{n-r} = 0$，故 $\xi_1, \xi_2, \cdots, \xi_{n-r}$ 线性无关.

又因为根据式（4-6），方程组（4-5）的一般解写成向量形式后为

$$\boldsymbol{x} = c_1\xi_1 + c_2\xi_2 + \cdots + c_{n-r}\xi_{n-r}\ (c_1, c_2, \cdots, c_{n-r}\text{ 是任意实数}),$$

所以方程组（4-5）的任意解都可由 $\xi_1, \xi_2, \cdots, \xi_{n-r}$ 线性表示．由基础解系的定义，$\xi_1, \xi_2, \cdots, \xi_{n-r}$ 就是方程组（4-5）的一个基础解系．证毕.

当然，齐次线性方程组的基础解系并不是唯一的，由定义可以证明，**任何一个线性无关的与某一个基础解系等价的向量组都是基础解系**（习题 4.4 第 5 题）．不过定理 4.10 的证明过程给出了如何最通行地寻找齐次线性方程组的基础解系的过程：利用初等行变换将齐次线

性方程组的系数矩阵化为行最简形，得到形如（4-6）式的同解方程组，再令自由未知量 x_{r+1}，$x_{r+2},\cdots,x_n$ 分别取下列 $n-r$ 组数：

$$\begin{pmatrix} x_{r+1} \\ x_{r+2} \\ \vdots \\ x_n \end{pmatrix} = \begin{pmatrix} 1 \\ 0 \\ \vdots \\ 0 \end{pmatrix}, \begin{pmatrix} 0 \\ 1 \\ \vdots \\ 0 \end{pmatrix}, \cdots, \begin{pmatrix} 0 \\ 0 \\ \vdots \\ 1 \end{pmatrix},$$

便可依次得到：

$$\begin{pmatrix} x_1 \\ x_2 \\ \vdots \\ x_r \end{pmatrix} = \begin{pmatrix} -b_{1,r+1} \\ -b_{2,r+1} \\ \vdots \\ -b_{r,r+1} \end{pmatrix}, \begin{pmatrix} -b_{1,r+2} \\ -b_{2,r+2} \\ \vdots \\ -b_{r,r+2} \end{pmatrix}, \cdots, \begin{pmatrix} -b_{1n} \\ -b_{2n} \\ \vdots \\ -b_{rn} \end{pmatrix},$$

合起来便得到基础解系：

$$\boldsymbol{\xi}_1 = \begin{pmatrix} -b_{1,r+1} \\ -b_{2,r+1} \\ \vdots \\ -b_{r,r+1} \\ 1 \\ 0 \\ \vdots \\ 0 \end{pmatrix}, \quad \boldsymbol{\xi}_2 = \begin{pmatrix} -b_{1,r+2} \\ -b_{2,r+2} \\ \vdots \\ -b_{r,r+2} \\ 0 \\ 1 \\ \vdots \\ 0 \end{pmatrix}, \quad \cdots, \quad \boldsymbol{\xi}_{n-r} = \begin{pmatrix} -b_{1n} \\ -b_{2n} \\ \vdots \\ -b_{rn} \\ 0 \\ 0 \\ \vdots \\ 1 \end{pmatrix}.$$

例 4.11 求齐次线性方程组

$$\begin{cases} x_1 + x_2 - x_3 - x_4 = 0 \\ 2x_1 - 5x_2 + 3x_3 + 2x_4 = 0 \\ 7x_1 - 7x_2 + 3x_3 + x_4 = 0 \end{cases}$$

的一个基础解系和通解.

解 对系数矩阵进行初等行变换，化为行最简形矩阵：

$$\boldsymbol{A} = \begin{pmatrix} 1 & 1 & -1 & -1 \\ 2 & -5 & 3 & 2 \\ 7 & -7 & 3 & 1 \end{pmatrix} \xrightarrow[r_3-7r_1]{r_2-2r_1} \begin{pmatrix} 1 & 1 & -1 & -1 \\ 0 & -7 & 5 & 4 \\ 0 & -14 & 10 & 8 \end{pmatrix} \xrightarrow{r_3-2r_2} \begin{pmatrix} 1 & 1 & -1 & -1 \\ 0 & -7 & 5 & 4 \\ 0 & 0 & 0 & 0 \end{pmatrix}$$

$$\xrightarrow{-\frac{1}{7}\times r_2} \begin{pmatrix} 1 & 1 & -1 & -1 \\ 0 & 1 & -\dfrac{5}{7} & -\dfrac{4}{7} \\ 0 & 0 & 0 & 0 \end{pmatrix} \xrightarrow{r_1-r_2} \begin{pmatrix} 1 & 0 & -\dfrac{2}{7} & -\dfrac{3}{7} \\ 0 & 1 & -\dfrac{5}{7} & -\dfrac{4}{7} \\ 0 & 0 & 0 & 0 \end{pmatrix}.$$

得到

$$\begin{cases} x_1 = \dfrac{2}{7}x_3 + \dfrac{3}{7}x_4 \\ x_2 = \dfrac{5}{7}x_3 + \dfrac{4}{7}x_4 \end{cases}.$$

分别令$\begin{pmatrix} x_3 \\ x_4 \end{pmatrix}=\begin{pmatrix} 1 \\ 0 \end{pmatrix},\begin{pmatrix} 0 \\ 1 \end{pmatrix}$，得到基础解系：

$$\boldsymbol{\xi}_1=\begin{pmatrix} \frac{2}{7} \\ \frac{5}{7} \\ 1 \\ 0 \end{pmatrix},\quad \boldsymbol{\xi}_2=\begin{pmatrix} \frac{3}{7} \\ \frac{4}{7} \\ 0 \\ 1 \end{pmatrix}.$$

所以方程组的通解为

$$\boldsymbol{x}=c_1\boldsymbol{\xi}_1+c_2\boldsymbol{\xi}_2\text{，}(c_1,c_2\text{为任意常数}).$$

例 4.12　求齐次线性方程组

$$\begin{cases} x_1+2x_2+x_3-x_4=0 \\ 3x_1+6x_2-x_3-3x_4=0 \\ 5x_1+10x_2+x_3-5x_4=0 \end{cases}$$

的基础解系和通解.

解　对系数矩阵进行初等行变换，化为最简形矩阵：

$$\boldsymbol{A}=\begin{pmatrix} 1 & 2 & 1 & -1 \\ 3 & 6 & -1 & -3 \\ 5 & 10 & 1 & -5 \end{pmatrix}\xrightarrow[r_3-5r_1]{r_2-3r_1}\begin{pmatrix} 1 & 2 & 1 & -1 \\ 0 & 0 & -4 & 0 \\ 0 & 0 & -4 & 0 \end{pmatrix}$$
$$\xrightarrow{r_3-r_2}\begin{pmatrix} 1 & 2 & 1 & -1 \\ 0 & 0 & -4 & 0 \\ 0 & 0 & 0 & 0 \end{pmatrix}\xrightarrow[r_1-r_2]{-\frac{1}{4}\times r_2}\begin{pmatrix} 1 & 2 & 0 & -1 \\ 0 & 0 & 1 & 0 \\ 0 & 0 & 0 & 0 \end{pmatrix}.$$

此时得到的同解方程组为

$$\begin{cases} x_1=-2x_2+x_4 \\ x_3=0 \end{cases}.$$

x_2,x_4为自由未知量，分别令$\begin{pmatrix} x_2 \\ x_4 \end{pmatrix}=\begin{pmatrix} 1 \\ 0 \end{pmatrix},\begin{pmatrix} 0 \\ 1 \end{pmatrix}$，得到$\begin{pmatrix} x_1 \\ x_3 \end{pmatrix}=\begin{pmatrix} -2 \\ 0 \end{pmatrix},\begin{pmatrix} 1 \\ 0 \end{pmatrix}$，故得到基础解系

$$\boldsymbol{\xi}_1=\begin{pmatrix} -2 \\ 1 \\ 0 \\ 0 \end{pmatrix},\quad \boldsymbol{\xi}_2=\begin{pmatrix} 1 \\ 0 \\ 0 \\ 1 \end{pmatrix}.$$

方程组的通解为

$$\boldsymbol{x}=c_1\boldsymbol{\xi}_1+c_2\boldsymbol{\xi}_2\text{，}(c_1,c_2\text{为任意常数}).$$

例 4.13　设$\boldsymbol{A}_{m\times n}\boldsymbol{B}_{n\times s}=\boldsymbol{O}_{m\times s}$，求证：$r(\boldsymbol{A})+r(\boldsymbol{B})\leqslant n$.

证明 设 $r(\boldsymbol{A})=r\leqslant n$，$\boldsymbol{B}=(\boldsymbol{b}_1,\boldsymbol{b}_2,\cdots,\boldsymbol{b}_s)$，$\boldsymbol{b}_i\ (i=1,2,\cdots,s)$ 为矩阵 $\boldsymbol{B}$ 的列，则

$$\boldsymbol{AB}=\boldsymbol{O}\Leftrightarrow \boldsymbol{A}(\boldsymbol{b}_1,\boldsymbol{b}_2,\cdots,\boldsymbol{b}_s)=(\boldsymbol{0},\boldsymbol{0},\cdots,\boldsymbol{0})$$
$$\Leftrightarrow \boldsymbol{A}\boldsymbol{b}_i=\boldsymbol{0}\ (i=1,2,\cdots,s).$$

也即矩阵 $\boldsymbol{B}$ 的每一列都是齐次线性方程组

$$\boldsymbol{Ax}=\boldsymbol{0} \tag{4-8}$$

的解.

由于 $r(\boldsymbol{A})=r\leqslant n$，当 $r(\boldsymbol{A})=n$ 时，方程组（4-8）只有零解，也即 $\boldsymbol{B}$ 为零矩阵，所以 $r(\boldsymbol{B})=0$，也即

$$r(\boldsymbol{A})+r(\boldsymbol{B})=n+0=n;$$

当 $r(\boldsymbol{A})=r<n$ 时，方程组（4-8）的基础解系含有 $n-r$ 个线性无关的解向量，所以向量组 $\boldsymbol{b}_1,\boldsymbol{b}_2,\cdots,\boldsymbol{b}_s$ 的秩不超过 $n-r$，也即 $r(\boldsymbol{B})=r(\boldsymbol{b}_1,\boldsymbol{b}_2,\cdots,\boldsymbol{b}_s)\leqslant n-r$，所以：

$$r(\boldsymbol{A})+r(\boldsymbol{B})\leqslant r+n-r=n.$$

综上，得到 $r(\boldsymbol{A})+r(\boldsymbol{B})\leqslant n$.

4.4.2 非齐次线性方程组的解的结构

现在来讨论更为一般的线性方程组

$$\boldsymbol{Ax}=\boldsymbol{b}. \tag{4-9}$$

显然，若常数项向量 $\boldsymbol{b}$ 为零向量，则方程组（4-9）变为齐次线性方程组（4-5），此时，称齐次线性方程组（4-5）为非齐次线性方程组（4-9）的**导出组**. 非齐次线性方程组（4-9）的解与它的导出组（4-5）的解之间有着密切的联系.

性质 4.3 非齐次线性方程组（4-9）的两个解之差是它的导出组（4-5）的解.

证明 设 $\boldsymbol{A\eta}_1=\boldsymbol{b}$，$\boldsymbol{A\eta}_2=\boldsymbol{b}$，则

$$\boldsymbol{A}(\boldsymbol{\eta}_1-\boldsymbol{\eta}_2)=\boldsymbol{A\eta}_1-\boldsymbol{A\eta}_2=\boldsymbol{b}-\boldsymbol{b}=\boldsymbol{0}.$$

证毕.

性质 4.4 非齐次线性方程组（4-9）的一个解与它的导出组（4-5）的一个解之和还是方程组（4-9）的解.

证明 设 $\boldsymbol{A\eta}=\boldsymbol{b}$，$\boldsymbol{A\xi}=\boldsymbol{0}$，则

$$\boldsymbol{A}(\boldsymbol{\eta}+\boldsymbol{\xi})=\boldsymbol{A\eta}+\boldsymbol{A\xi}=\boldsymbol{b}+\boldsymbol{0}=\boldsymbol{b}.$$

证毕.

由这两个性质可以推导出如下定理.

定理 4.11　如果求得非齐次线性方程组（4-9）的某一个解 $\boldsymbol{\eta}_0$（称为**特解**），那么方程组（4-9）的任一解可以表示为

$$\boldsymbol{x}=\boldsymbol{\eta}_0+c_1\boldsymbol{\xi}_1+c_2\boldsymbol{\xi}_2+\cdots+c_{n-r}\boldsymbol{\xi}_{n-r}\,, \tag{4-10}$$

其中 $\boldsymbol{\xi}_1,\boldsymbol{\xi}_2,\cdots,\boldsymbol{\xi}_{n-r}$ 是非齐次线性方程组（4-9）所对应的导出组（4-5）的一个基础解系，$c_1,c_2,\cdots,c_{n-r}$ 为任意常数.

证明　设 $\boldsymbol{x}$ 是非齐次线性方程组（4-9）的任一解，则

$$\boldsymbol{x}=\boldsymbol{\eta}_0+(\boldsymbol{x}-\boldsymbol{\eta}_0)\,.$$

由性质 4.3 可知，$\boldsymbol{x}-\boldsymbol{\eta}_0$ 是它的导出组（4-5）的一个解，故

$$\boldsymbol{x}-\boldsymbol{\eta}_0=c_1\boldsymbol{\xi}_1+c_2\boldsymbol{\xi}_2+\cdots+c_{n-r}\boldsymbol{\xi}_{n-r}\,,$$

也即

$$\boldsymbol{x}=\boldsymbol{\eta}_0+c_1\boldsymbol{\xi}_1+c_2\boldsymbol{\xi}_2+\cdots+c_{n-r}\boldsymbol{\xi}_{n-r}\,.$$

既然非齐次线性方程组（4-9）的任一解都可以写成上面的形式，那么当 $c_1,c_2,\cdots,c_{n-r}$ 跑遍所有实数时，上式就取遍了方程组（4-9）的所有解．证毕.

例 4.14　求解线性方程组：

$$\begin{cases}x_1+x_2-3x_3-x_4=1\\3x_1-x_2-3x_3+4x_4=4\\x_1+5x_2-9x_3-8x_4=0\end{cases}.$$

解　对方程组的增广矩阵进行初等行变换：

$$(\boldsymbol{A},\boldsymbol{b})=\begin{pmatrix}1&1&-3&-1&1\\3&-1&-3&4&4\\1&5&-9&-8&0\end{pmatrix}\xrightarrow[r_3-r_1]{r_2-3r_1}\begin{pmatrix}1&1&-3&-1&1\\0&-4&6&7&1\\0&4&-6&-7&-1\end{pmatrix}\xrightarrow{r_3+r_2}\begin{pmatrix}1&1&-3&-1&1\\0&-4&6&7&1\\0&0&0&0&0\end{pmatrix}.$$

可知，系数矩阵的秩等于增广矩阵的秩等于 2，小于未知量的个数，所以它有无穷多解．进一步化为行最简形：

$$(\boldsymbol{A},\boldsymbol{b})\to\begin{pmatrix}1&0&-\dfrac{3}{2}&\dfrac{3}{4}&\dfrac{5}{4}\\0&1&-\dfrac{3}{2}&-\dfrac{7}{4}&-\dfrac{1}{4}\\0&0&0&0&0\end{pmatrix}.$$

得到同解方程组

$$\begin{cases}x_1=\dfrac{3}{2}x_3-\dfrac{3}{4}x_4+\dfrac{5}{4}\\x_2=\dfrac{3}{2}x_3+\dfrac{7}{4}x_4-\dfrac{1}{4}\end{cases}.$$

令 $x_3=x_4=0$，得到线性方程组的一个特解 $\boldsymbol{\eta}_0=\left(\frac{5}{4},-\frac{1}{4},0,0\right)^{\mathrm{T}}$．方程组所对应的导出组为

$$\begin{cases}x_1=\frac{3}{2}x_3-\frac{3}{4}x_4\\ x_2=\frac{3}{2}x_3+\frac{7}{4}x_4\end{cases}.$$

所以导出组的一个基础解系为

$$\boldsymbol{\xi}_1=\left(\frac{3}{2},\frac{3}{2},1,0\right)^{\mathrm{T}},\quad \boldsymbol{\xi}_2=\left(-\frac{3}{4},\frac{7}{4},0,1\right)^{\mathrm{T}}.$$

则原方程组的通解为

$$\boldsymbol{x}=\boldsymbol{\eta}_0+c_1\boldsymbol{\xi}_1+c_2\boldsymbol{\xi}_2，(c_1,c_2\text{为任意常数}).$$

例 4.15 $\boldsymbol{\alpha}_1,\boldsymbol{\alpha}_2,\boldsymbol{\alpha}_3$ 为四元线性方程组 $\boldsymbol{Ax}=\boldsymbol{b}$ 的三个解向量，且 $r(\boldsymbol{A})=3$．

（1）若 $\boldsymbol{\alpha}_1=(1,2,3,4)^{\mathrm{T}}$，$\boldsymbol{\alpha}_2+\boldsymbol{\alpha}_3=(4,3,2,1)^{\mathrm{T}}$，求此时方程组 $\boldsymbol{Ax}=\boldsymbol{b}$ 的通解；

（2）若 $\boldsymbol{\alpha}_1+\boldsymbol{\alpha}_2=(2,0,-3,5)^{\mathrm{T}}$，$\boldsymbol{\alpha}_2+\boldsymbol{\alpha}_3=(1,2,-5,7)^{\mathrm{T}}$，求此时方程组 $\boldsymbol{Ax}=\boldsymbol{b}$ 的通解．

解 方程组有解且为四元线性方程组，又 $r(\boldsymbol{A})=3$，所以导出组 $\boldsymbol{Ax}=\boldsymbol{0}$ 的基础解系含有一个线性无关的解向量．

（1）由于 $\boldsymbol{A\alpha}_1=\boldsymbol{b}$，$\boldsymbol{A}(\boldsymbol{\alpha}_2+\boldsymbol{\alpha}_3)=\boldsymbol{A\alpha}_2+\boldsymbol{A\alpha}_3=\boldsymbol{b}+\boldsymbol{b}=2\boldsymbol{b}$，所以有

$$\boldsymbol{A}(\boldsymbol{\alpha}_2+\boldsymbol{\alpha}_3)-\boldsymbol{A}(2\boldsymbol{\alpha}_1)=\boldsymbol{A}(\boldsymbol{\alpha}_2+\boldsymbol{\alpha}_3-2\boldsymbol{\alpha}_1)=\boldsymbol{0}.$$

故

$$\boldsymbol{\xi}=\boldsymbol{\alpha}_2+\boldsymbol{\alpha}_3-2\boldsymbol{\alpha}_1=(4,3,2,1)^{\mathrm{T}}-2(1,2,3,4)^{\mathrm{T}}=(2,-1,-4,-7)^{\mathrm{T}}$$

为 $\boldsymbol{Ax}=\boldsymbol{0}$ 的非零解，也即 $\boldsymbol{Ax}=\boldsymbol{0}$ 的一个基础解系．

根据非齐次线性方程组的解的结构，则 $\boldsymbol{Ax}=\boldsymbol{b}$ 的通解为

$$\boldsymbol{x}=\boldsymbol{\alpha}_1+k\boldsymbol{\xi}=(1,2,3,4)^{\mathrm{T}}+k(2,-1,-4,-7)^{\mathrm{T}}，k\text{ 是任意常数}.$$

（2）因为 $\boldsymbol{A}(\boldsymbol{\alpha}_1+\boldsymbol{\alpha}_2)-\boldsymbol{A}(\boldsymbol{\alpha}_2+\boldsymbol{\alpha}_3)=\boldsymbol{0}$，所以

$$\boldsymbol{\xi}=(\boldsymbol{\alpha}_1+\boldsymbol{\alpha}_2)-(\boldsymbol{\alpha}_2+\boldsymbol{\alpha}_3)=(2,0,-3,5)^{\mathrm{T}}-(1,2,-5,7)^{\mathrm{T}}=(1,-2,2,-2)^{\mathrm{T}}$$

为 $\boldsymbol{Ax}=\boldsymbol{0}$ 的非零解，也即它的一个基础解系．

由于

$$\boldsymbol{A}(\boldsymbol{\alpha}_1+\boldsymbol{\alpha}_2)=2\boldsymbol{b}\Leftrightarrow \boldsymbol{A}\left[\frac{1}{2}(\boldsymbol{\alpha}_1+\boldsymbol{\alpha}_2)\right]=\boldsymbol{b},$$

所以

$$\boldsymbol{\eta}=\frac{1}{2}(\boldsymbol{\alpha}_1+\boldsymbol{\alpha}_2)=\frac{1}{2}(2,0,-3,5)^{\mathrm{T}}=\left(1,0,-\frac{3}{2},\frac{5}{2}\right)^{\mathrm{T}}$$

为 $\boldsymbol{Ax}=\boldsymbol{b}$ 的一个特解.

故 $\boldsymbol{Ax}=\boldsymbol{b}$ 的通解为

$$\boldsymbol{x}=\boldsymbol{\eta}+k\boldsymbol{\xi}=\left(1,0,-\frac{3}{2},\frac{5}{2}\right)^{\mathrm{T}}+k(1,-2,2,-2)^{\mathrm{T}}，\ k\text{是任意常数}.$$

习题 4.4

1. 求下列齐次线性方程组的基础解系和通解.

（1）$\begin{cases}x_1-8x_2+10x_3+2x_4=0\\2x_1+4x_2+5x_3-x_4=0\\3x_1+8x_2+6x_3-2x_4=0\end{cases}$；　（2）$\begin{cases}2x_1-3x_2-2x_3+x_4=0\\3x_1+5x_2+4x_3-2x_4=0\\8x_1+7x_2+6x_3-3x_4=0\end{cases}$；

（3）$\begin{cases}x_1+x_2+x_3+x_4+x_5=0\\3x_1+2x_2+x_3+x_4-3x_5=0\\x_2+2x_3+2x_4+6x_5=0\\5x_1+4x_2+3x_3+3x_4-x_5=0\end{cases}$；　（4）$\begin{cases}x_1+x_2-3x_4-x_5=0\\x_1-x_2+2x_3-x_4=0\\4x_1-2x_2+6x_3+3x_4-4x_5=0\\2x_1+4x_2-2x_3+4x_4-7x_5=0\end{cases}$.

2. 求下列线性方程组的通解.

（1）$\begin{cases}x_1+x_2=5\\2x_1+x_2+x_3+2x_4=1\\5x_1+3x_2+2x_3+2x_4=3\end{cases}$；　（2）$\begin{cases}x_1-5x_2+2x_3-3x_4=11\\5x_1+3x_2+6x_3-x_4=-1\\2x_1+4x_2+2x_3+x_4=-6\end{cases}$.

3. 设四元非齐次线性方程组的系数矩阵的秩为 3，已知 $\boldsymbol{\eta}_1,\boldsymbol{\eta}_2,\boldsymbol{\eta}_3$ 是它的三个解向量，且 $\boldsymbol{\eta}_1=(2,3,4,5)^{\mathrm{T}}$，$\boldsymbol{\eta}_2+\boldsymbol{\eta}_3=(1,2,3,4)^{\mathrm{T}}$，求该方程组的通解.

4. 设矩阵 $\boldsymbol{A}=(\boldsymbol{\alpha}_1,\boldsymbol{\alpha}_2,\boldsymbol{\alpha}_3,\boldsymbol{\alpha}_4)$，其中 $\boldsymbol{\alpha}_2$，$\boldsymbol{\alpha}_3$，$\boldsymbol{\alpha}_4$ 线性无关，$\boldsymbol{\alpha}_1=2\boldsymbol{\alpha}_2-\boldsymbol{\alpha}_3$，向量 $\boldsymbol{b}=\boldsymbol{\alpha}_1+\boldsymbol{\alpha}_2+\boldsymbol{\alpha}_3+\boldsymbol{\alpha}_4$，求方程 $\boldsymbol{Ax}=\boldsymbol{b}$ 的通解.

5. 求证：与基础解系等价的线性无关的向量组也是基础解系.

6. 设 $\boldsymbol{\alpha}_1,\boldsymbol{\alpha}_2,\boldsymbol{\alpha}_3$ 是方程组 $\boldsymbol{Ax}=\boldsymbol{0}$ 的基础解系，证明：

$$\boldsymbol{\beta}_1=\boldsymbol{\alpha}_1+\boldsymbol{\alpha}_2+\boldsymbol{\alpha}_3，\ \boldsymbol{\beta}_2=\boldsymbol{\alpha}_1+2\boldsymbol{\alpha}_2+4\boldsymbol{\alpha}_3，\ \boldsymbol{\beta}_3=\boldsymbol{\alpha}_1+3\boldsymbol{\alpha}_2+9\boldsymbol{\alpha}_3$$

也是方程组的基础解系.

7. 设方程组 $\begin{pmatrix}1&2&1\\2&3&a+2\\1&a&-2\end{pmatrix}\begin{pmatrix}x_1\\x_2\\x_3\end{pmatrix}=\begin{pmatrix}1\\3\\0\end{pmatrix}$，试讨论 a 的取值，使得方程组有唯一解、无解、无穷多解. 当有无穷多解时，求出其通解.

8. 设

$$\boldsymbol{A}=\begin{pmatrix}2&-2&1&3\\9&-5&2&8\end{pmatrix},$$

求一个 4×2 矩阵 $\boldsymbol{B}$，使得 $\boldsymbol{AB}=\boldsymbol{O}$，且 $r(\boldsymbol{B})=2$.

综合练习 4

1. 设 $\boldsymbol{\alpha}_1=(1,2,2)^{\mathrm{T}}$，$\boldsymbol{\alpha}_2=(-3,-1,1)^{\mathrm{T}}$，$\boldsymbol{\alpha}_3=(5,-3,-3)^{\mathrm{T}}$，$\boldsymbol{\beta}=(0,11,5)^{\mathrm{T}}$，问 $\boldsymbol{\beta}$ 能否由 $\boldsymbol{\alpha}_1,\boldsymbol{\alpha}_2,\boldsymbol{\alpha}_3$ 线性表示？若能，求出表达式.

2. 设

$$\boldsymbol{\alpha}_1=(1,-1,2,4)^{\mathrm{T}},\quad \boldsymbol{\alpha}_2=(0,3,2,1)^{\mathrm{T}},\quad \boldsymbol{\alpha}_3=(3,0,7,14)^{\mathrm{T}},\quad \boldsymbol{\alpha}_4=(1,-2,2,0)^{\mathrm{T}},\quad \boldsymbol{\alpha}_5=(2,1,5,10)^{\mathrm{T}},$$

求向量组的一个极大线性无关组，并将其余向量用极大线性无关组线性表示.

3. 设向量组 $\boldsymbol{\alpha}_1=(1,2,-1)^{\mathrm{T}}$，$\boldsymbol{\alpha}_2=(2,0,t)^{\mathrm{T}}$，$\boldsymbol{\alpha}_3=(0,-4,5)^{\mathrm{T}}$ 的秩为 2，求 t 的值.

4. 设向量组 $A:\boldsymbol{\alpha}_1,\boldsymbol{\alpha}_2$；向量组 $B:\boldsymbol{\alpha}_1,\boldsymbol{\alpha}_2,\boldsymbol{\alpha}_3$；向量组 $C:\boldsymbol{\alpha}_1,\boldsymbol{\alpha}_2,\boldsymbol{\alpha}_4$. 三个向量组的秩分别为：$r(\boldsymbol{A})=r(\boldsymbol{B})=2$，$r(\boldsymbol{C})=3$，求向量组 $D:\boldsymbol{\alpha}_1,\boldsymbol{\alpha}_2,2\boldsymbol{\alpha}_3-3\boldsymbol{\alpha}_4$ 的秩.

5. 设

$$\begin{aligned}&\text{向量组 } A:\boldsymbol{\alpha}_1=(1,0,2)^{\mathrm{T}},\quad \boldsymbol{\alpha}_2=(1,1,3)^{\mathrm{T}},\quad \boldsymbol{\alpha}_3=(1,-1,a+2)^{\mathrm{T}},\\&\text{向量组 } B:\boldsymbol{\beta}_1=(1,2,a+3)^{\mathrm{T}},\quad \boldsymbol{\beta}_2=(2,1,a+6)^{\mathrm{T}},\quad \boldsymbol{\beta}_3=(2,1,a+4)^{\mathrm{T}},\end{aligned}$$

问：（1）当 a 取何值时，向量组 A 与向量组 B 等价？

（2）当 a 取何值时，向量组 A 与向量组 B 不等价？

6. 设 $\boldsymbol{\alpha}_1,\boldsymbol{\alpha}_2,\boldsymbol{\alpha}_3$ 线性无关，证明

$$\boldsymbol{\beta}_1=\boldsymbol{\alpha}_1+2\boldsymbol{\alpha}_2,\quad \boldsymbol{\beta}_2=\boldsymbol{\alpha}_2+\boldsymbol{\alpha}_3,\quad \boldsymbol{\beta}_3=\boldsymbol{\alpha}_1-\boldsymbol{\alpha}_2+4\boldsymbol{\alpha}_3$$

线性无关.

7. 设 $\boldsymbol{A}$ 是 n 阶矩阵，$\boldsymbol{\alpha}_1,\boldsymbol{\alpha}_2,\boldsymbol{\alpha}_3$ 是向量组，且 $\boldsymbol{\alpha}_3$ 为非零向量，$\boldsymbol{A}\boldsymbol{\alpha}_1=\boldsymbol{\alpha}_2$，$\boldsymbol{A}\boldsymbol{\alpha}_2=\boldsymbol{\alpha}_3$，$\boldsymbol{A}\boldsymbol{\alpha}_3=\boldsymbol{0}$，求证：$\boldsymbol{\alpha}_1,\boldsymbol{\alpha}_2,\boldsymbol{\alpha}_3$ 线性无关.

8. 设 $\boldsymbol{\alpha}_1,\boldsymbol{\alpha}_2,\boldsymbol{\alpha}_3$ 线性无关，$\boldsymbol{\alpha}_2,\boldsymbol{\alpha}_3,\boldsymbol{\alpha}_4$ 线性相关，求证：$\boldsymbol{\alpha}_4$ 可由 $\boldsymbol{\alpha}_1,\boldsymbol{\alpha}_2,\boldsymbol{\alpha}_3$ 线性表示.

9. 设 $\boldsymbol{\alpha}_1,\boldsymbol{\alpha}_2$ 线性相关，$\boldsymbol{\beta}_1,\boldsymbol{\beta}_2$ 线性相关，试问 $\boldsymbol{\alpha}_1+\boldsymbol{\beta}_1,\boldsymbol{\alpha}_2+\boldsymbol{\beta}_2$ 是否一定线性相关？试举例说明.

10. 设有 n 维向量组 $\boldsymbol{\alpha}_1,\boldsymbol{\alpha}_2,\cdots,\boldsymbol{\alpha}_n$，证明：它们线性无关的充分必要条件是任一 n 维向量都可以由它们线性表示.

11. 设有 n 维向量组 $\boldsymbol{\alpha}_1,\boldsymbol{\alpha}_2,\cdots,\boldsymbol{\alpha}_n$，已知单位坐标向量组 $\boldsymbol{\varepsilon}_1,\boldsymbol{\varepsilon}_2,\cdots,\boldsymbol{\varepsilon}_n$ 可被它们线性表示，求证：$\boldsymbol{\alpha}_1,\boldsymbol{\alpha}_2,\cdots,\boldsymbol{\alpha}_n$ 线性无关.

12. 设 $\boldsymbol{A}$ 为 $n\times m$ 矩阵，$\boldsymbol{B}$ 为 $m\times n$ 矩阵，$m>n$，若 $\boldsymbol{AB}=\boldsymbol{E}$，证明：$\boldsymbol{A}$ 的行向量组线性无关，$\boldsymbol{B}$ 的列向量组线性无关.

13. 已知 $\boldsymbol{\alpha}_1,\boldsymbol{\alpha}_2,\cdots,\boldsymbol{\alpha}_n$ 线性无关，且

$$\begin{cases}\boldsymbol{\beta}_1= & \boldsymbol{\alpha}_2+\boldsymbol{\alpha}_3+\cdots+\boldsymbol{\alpha}_n\\ \boldsymbol{\beta}_2=\boldsymbol{\alpha}_1 & +\boldsymbol{\alpha}_3+\cdots+\boldsymbol{\alpha}_n\\ \cdots\cdots\cdots & \\ \boldsymbol{\beta}_n=\boldsymbol{\alpha}_1+\boldsymbol{\alpha}_2+\cdots+\boldsymbol{\alpha}_{n-1} & \end{cases},$$

求证：向量组 $\boldsymbol{\beta}_1,\boldsymbol{\beta}_2,\cdots,\boldsymbol{\beta}_s$ 线性无关.

14. 求下列方程组的通解.

（1）$\begin{cases} x_1+x_2+x_3+4x_4-3x_5=0 \\ 2x_1+x_2+3x_3+5x_4-5x_5=0 \\ x_1-x_2+3x_3-2x_4-x_5=0 \\ 3x_1+x_2+5x_3+6x_4-7x_5=0 \end{cases}$；　（2）$\begin{cases} x_1+x_2-x_3+2x_4-x_5=0 \\ x_1+x_2+x_3+3x_5=0 \\ x_3+3x_4+6x_5=0 \end{cases}$；

（3）$\begin{cases} x_1+x_3+2x_5=1 \\ x_1+x_2+2x_3+3x_5=3 \\ x_1+x_3+x_4=4 \end{cases}$；　（4）$\begin{cases} 2x_1+3x_2-x_3-5x_4=-2 \\ x_1+2x_2-x_3+x_4=-2 \\ x_1+x_2+x_3+x_4=5 \\ 3x_1+x_2+2x_3+3x_4=4 \end{cases}$.

15. 设 $\boldsymbol{A}=\begin{pmatrix} 1 & 2 & 1 & 2 \\ 0 & 1 & t & t \\ 1 & t & 0 & 1 \end{pmatrix}$，方程组 $\boldsymbol{Ax}=\boldsymbol{0}$ 的基础解系含有两个线性无关的解向量，求方程组 $\boldsymbol{Ax}=\boldsymbol{0}$ 的通解.

16. 设 $\boldsymbol{\eta}^*$ 是非齐次线性方程组 $\boldsymbol{Ax}=\boldsymbol{b}$ 的一个解，$\boldsymbol{\xi}_1,\cdots,\boldsymbol{\xi}_{n-r}$ 是对应的齐次线性方程组的一个基础解系，证明：

（1）$\boldsymbol{\eta}^*,\boldsymbol{\xi}_1,\cdots,\boldsymbol{\xi}_{n-r}$ 线性无关；

（2）$\boldsymbol{\eta}^*,\boldsymbol{\xi}_1+\boldsymbol{\eta}^*,\cdots,\boldsymbol{\xi}_{n-r}+\boldsymbol{\eta}^*$ 线性无关.

17. 设 $\boldsymbol{\eta}_1,\cdots,\boldsymbol{\eta}_s$ 是非齐次线性方程组 $\boldsymbol{Ax}=\boldsymbol{b}$ 的 s 个解，$k_1,\cdots,k_s$ 是 s 个实数，且满足 $k_1+k_2+\cdots+k_s=1$，证明：$\boldsymbol{\eta}=k_1\boldsymbol{\eta}_1+k_2\boldsymbol{\eta}_2+\cdots+k_s\boldsymbol{\eta}_s$ 也是方程组的解.

18. 设 $\boldsymbol{A}$ 为四阶矩阵，$r(\boldsymbol{A})=3$，且 $\boldsymbol{A}$ 的每行元素之和为零，求方程组 $\boldsymbol{Ax}=\boldsymbol{0}$ 的通解.

19. 设方程组

$$\begin{cases} x_1+2x_2-2x_3=0 \\ 2x_1-x_2+\lambda x_3=0 \\ 3x_1+x_2-x_3=0 \end{cases}$$

的系数矩阵为 $\boldsymbol{A}$，又有三阶矩阵 $\boldsymbol{B}\neq\boldsymbol{O}$，且 $\boldsymbol{AB}=\boldsymbol{O}$，求 λ 及 $|\boldsymbol{B}|$.

20. 求一个齐次线性方程组，使它的基础解系为 $\boldsymbol{\xi}_1=(0,1,2,3)^{\mathrm{T}}$，$\boldsymbol{\xi}_2=(3,2,1,0)^{\mathrm{T}}$.

第 5 章 相似矩阵及矩阵的对角化

n 阶矩阵的对角化理论和方法是线性代数的重要组成部分，它在数学和其他许多科学技术领域中都有广泛的应用. 本章主要讨论方阵的特征值和特征向量、方阵的相似对角化等问题，并对其中涉及的向量的内积、长度及正交等知识进行介绍.

§5.1 向量内积与正交矩阵

向量的内积、长度以及正交性等概念及相关知识，是矩阵对角化等理论的重要基础之一，本节将对其相关知识和方法进行介绍.

5.1.1 向量内积

定义 5.1 在 $\mathbf{R}^n$ 中，设向量 $\boldsymbol{\alpha}=(a_1,a_2,\cdots,a_n)^{\mathrm{T}}$，$\boldsymbol{\beta}=(b_1,b_2,\cdots,b_n)^{\mathrm{T}}$，称实数 $a_1b_1+a_2b_2+\cdots+a_nb_n=\sum_{i=1}^{n}a_ib_i$ 为向量 $\boldsymbol{\alpha}$ 和 $\boldsymbol{\beta}$ 的**内积**，记作 $\boldsymbol{\alpha}^{\mathrm{T}}\boldsymbol{\beta}$.

内积是两个向量之间的一种运算，若从矩阵乘法的角度也可将其理解为如下运算：

$$\boldsymbol{\alpha}^{\mathrm{T}}\boldsymbol{\beta}=(a_1,a_2,\cdots,a_n)\begin{pmatrix}b_1\\b_2\\\vdots\\b_n\end{pmatrix}=a_1b_1+a_2b_2+\cdots+a_nb_n=\sum_{i=1}^{n}a_ib_i .$$

例如，设 $\boldsymbol{\alpha}=(1,1,1,1)^{\mathrm{T}}$，$\boldsymbol{\beta}=(1,-2,0,-1)^{\mathrm{T}}$，$\boldsymbol{\gamma}=(3,0,-1,-2)^{\mathrm{T}}$，则

$$\boldsymbol{\alpha}^{\mathrm{T}}\boldsymbol{\beta}=(1,1,1,1)\begin{pmatrix}1\\-2\\0\\-1\end{pmatrix}=-2，\quad \boldsymbol{\alpha}^{\mathrm{T}}\boldsymbol{\gamma}=(1,1,1,1)\begin{pmatrix}3\\0\\-1\\-2\end{pmatrix}=0，\quad \boldsymbol{\alpha}^{\mathrm{T}}\boldsymbol{\alpha}=(1,1,1,1)\begin{pmatrix}1\\1\\1\\1\end{pmatrix}=4，$$

等等.

根据定义 5.1，利用矩阵的运算法则，不难验证，内积具有如下性质：

（1）$\boldsymbol{\alpha}^{\mathrm{T}}\boldsymbol{\beta}=\boldsymbol{\beta}^{\mathrm{T}}\boldsymbol{\alpha}$.

（2）$(k\boldsymbol{\alpha})^{\mathrm{T}}\boldsymbol{\beta}=k\boldsymbol{\alpha}^{\mathrm{T}}\boldsymbol{\beta}$.

（3）$(\boldsymbol{\alpha}+\boldsymbol{\beta})^{\mathrm{T}}\boldsymbol{\gamma}=\boldsymbol{\alpha}^{\mathrm{T}}\boldsymbol{\gamma}+\boldsymbol{\beta}^{\mathrm{T}}\boldsymbol{\gamma}$.

（4）$\boldsymbol{\alpha}^{\mathrm{T}}\boldsymbol{\alpha}\geqslant 0$，当且仅当 $\boldsymbol{\alpha}=\mathbf{0}$ 时，有 $\boldsymbol{\alpha}^{\mathrm{T}}\boldsymbol{\alpha}=0$.

其中 $\boldsymbol{\alpha},\boldsymbol{\beta},\boldsymbol{\gamma}$ 为 $\mathbf{R}^n$ 中的任意向量.

由于对任一向量 $\boldsymbol{\alpha}$，$\boldsymbol{\alpha}^{\mathrm{T}}\boldsymbol{\alpha} \geqslant 0$，因此可引入向量长度的概念.

定义 5.2　对 $\mathbf{R}^n$ 中的向量 $\boldsymbol{\alpha}=(a_1,a_2,\cdots,a_n)^{\mathrm{T}}$，令

$$\|\boldsymbol{\alpha}\|=\sqrt{\boldsymbol{\alpha}^{\mathrm{T}}\boldsymbol{\alpha}}=\sqrt{a_1^2+a_2^2+\cdots+a_n^2},$$

称 $\|\boldsymbol{\alpha}\|$ 为向量 $\boldsymbol{\alpha}$ 的**长度**，也称之为向量 $\boldsymbol{\alpha}$ 的**范数**（或**模**）.

例如，在 $\mathbf{R}^2$ 中，向量 $\boldsymbol{\alpha}=(-4,3)^{\mathrm{T}}$，其长度为

$$\|\boldsymbol{\alpha}\|=\sqrt{\boldsymbol{\alpha}^{\mathrm{T}}\boldsymbol{\alpha}}=\sqrt{(-4)^2+3^2}=5.$$

不难看出，在 $\mathbf{R}^2$ 中，向量 $\boldsymbol{\alpha}$ 的长度就是坐标平面上对应的点到坐标原点的距离.

向量长度具有以下性质：

（1）$\|\boldsymbol{\alpha}\| \geqslant 0$，当且仅当 $\boldsymbol{\alpha}=\mathbf{0}$ 时，有 $\|\boldsymbol{\alpha}\|=0$.

（2）$\|k\boldsymbol{\alpha}\|=k\cdot\|\boldsymbol{\alpha}\|$（$k$ 为实数).

（3）对于任意向量 $\boldsymbol{\alpha}$ 和 $\boldsymbol{\beta}$，有

$$\left|\boldsymbol{\alpha}^{\mathrm{T}}\boldsymbol{\beta}\right| \leqslant \|\boldsymbol{\alpha}\|\cdot\|\boldsymbol{\beta}\|.$$

（证明略）

长度为 1 的向量称为**单位向量**. 对 $\mathbf{R}^n$ 中的任一非零向量 $\boldsymbol{\alpha}$，容易验证，向量 $\frac{1}{\|\boldsymbol{\alpha}\|}\boldsymbol{\alpha}$ 是一个单位向量.

可见，用向量 $\boldsymbol{\alpha}$ $(\boldsymbol{\alpha}\neq\mathbf{0})$ 的长度的倒数乘以向量 $\boldsymbol{\alpha}$，就得到一个单位向量，通常称之为把向量 $\boldsymbol{\alpha}$ **单位化**.

5.1.2　正交向量组

定义 5.3　如果两个 n 维向量 $\boldsymbol{\alpha}$ 与 $\boldsymbol{\beta}$ 的内积等于零，即 $\boldsymbol{\alpha}^{\mathrm{T}}\boldsymbol{\beta}=0$，则称向量 $\boldsymbol{\alpha}$ 与 $\boldsymbol{\beta}$ **正交**（垂直）.

显然，根据定义 5.3 很容易判断任意给定的两个 n 维向量是否正交.

例 5.1　零向量与任意向量的内积为零，因此，零向量与任意向量正交；又由内积的性质（4）可知：$\boldsymbol{\alpha}^{\mathrm{T}}\boldsymbol{\alpha}=0 \Leftrightarrow \boldsymbol{\alpha}=\mathbf{0}$，即与自身正交的向量只能是零向量.

例 5.2　在 $\mathbf{R}^n$ 中的初始单位向量组 $\boldsymbol{\varepsilon}_1,\boldsymbol{\varepsilon}_2,\cdots,\boldsymbol{\varepsilon}_n$ 是两两正交的：$\boldsymbol{\varepsilon}_i^{\mathrm{T}}\boldsymbol{\varepsilon}_j=0\ (i\neq j)$.

定义 5.4　如果 $\mathbf{R}^n$ 中的非零向量组 $\boldsymbol{\alpha}_1,\boldsymbol{\alpha}_2,\cdots,\boldsymbol{\alpha}_s$ 两两正交，即

$$\boldsymbol{\alpha}_i^{\mathrm{T}}\boldsymbol{\alpha}_j=0\ (i\neq j;i,j=1,2,\cdots,s),$$

则称该向量组为**正交向量组**. 即所谓正交向量组，是指一组两两正交的非零向量.

此外，如果一个正交向量组中的每一个向量都是单位向量，则称该向量组为**正交单位向量组**.

下面讨论正交向量组的性质.

定理 5.1　$\mathbf{R}^n$ 中的正交向量组线性无关.

证明 设$\boldsymbol{\alpha}_1,\boldsymbol{\alpha}_2,\cdots,\boldsymbol{\alpha}_s$为$\mathbf{R}^n$中的正交向量组，且有一组数$k_1,k_2,\cdots,k_s$，使

$$k_1\boldsymbol{\alpha}_1+k_2\boldsymbol{\alpha}_2+\cdots+k_s\boldsymbol{\alpha}_s=\mathbf{0}.$$

对上式两边分别与向量组中的任意向量$\boldsymbol{\alpha}_i$求内积，得

$$\boldsymbol{\alpha}_i^{\mathrm{T}}(k_1\boldsymbol{\alpha}_1+k_2\boldsymbol{\alpha}_2+\cdots+k_s\boldsymbol{\alpha}_s)=\mathbf{0}\ (1\leqslant i\leqslant s),$$

即

$$k_1\boldsymbol{\alpha}_i^{\mathrm{T}}\boldsymbol{\alpha}_1+k_2\boldsymbol{\alpha}_i^{\mathrm{T}}\boldsymbol{\alpha}_2+\cdots+k_s\boldsymbol{\alpha}_i^{\mathrm{T}}\boldsymbol{\alpha}_s=\mathbf{0}.$$

又由于$\boldsymbol{\alpha}_i^{\mathrm{T}}\boldsymbol{\alpha}_j=0\ (i\neq j)$，所以

$$k_i\boldsymbol{\alpha}_i^{\mathrm{T}}\boldsymbol{\alpha}_i=0.$$

但$\boldsymbol{\alpha}_i\neq\mathbf{0}$，即有$\boldsymbol{\alpha}_i^{\mathrm{T}}\boldsymbol{\alpha}_i>0$，所以$k_i=0\ (1\leqslant i\leqslant s)$．因此，$\boldsymbol{\alpha}_1,\boldsymbol{\alpha}_2,\cdots,\boldsymbol{\alpha}_s$线性无关.

显然，$\mathbf{R}^n$中的线性无关向量组不一定是正交向量组. 但如果已知$\mathbf{R}^n$中的线性无关的（非正交）向量组$\boldsymbol{\alpha}_1,\boldsymbol{\alpha}_2,\cdots,\boldsymbol{\alpha}_s$，则可以生成正交向量组$\boldsymbol{\beta}_1,\boldsymbol{\beta}_2,\cdots,\boldsymbol{\beta}_s$，并使这两个向量组可以互相线性表示（等价）.

由一个线性无关的向量组生成满足上述性质的正交向量组的过程，一般称为将该向量组**正交化**. 可以应用**施密特**（Gram-Schmidt）**正交化方法**将一个向量组正交化. 施密特正交化方法的步骤为：

对于$\mathbf{R}^n$中的线性无关向量组$\boldsymbol{\alpha}_1,\boldsymbol{\alpha}_2,\cdots,\boldsymbol{\alpha}_s$，令

$$\begin{aligned}
&\boldsymbol{\beta}_1=\boldsymbol{\alpha}_1,\\
&\boldsymbol{\beta}_2=\boldsymbol{\alpha}_2-\frac{\boldsymbol{\alpha}_2^{\mathrm{T}}\boldsymbol{\beta}_1}{\boldsymbol{\beta}_1^{\mathrm{T}}\boldsymbol{\beta}_1}\boldsymbol{\beta}_1,\\
&\boldsymbol{\beta}_3=\boldsymbol{\alpha}_3-\frac{\boldsymbol{\alpha}_3^{\mathrm{T}}\boldsymbol{\beta}_1}{\boldsymbol{\beta}_1^{\mathrm{T}}\boldsymbol{\beta}_1}\boldsymbol{\beta}_1-\frac{\boldsymbol{\alpha}_3^{\mathrm{T}}\boldsymbol{\beta}_2}{\boldsymbol{\beta}_2^{\mathrm{T}}\boldsymbol{\beta}_2}\boldsymbol{\beta}_2,\\
&\cdots\cdots,\\
&\boldsymbol{\beta}_s=\boldsymbol{\alpha}_s-\frac{\boldsymbol{\alpha}_s^{\mathrm{T}}\boldsymbol{\beta}_1}{\boldsymbol{\beta}_1^{\mathrm{T}}\boldsymbol{\beta}_1}\boldsymbol{\beta}_1-\frac{\boldsymbol{\alpha}_s^{\mathrm{T}}\boldsymbol{\beta}_2}{\boldsymbol{\beta}_2^{\mathrm{T}}\boldsymbol{\beta}_2}\boldsymbol{\beta}_2-\cdots-\frac{\boldsymbol{\alpha}_s^{\mathrm{T}}\boldsymbol{\beta}_{s-1}}{\boldsymbol{\beta}_{s-1}^{\mathrm{T}}\boldsymbol{\beta}_{s-1}}\boldsymbol{\beta}_{s-1},
\end{aligned}$$

或写成

$$\boldsymbol{\beta}_1=\boldsymbol{\alpha}_1,\quad \boldsymbol{\beta}_i=\boldsymbol{\alpha}_i-\sum_{k=1}^{i-1}\frac{\boldsymbol{\alpha}_i^{\mathrm{T}}\boldsymbol{\beta}_k}{\boldsymbol{\beta}_k^{\mathrm{T}}\boldsymbol{\beta}_k}\boldsymbol{\beta}_k\quad(i=2,3,\cdots,s).$$

即可.

可以验证，向量组$\boldsymbol{\beta}_1,\boldsymbol{\beta}_2,\cdots,\boldsymbol{\beta}_s$是正交向量组，并且与向量组$\boldsymbol{\alpha}_1,\boldsymbol{\alpha}_2,\cdots,\boldsymbol{\alpha}_s$可以相互线性表示.

例 5.3 设线性无关的向量组为$\boldsymbol{\alpha}_1=(1,1,1,1)^{\mathrm{T}},\boldsymbol{\alpha}_2=(3,3,-1,-1)^{\mathrm{T}},\boldsymbol{\alpha}_3=(-2,0,6,8)^{\mathrm{T}}$，试将$\boldsymbol{\alpha}_1,\boldsymbol{\alpha}_2,\boldsymbol{\alpha}_3$正交化.

解 利用施密特正交化方法，令

$$\beta_1=\alpha_1=(1,1,1,1)^{\mathrm T},$$

$$\beta_2=\alpha_2-\frac{\alpha_2^{\mathrm T}\beta_1}{\beta_1^{\mathrm T}\beta_1}\beta_1=(3,3,-1,-1)^{\mathrm T}-\frac{4}{4}(1,1,1,1)^{\mathrm T}=(2,2,-2-2)^{\mathrm T},$$

$$\beta_3=\alpha_3-\frac{\alpha_3^{\mathrm T}\beta_1}{\beta_1^{\mathrm T}\beta_1}\beta_1-\frac{\alpha_3^{\mathrm T}\beta_2}{\beta_2^{\mathrm T}\beta_2}\beta_2=(-2,0,6,8)^{\mathrm T}-\frac{12}{4}(1,1,1,1)^{\mathrm T}-\frac{-32}{16}(2,2,-2,-2)^{\mathrm T}$$
$$=(-2,0,6,8)^{\mathrm T}-(3,3,3,3)^{\mathrm T}+(4,4,-4,-4)^{\mathrm T}=(-1,1,-1,1)^{\mathrm T}.$$

不难验证，β_1,β_2,β_3 为正交向量组，且与 $\alpha_1,\alpha_2,\alpha_3$ 可以互相线性表出.

实际上，再将 β_1,β_2,β_3 单位化，即令 $\gamma_i=\frac{1}{\|\beta_i\|}\beta_i\ (i=1,2,3)$，则可获得正交单位向量组：

$$\gamma_1=\frac{1}{2}(1,1,1,1)^{\mathrm T}=\left(\frac{1}{2},\frac{1}{2},\frac{1}{2},\frac{1}{2}\right)^{\mathrm T},$$

$$\gamma_2=\frac{1}{4}(2,2,-2-2)^{\mathrm T}=\left(\frac{1}{2},\frac{1}{2},-\frac{1}{2},-\frac{1}{2}\right)^{\mathrm T},$$

$$\gamma_3=\frac{1}{2}(-1,1,-1,1)^{\mathrm T}=\left(-\frac{1}{2},\frac{1}{2},-\frac{1}{2},\frac{1}{2}\right)^{\mathrm T}.$$

例 5.4　已知 $\alpha_1=(1,1,1)^{\mathrm T}$，$\alpha_2=(1,-2,1)^{\mathrm T}$，试求 α_3，使 $\alpha_1,\alpha_2,\alpha_3$ 两两正交.

解　根据向量相互正交的定义，α_3 应满足：

$$\begin{cases}\alpha_1^{\mathrm T}\alpha_3=0\\ \alpha_2^{\mathrm T}\alpha_3=0\end{cases}，\text{即}\begin{pmatrix}\alpha_1^{\mathrm T}\\ \alpha_2^{\mathrm T}\end{pmatrix}\alpha_3=\mathbf{0}.$$

设 $\alpha_3=\begin{pmatrix}x_1\\x_2\\x_3\end{pmatrix}$，则求解齐次线性方程组

$$\begin{pmatrix}1&1&1\\1&-2&1\end{pmatrix}\begin{pmatrix}x_1\\x_2\\x_3\end{pmatrix}=\mathbf{0}.$$

可解得该方程组的一个基础解系为 $(-1,0,1)^{\mathrm T}$. 故 $\alpha_3=\begin{pmatrix}-1\\0\\1\end{pmatrix}$ 即为所求.（显然，α_3 不唯一.）

一般地，有如下结论：

定理 5.2　$\mathbf{R}^n$ 中的任意正交向量组 $\alpha_1,\alpha_2,\cdots,\alpha_s\ (s<n)$ 必可扩充为正交向量组 $\alpha_1,\alpha_2,\cdots,\alpha_s,\alpha_{s+1},\cdots,\alpha_n$.

（证明略）

5.1.3　正交矩阵

定义 5.5　设 $\boldsymbol{Q}$ 为 n 阶实矩阵，若 $\boldsymbol{Q}^{\mathrm T}\boldsymbol{Q}=\boldsymbol{E}$，则称 $\boldsymbol{Q}$ 为正交矩阵.

由定义 5.5 可以得出，正交矩阵具有如下性质：

（1）若 $\boldsymbol{Q}$ 为正交矩阵，则其行列式的值为 1 或 −1.

（2）若 $\boldsymbol{Q}$ 为正交矩阵，则 $\boldsymbol{Q}$ 可逆，且 $\boldsymbol{Q}^{-1}=\boldsymbol{Q}^{\mathrm{T}}$， $\boldsymbol{Q}^{-1}$ 和 $\boldsymbol{Q}^{\mathrm{T}}$ 也是正交矩阵.

（3）若 $\boldsymbol{P},\boldsymbol{Q}$ 都是正交矩阵，则它们的积 $\boldsymbol{PQ}$ 也是正交矩阵.

此外，正交矩阵还有如下性质：

定理 5.3 设 $\boldsymbol{Q}$ 为 n 阶实矩阵，则 $\boldsymbol{Q}$ 为正交矩阵的充分必要条件是其列（行）向量组是正交单位向量组.

（证明略）

例 5.5 已知三阶矩阵 $\boldsymbol{A}=\begin{pmatrix}\frac{1}{\sqrt{6}} & -\frac{2}{\sqrt{6}} & \frac{1}{\sqrt{6}}\\ \frac{1}{\sqrt{2}} & 0 & -\frac{1}{\sqrt{2}}\\ \frac{1}{\sqrt{3}} & \frac{1}{\sqrt{3}} & \frac{1}{\sqrt{3}}\end{pmatrix}$，判断 $\boldsymbol{A}$ 是否为正交矩阵.

解（解法一） 因为 $\boldsymbol{A}$ 的列向量组是两两正交的单位向量组，故 $\boldsymbol{A}$ 是正交矩阵.

（解法二） 因为 $\boldsymbol{A}^{\mathrm{T}}\boldsymbol{A}=\boldsymbol{E}$，故 $\boldsymbol{A}$ 是正交矩阵.

习题 5.1

1. 计算向量 $\boldsymbol{\alpha},\boldsymbol{\beta}$ 的内积.

（1）$\boldsymbol{\alpha}=(1,-2,2)^{\mathrm{T}}$， $\boldsymbol{\beta}=(2,2,-1)^{\mathrm{T}}$；

（2）$\boldsymbol{\alpha}=\left(\frac{\sqrt{2}}{2},-\frac{1}{2},\frac{\sqrt{2}}{4},-1\right)^{\mathrm{T}}$， $\boldsymbol{\beta}=\left(-\frac{\sqrt{2}}{2},-2,\sqrt{2},\frac{1}{2}\right)^{\mathrm{T}}$.

2. 把下列向量单位化.

（1）$\boldsymbol{\alpha}=(2,0,-5,-1)^{\mathrm{T}}$；　　（2）$\boldsymbol{\alpha}=(-3,4,0,0)^{\mathrm{T}}$.

3. 将下列线性无关的向量组正交化.

（1）$\boldsymbol{\alpha}_1=(1,2,2,-1)^{\mathrm{T}}$， $\boldsymbol{\alpha}_2=(1,1,-5,3)^{\mathrm{T}}$， $\boldsymbol{\alpha}_3=(3,2,8,-7)^{\mathrm{T}}$；

（2）$\boldsymbol{\alpha}_1=(1,-2,2)^{\mathrm{T}}$， $\boldsymbol{\alpha}_2=(-1,0,-1)^{\mathrm{T}}$， $\boldsymbol{\alpha}_3=(5,-3,-7)^{\mathrm{T}}$.

4. 已知 $\boldsymbol{\alpha}_1=\begin{pmatrix}1\\1\\-4\end{pmatrix}$，试求非零向量 $\boldsymbol{\alpha}_2,\boldsymbol{\alpha}_3$，使 $\boldsymbol{\alpha}_1,\boldsymbol{\alpha}_2,\boldsymbol{\alpha}_3$ 两两正交.

5. 判断下面的矩阵是否为正交矩阵.

（1）$\boldsymbol{Q}=\begin{pmatrix}\frac{\sqrt{3}}{2} & -\frac{1}{2}\\ \frac{1}{2} & \frac{\sqrt{3}}{2}\end{pmatrix}$；　　（2）$\boldsymbol{Q}=\begin{pmatrix}\frac{1}{9} & -\frac{8}{9} & -\frac{4}{9}\\ -\frac{8}{9} & \frac{1}{9} & -\frac{4}{9}\\ -\frac{4}{9} & -\frac{4}{9} & \frac{7}{9}\end{pmatrix}$.

6. 证明：若 $\boldsymbol{P},\boldsymbol{Q}$ 都是正交矩阵，则 $\boldsymbol{PQ}$ 也是正交矩阵.

§5.2　方阵的特征值与特征向量

方阵的特征值和特征向量的应用非常广泛，除方阵的对角化问题外，很多理论和实际问题也要用到特征值理论．本节将对特征值和特征向量的相关知识进行介绍和讨论．

5.2.1　特征值、特征向量的概念和计算方法

定义 5.6　设 $\boldsymbol{A}$ 为 n 阶矩阵，如果存在数 λ 和 n 维非零向量 $\boldsymbol{x}=(x_1,x_2,\cdots,x_n)^{\mathrm{T}}$，使得关系式

$$\boldsymbol{A}\boldsymbol{x}=\lambda\boldsymbol{x} \tag{5-1}$$

成立，则称 λ 为 $\boldsymbol{A}$ 的一个**特征值**，相应的非零向量 $\boldsymbol{x}$ 称为 $\boldsymbol{A}$ 的属于特征值 λ 的**特征向量**.

显然，只有方阵才有特征值和特征向量，且特征向量一定是非零向量；特征向量是属于某一个特征值的，它不能同时属于两个不同的特征值.

下面讨论在已知 n 阶矩阵 $\boldsymbol{A}$ 的情况下，如何求得 $\boldsymbol{A}$ 的特征值和特征向量.

由（5-1）式可得

$$(\lambda\boldsymbol{E}-\boldsymbol{A})\boldsymbol{x}=\boldsymbol{0}\ , \tag{5-2}$$

即 n 元齐次线性方程组

$$\begin{cases}(\lambda-a_{11})x_1-a_{12}x_2-\cdots-a_{1n}x_n=0\\ -a_{21}x_1-(\lambda-a_{22})x_2-\cdots-a_{2n}x_n=0\\ \quad\cdots\cdots\cdots\cdots\\ -a_{n1}x_1-a_{n2}x_2-\cdots-(\lambda-a_{nn})x_n=0\end{cases}. \tag{5-3}$$

此方程组存在非零解的充分必要条件为系数行列式等于零，即

$$\det(\lambda\boldsymbol{E}-\boldsymbol{A})=0\,. \tag{5-4}$$

定义 5.7　设 $\boldsymbol{A}$ 为 n 阶矩阵，含有未知数 λ 的矩阵 $\lambda\boldsymbol{E}-\boldsymbol{A}$ 称为 $\boldsymbol{A}$ 的**特征矩阵**，其行列式

$$\det(\lambda\boldsymbol{E}-\boldsymbol{A})=\begin{vmatrix}\lambda-a_{11} & -a_{12} & \cdots & -a_{1n}\\ -a_{21} & \lambda-a_{22} & \cdots & -a_{2n}\\ \vdots & \vdots & & \vdots\\ -a_{n1} & -a_{n2} & \cdots & \lambda-a_{nn}\end{vmatrix} \tag{5-5}$$

称为 $\boldsymbol{A}$ 的**特征多项式**．$\det(\lambda\boldsymbol{E}-\boldsymbol{A})=0$ 称为 $\boldsymbol{A}$ 的**特征方程**.

根据以上分析，可以得到如下结论.

定理 5.4　设 $\boldsymbol{A}$ 为 n 阶矩阵，则 λ 是 $\boldsymbol{A}$ 的特征值，$\boldsymbol{x}$ 是 $\boldsymbol{A}$ 的属于 λ 的特征向量的充分必要条件是：λ 为特征方程 $\det(\lambda\boldsymbol{E}-\boldsymbol{A})=0$ 的根，$\boldsymbol{x}$ 是齐次线性方程组（5-3）的非零解.

由此可知，$\boldsymbol{A}$ 的特征方程（5-4）的根必是 $\boldsymbol{A}$ 的特征值，反之亦然．因此，$\boldsymbol{A}$ 的特征值也称为 $\boldsymbol{A}$ 的特征根.

由定理 5.4 和齐次线性方程组的解的性质，不难得到如下结论.

推论 1　如果 $\boldsymbol{\alpha}$ 是 $\boldsymbol{A}$ 的属于特征值 λ 的特征向量，则 $c\boldsymbol{\alpha}$ ($c\neq 0$ 为任意常数)也是 $\boldsymbol{A}$ 的属于特征值 λ 的特征向量.

即，如果 $A\boldsymbol{\alpha}=\lambda\boldsymbol{\alpha}\ (\boldsymbol{\alpha}\neq\mathbf{0})$，则 $A(c\boldsymbol{\alpha})=\lambda(c\boldsymbol{\alpha})$（$c\neq 0$ 为任意常数）.

推论 2 如果 $\boldsymbol{\alpha}_1,\boldsymbol{\alpha}_2$ 是 A 的属于特征值 λ 的特征向量，且 $\boldsymbol{\alpha}_1+\boldsymbol{\alpha}_2\neq\mathbf{0}$，则 $\boldsymbol{\alpha}_1+\boldsymbol{\alpha}_2$ 也是 A 的属于特征值 λ 的特征向量.

即，如果 $A\boldsymbol{\alpha}_1=\lambda\boldsymbol{\alpha}_1, A\boldsymbol{\alpha}_2=\lambda\boldsymbol{\alpha}_2\ (\boldsymbol{\alpha}_1+\boldsymbol{\alpha}_2\neq\mathbf{0})$，则 $A(\boldsymbol{\alpha}_1+\boldsymbol{\alpha}_2)=\lambda(\boldsymbol{\alpha}_1+\boldsymbol{\alpha}_2)$.

由此可进一步推知，A 的属于特征值 λ 的特征向量的任一非零线性组合仍是 A 的属于特征值 λ 的特征向量.

显而易见，任何特征值都对应无数个特征向量.

根据定理 5.4 及其推论，可以得到求给定 n 阶矩阵 A 的全部特征值和特征向量的方法和步骤：

（1）计算特征多项式：$\det(\lambda\boldsymbol{E}-\boldsymbol{A})$.

（2）求特征方程 $\det(\lambda\boldsymbol{E}-\boldsymbol{A})=0$ 的所有根，即求得 A 的全部特征值 $\lambda_1,\lambda_2,\cdots,\lambda_n$（其中可能有重根或复根）.

（3）对每个特征值 λ_i，求其属于 λ_i 的特征向量. 即求特征值 λ_i 对应的齐次线性方程组 $(\lambda_i\boldsymbol{E}-\boldsymbol{A})\boldsymbol{x}=\mathbf{0}$ 的一个基础解系 $\boldsymbol{\eta}_1,\boldsymbol{\eta}_2,\cdots,\boldsymbol{\eta}_s$，则 A 的属于 λ_i 的全部特征向量为

$$c_1\boldsymbol{\eta}_1+c_2\boldsymbol{\eta}_2+\cdots+c_s\boldsymbol{\eta}_s,$$

其中 $c_1,c_2,\cdots,c_s$ 为不全为零的任意常数.

例 5.6 求二阶矩阵 $\boldsymbol{A}=\begin{pmatrix}3 & 5\\ 1 & -1\end{pmatrix}$ 的特征值与特征向量.

解 矩阵 A 的特征方程为

$$\det(\lambda\boldsymbol{E}-\boldsymbol{A})=\begin{vmatrix}\lambda-3 & -5\\ -1 & \lambda+1\end{vmatrix}=(\lambda-4)(\lambda+2)=0.$$

可解得 A 的特征值为 $\lambda_1=4,\ \lambda_2=-2$，即 λ_1,λ_2 是 A 的两个不同的特征值.

将 $\lambda_1=4$ 代入与特征方程对应的齐次线性方程组 $(4\boldsymbol{E}-\boldsymbol{A})\boldsymbol{x}=\mathbf{0}$，即求解

$$\begin{pmatrix}1 & -5\\ -1 & 5\end{pmatrix}\begin{pmatrix}x_1\\ x_2\end{pmatrix}=\mathbf{0}.$$

解得方程组的一个基础解系是 $\boldsymbol{\alpha}_1=(5,1)^{\mathrm{T}}$，所以 $c_1\boldsymbol{\alpha}_1(c_1\neq 0)$ 是矩阵 A 的对应于特征值 $\lambda_1=4$ 的全部特征向量.

同样，将 $\lambda_2=-2$ 代入与特征方程对应的齐次线性方程组 $(-2\boldsymbol{E}-\boldsymbol{A})\boldsymbol{x}=\mathbf{0}$，即求解

$$\begin{pmatrix}-5 & -5\\ -1 & -1\end{pmatrix}\begin{pmatrix}x_1\\ x_2\end{pmatrix}=\mathbf{0}.$$

解得方程组的一个基础解系是 $\boldsymbol{\alpha}_2=(-1,1)^{\mathrm{T}}$，所以 $c_2\boldsymbol{\alpha}_2(c_2\neq 0)$ 是矩阵 A 的对应于特征值 $\lambda_2=-2$ 的全部特征向量.

实际上，A 的转置矩阵 A^{T} 的特征值也是 $\lambda_1=4,\lambda_2=-2$，即矩阵 A 与 A^{T} 有相同的特征值，读者可自行验证.

例 5.7　求矩阵 $A=\begin{pmatrix}-1&1&0\\-4&3&0\\1&0&2\end{pmatrix}$ 的特征值与特征向量.

解　矩阵 A 的特征方程为

$$\det(\lambda E-A)=\begin{vmatrix}\lambda+1&-1&0\\4&\lambda-3&0\\-1&0&\lambda-2\end{vmatrix}=(\lambda-2)(\lambda-1)^2=0\,.$$

可解得 A 的特征值为 $\lambda_1=2,\lambda_2=\lambda_3=1$，其中 $\lambda_2=\lambda_3=1$ 是 A 的二重特征值.

将 $\lambda_1=2$ 代入与特征方程对应的齐次线性方程组 $(2E-A)x=\mathbf{0}$，即求解

$$\begin{pmatrix}3&-1&0\\4&-1&0\\-1&0&0\end{pmatrix}\begin{pmatrix}x_1\\x_2\\x_3\end{pmatrix}=\mathbf{0}\,.$$

解得方程组的一个基础解系是 $\boldsymbol{\alpha}_1=(0,0,1)^{\mathrm{T}}$，所以 $c_1\boldsymbol{\alpha}_1(c_1\neq0)$ 是矩阵 A 的对应于特征值 $\lambda_1=2$ 的全部特征向量.

同样，将 $\lambda_2=\lambda_3=1$ 代入与特征方程对应的齐次线性方程组 $(E-A)x=\mathbf{0}$，即求解

$$\begin{pmatrix}2&-1&0\\4&-2&0\\-1&0&-1\end{pmatrix}\begin{pmatrix}x_1\\x_2\\x_3\end{pmatrix}=\mathbf{0}\,.$$

解得方程组的一个基础解系是 $\boldsymbol{\alpha}_2=(1,2,-1)^{\mathrm{T}}$，所以 $c_2\boldsymbol{\alpha}_2(c_2\neq0)$ 是矩阵 A 的对应于二重特征值 $\lambda_2=\lambda_3=1$ 的全部特征向量.

例 5.8　求矩阵 $A=\begin{pmatrix}4&6&0\\-3&-5&0\\-3&-6&1\end{pmatrix}$ 的特征值与特征向量.

解　矩阵 A 的特征方程为

$$\det(\lambda E-A)=\begin{vmatrix}\lambda-4&-6&0\\3&\lambda+5&0\\3&6&\lambda-1\end{vmatrix}=(\lambda+2)(\lambda-1)^2=0\,.$$

可解得 A 的特征值为 $\lambda_1=-2,\ \lambda_2=\lambda_3=1$，其中 $\lambda_2=\lambda_3=1$ 是 A 的二重特征值.

将 $\lambda_1=-2$ 代入与特征方程对应的齐次线性方程组 $(-2E-A)x=\mathbf{0}$，即求解

$$\begin{pmatrix}-6&-6&0\\3&3&0\\3&6&-3\end{pmatrix}\begin{pmatrix}x_1\\x_2\\x_3\end{pmatrix}=\mathbf{0}\,.$$

解得方程组的一个基础解系是 $\boldsymbol{\alpha}_1=(-1,1,1)^{\mathrm{T}}$，所以 $c_1\boldsymbol{\alpha}_1(c_1\neq0)$ 是矩阵 A 的对应于特征值 $\lambda_1=-2$ 的全部特征向量.

同样，将 $\lambda_2=\lambda_3=1$ 代入与特征方程对应的齐次线性方程组 $(\boldsymbol{E}-\boldsymbol{A})\boldsymbol{x}=\boldsymbol{0}$，即求解

$$\begin{pmatrix}-3&-6&0\\3&6&0\\3&6&0\end{pmatrix}\begin{pmatrix}x_1\\x_2\\x_3\end{pmatrix}=\boldsymbol{0}.$$

解得方程组的一个基础解系是 $\boldsymbol{\alpha}_2=(-2,1,0)^{\mathrm{T}}$，$\boldsymbol{\alpha}_3=(0,0,1)^{\mathrm{T}}$. 所以，矩阵 $\boldsymbol{A}$ 的对应于二重特征值 $\lambda_2=\lambda_3=1$ 的全部特征向量是 $c_2\boldsymbol{\alpha}_2+c_3\boldsymbol{\alpha}_3(c_2,c_3$ 不全为零).

例 5.9 求矩阵 $\boldsymbol{A}=\begin{pmatrix}0&2\\-2&0\end{pmatrix}$ 的特征值与特征向量.

解 矩阵 $\boldsymbol{A}$ 的特征方程为

$$\det(\lambda\boldsymbol{E}-\boldsymbol{A})=\begin{vmatrix}\lambda&-2\\2&\lambda\end{vmatrix}=\lambda^2+4=0.$$

该特征方程在实数域上无解，即 $\boldsymbol{A}$ 在实数域上无特征值. 如果在复数域上讨论 $\boldsymbol{A}$ 的特征值和特征向量，则 $\boldsymbol{A}$ 的特征值为 $\lambda_1=2\mathrm{i},\lambda_2=-2\mathrm{i}$ (i 为虚数单位).

将 $\lambda_1=2\mathrm{i}$ 代入与特征方程对应的齐次线性方程组 $(2\mathrm{i}\boldsymbol{E}-\boldsymbol{A})\boldsymbol{x}=\boldsymbol{0}$，即求解

$$\begin{pmatrix}2\mathrm{i}&-2\\2&2\mathrm{i}\end{pmatrix}\begin{pmatrix}x_1\\x_2\end{pmatrix}=\boldsymbol{0}.$$

解得方程组的一个基础解系是 $\boldsymbol{\alpha}_1=(1,\mathrm{i})^{\mathrm{T}}$，所以 $c_1\boldsymbol{\alpha}_1(c_1\neq 0)$ 是矩阵 $\boldsymbol{A}$ 的对应于 $\lambda_1=2\mathrm{i}$ 的全部特征向量.

同样，将 $\lambda_2=-2\mathrm{i}$ 代入与特征方程对应的齐次线性方程组 $(-2\mathrm{i}\boldsymbol{E}-\boldsymbol{A})\boldsymbol{x}=\boldsymbol{0}$，即求解

$$\begin{pmatrix}-2\mathrm{i}&-2\\2&-2\mathrm{i}\end{pmatrix}\begin{pmatrix}x_1\\x_2\end{pmatrix}=\boldsymbol{0}.$$

解得方程组的一个基础解系是 $\boldsymbol{\alpha}_2=(1,-\mathrm{i})^{\mathrm{T}}$，故 $c_2\boldsymbol{\alpha}_2(c_2\neq 0)$ 是矩阵 $\boldsymbol{A}$ 的对应于 $\lambda_2=-2\mathrm{i}$ 的全部特征向量.

由例 5.9 可知，即使 $\boldsymbol{A}$ 是实矩阵，其特征值仍可能为复数. 一般地，在复数域上，n 阶矩阵 $\boldsymbol{A}$ 的特征多项式 $\det(\lambda\boldsymbol{E}-\boldsymbol{A})$ 是 λ 的一个 n 次多项式，并且 $\det(\lambda\boldsymbol{E}-\boldsymbol{A})=\boldsymbol{0}$ 必有 n 个根（重根按重数计）. 但是，如果仅限于讨论实数域上矩阵 $\boldsymbol{A}$ 的特征值和特征向量，则矩阵 $\boldsymbol{A}$ 可能没有特征根或特征根个数小于 n.

可见，在一般情形下，求 n 阶矩阵 $\boldsymbol{A}$ 的全部特征值和特征向量是比较困难的. 限于本教材的目的，我们将不讨论矩阵 $\boldsymbol{A}$ 的复特征值和特征向量.

例 5.10 求 n 阶数量矩阵 $\boldsymbol{A}=\begin{pmatrix}a&&&\\&a&&\\&&\ddots&\\&&&a\end{pmatrix}$ 的特征值与特征向量.

解 矩阵 $\boldsymbol{A}$ 的特征方程为

$$\det(\lambda\boldsymbol{E}-\boldsymbol{A})=\begin{vmatrix}\lambda-a & & & \\ & \lambda-a & & \\ & & \ddots & \\ & & & \lambda-a\end{vmatrix}=(\lambda-a)^n=0\,.$$

可得 $\boldsymbol{A}$ 的特征值为 $\lambda_1=\lambda_2=\cdots\lambda_n=a$.

将 $\lambda=a$ 代入与特征方程对应的齐次线性方程组 $(a\boldsymbol{E}-\boldsymbol{A})\boldsymbol{x}=\boldsymbol{0}$ ，即求解

$$\begin{pmatrix}0 & & & \\ & 0 & & \\ & & \ddots & \\ & & & 0\end{pmatrix}\begin{pmatrix}x_1\\ x_2\\ \vdots\\ x_n\end{pmatrix}=\boldsymbol{0}\,.$$

因为此方程组的系数矩阵是零矩阵，所以任意 n 个线性无关的向量都是它的基础解系. 现在取单位向量组

$$\boldsymbol{\varepsilon}_1=(1,0,\cdots,0)^{\mathrm{T}}\ ,\quad \boldsymbol{\varepsilon}_2=(0,1,\cdots,0)^{\mathrm{T}}\ ,\quad \cdots,\quad \boldsymbol{\varepsilon}_n=(0,\cdots,0,1))^{\mathrm{T}}$$

作为基础解系，于是 $\boldsymbol{A}$ 的全部特征向量为

$$c_1\boldsymbol{\varepsilon}_1+c_2\boldsymbol{\varepsilon}_2+\cdots+c_n\boldsymbol{\varepsilon}_n\ (c_1,c_2,\cdots c_n\text{不全为零}).$$

5.2.2　特征值和特征向量的性质

定理 5.5　设 $\boldsymbol{A}$ 为 n 阶矩阵，则矩阵 $\boldsymbol{A}$ 与它的转置矩阵 $\boldsymbol{A}^{\mathrm{T}}$ 具有相同的特征值.

证明　由 $(\lambda\boldsymbol{E}-\boldsymbol{A})^{\mathrm{T}}=\lambda\boldsymbol{E}-\boldsymbol{A}^{\mathrm{T}}$ ，有

$$\det(\lambda\boldsymbol{E}-\boldsymbol{A}^{\mathrm{T}})=\det(\lambda\boldsymbol{E}-\boldsymbol{A})^{\mathrm{T}}=\det(\lambda\boldsymbol{E}-\boldsymbol{A})\,,$$

或

$$\left|\lambda\boldsymbol{E}-\boldsymbol{A}^{\mathrm{T}}\right|=\left|(\lambda\boldsymbol{E}-\boldsymbol{A})^{\mathrm{T}}\right|=\left|\lambda\boldsymbol{E}-\boldsymbol{A}\right|.$$

由此可得，$\boldsymbol{A}$ 与 $\boldsymbol{A}^{\mathrm{T}}$ 具有相同的特征多项式，故它们的特征值相同.

定理 5.6　n 阶矩阵 $\boldsymbol{A}$ 可逆的充分必要条件是它的任一特征值不等于零.

证明　必要性：设 $\boldsymbol{A}$ 可逆，则 $\det\boldsymbol{A}\neq 0$ ，所以

$$\det(0\boldsymbol{E}-\boldsymbol{A})=\det(-\boldsymbol{A})=(-1)^n\det\boldsymbol{A}\neq 0\,,$$

即 0 不是 $\boldsymbol{A}$ 的特征值，或者说，$\boldsymbol{A}$ 的任一特征值不等于零.

充分性：设 $\boldsymbol{A}$ 的任一特征值不等于零. 假定 $\boldsymbol{A}$ 不可逆，则 $\det\boldsymbol{A}=0$ ，于是有

$$\det(0\boldsymbol{E}-\boldsymbol{A})=\det(-\boldsymbol{A})=(-1)^n\det\boldsymbol{A}=0\,,$$

所以 0 是 $\boldsymbol{A}$ 的一个特征值，这与已知条件相矛盾，故 $\boldsymbol{A}$ 必可逆.

定理 5.6 的另一种说法为：n 阶矩阵 $\boldsymbol{A}$ 是奇异矩阵的充分必要条件是 $\boldsymbol{A}$ 有一个特征值等于零.

定理 5.7　设 $\boldsymbol{A}$ 为 n 阶矩阵，$\lambda_1,\lambda_2,\cdots,\lambda_m$ 是 $\boldsymbol{A}$ 的 m 个互不相同的特征值，$\boldsymbol{A}$ 的属于

$\lambda_1,\lambda_2,\cdots,\lambda_m$ 的特征向量分别是 $\boldsymbol{\alpha}_1,\boldsymbol{\alpha}_2,\cdots,\boldsymbol{\alpha}_m$，则 $\boldsymbol{\alpha}_1,\boldsymbol{\alpha}_2,\cdots,\boldsymbol{\alpha}_m$ 线性无关.

即：n 阶矩阵 $\boldsymbol{A}$ 的属于不同特征值的特征向量构成的向量组线性无关.

证明 对不同的特征值个数作数学归纳法.

当 $m=1$ 时，$\boldsymbol{A}$ 的属于特征值 λ_1 的特征向量为 $\boldsymbol{\alpha}_1\neq\boldsymbol{0}$，而单个的非零向量 $\boldsymbol{\alpha}_1$ 是线性无关的.

设 $m=s-1$ 时，结论成立，只需证明 $m=s$ 时，向量 $\boldsymbol{\alpha}_1,\boldsymbol{\alpha}_2,\cdots,\boldsymbol{\alpha}_s$ 线性无关.

设有数 $k_1,k_2,\cdots,k_s$，使

$$k_1\boldsymbol{\alpha}_1+k_2\boldsymbol{\alpha}_2+\cdots+k_s\boldsymbol{\alpha}_s=\boldsymbol{0}. \tag{1}$$

在（1）式两边左乘矩阵 $\boldsymbol{A}$，并注意到 $\boldsymbol{A}\boldsymbol{\alpha}_i=\lambda_i\boldsymbol{\alpha}_i(i=1,2,\cdots,s)$，整理后有

$$k_1\lambda_1\boldsymbol{\alpha}_1+k_2\lambda_2\boldsymbol{\alpha}_2+\cdots+k_s\lambda_s\boldsymbol{\alpha}_s=\boldsymbol{0}. \tag{2}$$

在（1）式两边乘以 λ_s，得

$$k_1\lambda_s\boldsymbol{\alpha}_1+k_2\lambda_s\boldsymbol{\alpha}_2+\cdots+k_s\lambda_s\boldsymbol{\alpha}_s=\boldsymbol{0}. \tag{3}$$

由（3）式减去（2）式（消去 $\boldsymbol{\alpha}_s$），得

$$k_1(\lambda_s-\lambda_1)\boldsymbol{\alpha}_1+k_2(\lambda_s-\lambda_2)\boldsymbol{\alpha}_2+\cdots+k_{s-1}(\lambda_s-\lambda_{s-1})\boldsymbol{\alpha}_{s-1}=\boldsymbol{0}.$$

由归纳假设，$\boldsymbol{\alpha}_1,\boldsymbol{\alpha}_2,\cdots,\boldsymbol{\alpha}_{s-1}$ 线性无关，所以

$$k_i(\lambda_s-\lambda_i)=0,\ \ (i=1,2,\cdots,s-1).$$

但 $\lambda_s\neq\lambda_i(i=1,2,\cdots,s-1)$，所以 $k_1=k_2=\cdots=k_{s-1}=0$. 代入（1）式可得

$$k_s\boldsymbol{\alpha}_s=\boldsymbol{0}.$$

又因为 $\boldsymbol{\alpha}_s\neq\boldsymbol{0}$，所以有 $k_s=0$. 因此，$\boldsymbol{\alpha}_1,\boldsymbol{\alpha}_2,\cdots,\boldsymbol{\alpha}_s$ 线性无关.

由数学归纳法可知，对任意正整数 m，结论成立.

利用类似的方法，可以证明如下定理.

定理 5.8 设 n 阶矩阵 $\boldsymbol{A}$ 的相异特征值为 $\lambda_1,\lambda_2,\cdots,\lambda_m$. $\boldsymbol{A}$ 的属于特征值 λ_i 的线性无关的特征向量为 $\boldsymbol{\alpha}_{i1},\boldsymbol{\alpha}_{i2},\cdots,\boldsymbol{\alpha}_{is_i}$ $(i=1,2,\cdots,m)$，则向量组 $(\boldsymbol{\alpha}_{11},\boldsymbol{\alpha}_{12},\cdots,\boldsymbol{\alpha}_{1s_1}$，$\boldsymbol{\alpha}_{21},\boldsymbol{\alpha}_{22},\cdots,\boldsymbol{\alpha}_{2s_2}$，$\cdots$，$\boldsymbol{\alpha}_{m1},\boldsymbol{\alpha}_{m2},\cdots,\boldsymbol{\alpha}_{ms_m})$ 线性无关.

根据定理 5.8，对于 n 阶矩阵 $\boldsymbol{A}$ 的每一个不同特征值 λ_i，可求解齐次线性方程组 $(\lambda_i\boldsymbol{E}-\boldsymbol{A})\boldsymbol{x}=\boldsymbol{0}$，得到其基础解系，即得到 n 阶矩阵 $\boldsymbol{A}$ 的属于特征值 λ_i 的线性无关的特征向量 $\boldsymbol{\alpha}_{i1},\boldsymbol{\alpha}_{i2},\cdots,\boldsymbol{\alpha}_{is_i}$ $(i=1,2,\cdots,m)$，然后把它们合起来所得的向量组仍线性无关.

定理 5.9 n 阶矩阵 $\boldsymbol{A}$ 的所有特征值之和等于 $\sum\limits_{i=1}^{n}a_{ii}$，所有特征值之积等于 $\det\boldsymbol{A}$.

（证明略）

n 阶矩阵 $\boldsymbol{A}=(a_{ij})_{n\times n}$ 的主对角线上的元素之和也称为矩阵 $\boldsymbol{A}$ 的迹，记作 $\mathrm{tr}\boldsymbol{A}=\sum\limits_{i=1}^{n}a_{ii}$.

例 5.11 设 λ 是 n 阶可逆矩阵 $\boldsymbol{A}$ 的特征值，证明：

（1）$\dfrac{1}{\lambda}$ 是 $\boldsymbol{A}$ 的逆矩阵 $\boldsymbol{A}^{-1}$ 的特征值；

（2）$\frac{1}{\lambda}|\boldsymbol{A}|$ 是 $\boldsymbol{A}$ 的伴随矩阵 $\boldsymbol{A}^*$ 的特征值.

证明　设 $\boldsymbol{\alpha}$ 是矩阵 $\boldsymbol{A}$ 的属于特征值 λ 的特征向量，则有：

（1）$\boldsymbol{A\alpha}=\lambda\boldsymbol{\alpha}$.

对上式两边左乘 $\boldsymbol{A}^{-1}$，有

$$\boldsymbol{A}^{-1}\boldsymbol{A\alpha}=\boldsymbol{A}^{-1}\lambda\boldsymbol{\alpha}=\lambda\boldsymbol{A}^{-1}\boldsymbol{\alpha},$$

即

$$\boldsymbol{A}^{-1}\boldsymbol{\alpha}=\frac{1}{\lambda}\boldsymbol{\alpha}.$$

故 $\frac{1}{\lambda}$ 是 $\boldsymbol{A}^{-1}$ 的特征值.

（2）$\boldsymbol{A\alpha}=\lambda\boldsymbol{\alpha}$.

对上式两边左乘 $\boldsymbol{A}^*$，有

$$\boldsymbol{A}^*\boldsymbol{A\alpha}=\boldsymbol{A}^*\lambda\boldsymbol{\alpha}=\lambda\boldsymbol{A}^*\boldsymbol{\alpha}.$$

又因为 $\boldsymbol{A}^*\boldsymbol{A}=|\boldsymbol{A}|\boldsymbol{E}$，则有

$$|\boldsymbol{A}|\boldsymbol{\alpha}=\lambda\boldsymbol{A}^*\boldsymbol{\alpha},$$

即

$$\boldsymbol{A}^*\boldsymbol{\alpha}=\frac{1}{\lambda}|\boldsymbol{A}|\boldsymbol{\alpha}.$$

故 $\frac{1}{\lambda}|\boldsymbol{A}|$ 是 $\boldsymbol{A}^*$ 的特征值.

例 5.12　设 λ 是矩阵 $\boldsymbol{A}$ 的一个特征值，证明：λ^2 是 $\boldsymbol{A}^2$ 的一个特征值.

证明　设 $\boldsymbol{\alpha}$ 是矩阵 $\boldsymbol{A}$ 的属于特征值 λ 的特征向量，则有

$$\boldsymbol{A\alpha}=\lambda\boldsymbol{\alpha}.$$

对上式两边左乘 $\boldsymbol{A}$，得

$$\boldsymbol{A}^2\boldsymbol{\alpha}=\boldsymbol{A}\lambda\boldsymbol{\alpha}=\lambda\boldsymbol{A\alpha}=\lambda^2\boldsymbol{\alpha}.$$

由此可得，λ^2 是矩阵 $\boldsymbol{A}^2$ 的一个特征值，且 $\boldsymbol{\alpha}$ 是矩阵 $\boldsymbol{A}^2$ 的属于特征值 λ^2 的特征向量．证毕.

按例 5.12 类推，进一步可以证明（请读者自行完成证明）：

若 λ 是 n 阶矩阵 $\boldsymbol{A}$ 的特征值，m 为正整数，则有：

（1）λ^m 是矩阵 $\boldsymbol{A}^m$ 的特征值；

（2）$f(\lambda)$ 是 $f(\boldsymbol{A})$ 的特征值，其中，$f(\lambda)=a_0+a_1\lambda+a_2\lambda^2+\cdots+a_m\lambda^m$ 是特征值 λ 的多项式，$f(\boldsymbol{A})=a_0\boldsymbol{E}+a_1\boldsymbol{A}+a_2\boldsymbol{A}^2+\cdots+a_m\boldsymbol{A}^m$ 是矩阵 $\boldsymbol{A}$ 的多项式.

习题 5.2

1. 求下列矩阵的特征值和特征向量.

（1）$\begin{pmatrix}2&1\\1&2\end{pmatrix}$；　　（2）$\begin{pmatrix}2&1&1\\0&2&0\\0&-1&1\end{pmatrix}$；

（3）$\begin{pmatrix} 1 & -1 & 1 \\ 0 & 2 & -3 \\ 0 & 0 & 1 \end{pmatrix}$；（4）$\begin{pmatrix} 1 & -3 & 3 \\ 3 & -5 & 3 \\ 6 & -6 & 4 \end{pmatrix}$；

（5）$\begin{pmatrix} 0 & 0 & 1 \\ 0 & 1 & 0 \\ 1 & 0 & 0 \end{pmatrix}$；（6）$\begin{pmatrix} 1 & 1 & 1 & 1 \\ 1 & 1 & -1 & -1 \\ 1 & -1 & 1 & -1 \\ 1 & -1 & -1 & 1 \end{pmatrix}$.

2. 求 n 阶零矩阵的特征值和特征向量.

3. 如果 n 阶矩阵 $\boldsymbol{A}$ 满足 $\boldsymbol{A}^2=\boldsymbol{A}$，则称 $\boldsymbol{A}$ 是幂等矩阵. 试证明：幂等矩阵的特征值只能是 0 或 1.

4. 设 λ_0 是 n 阶矩阵 $\boldsymbol{A}$ 的特征值，试证明：

（1）$k\lambda_0$ 是 $k\boldsymbol{A}$ 的一个特征值（k 为常数）；

（2）对任意实数 k，$k-\lambda_0$ 是矩阵 $k\boldsymbol{E}-\boldsymbol{A}$ 的一个特征值.

5. 设 $\boldsymbol{A}$ 是三阶矩阵，且矩阵 $\boldsymbol{A}$ 的各行元素之和均为 5，证明：矩阵 $\boldsymbol{A}$ 必有特征向量 $(1,1,1)^{\mathrm{T}}$.

§5.3 相似矩阵

相似矩阵之间具有很多共同的性质. 因此，对已知的 n 阶矩阵 $\boldsymbol{A}$，如何找到一个与 $\boldsymbol{A}$ 相似的较为简单的矩阵，然后通过对这一简单矩阵相对更容易的研究从而获得矩阵 $\boldsymbol{A}$ 的同类性质，这一问题在理论和应用方面都具有重要的意义.

5.3.1 相似矩阵及其性质

定义 5.8 设 $\boldsymbol{A},\boldsymbol{B}$ 为 n 阶矩阵，如果存在一个 n 阶可逆矩阵 $\boldsymbol{P}$，使得

$$\boldsymbol{P}^{-1}\boldsymbol{A}\boldsymbol{P}=\boldsymbol{B}, \tag{5-6}$$

则称矩阵 $\boldsymbol{A}$ 和 $\boldsymbol{B}$ **相似**，记作 $\boldsymbol{A}\sim\boldsymbol{B}$.

例如，设 $\boldsymbol{A}=\begin{pmatrix} 3 & 1 \\ 5 & -1 \end{pmatrix}$，又知可逆矩阵 $\boldsymbol{P}=\begin{pmatrix} 1 & 1 \\ 0 & 1 \end{pmatrix}$，$\boldsymbol{Q}=\begin{pmatrix} 1 & 1 \\ 1 & -5 \end{pmatrix}$，由于

$$\boldsymbol{P}^{-1}\boldsymbol{A}\boldsymbol{P}=\begin{pmatrix} 1 & 1 \\ 0 & 1 \end{pmatrix}^{-1}\begin{pmatrix} 3 & 1 \\ 5 & -1 \end{pmatrix}\begin{pmatrix} 1 & 1 \\ 0 & 1 \end{pmatrix}=\begin{pmatrix} 2 & 4 \\ 5 & 4 \end{pmatrix},$$

可得 $\boldsymbol{A}\sim\begin{pmatrix} 2 & 4 \\ 5 & 4 \end{pmatrix}$. 又由于

$$\boldsymbol{Q}^{-1}\boldsymbol{A}\boldsymbol{Q}=\begin{pmatrix} 1 & 1 \\ 1 & -5 \end{pmatrix}^{-1}\begin{pmatrix} 3 & 1 \\ 5 & -1 \end{pmatrix}\begin{pmatrix} 1 & 1 \\ 1 & -5 \end{pmatrix}=\begin{pmatrix} 4 & 0 \\ 0 & -2 \end{pmatrix},$$

可得 $\boldsymbol{A}\sim\begin{pmatrix} 4 & 0 \\ 0 & -2 \end{pmatrix}$，即 $\boldsymbol{A}$ 与对角矩阵相似.

可见，与给定矩阵 $\boldsymbol{A}$ 相似的矩阵不是唯一的，也未必是对角矩阵．然而，对某些矩阵，如果适当选取可逆矩阵 $\boldsymbol{P}$，就有可能使 $\boldsymbol{P}^{-1}\boldsymbol{AP}$ 成为对角矩阵.

相似是同阶矩阵之间的一种重要关系，下面对相似矩阵的性质进行讨论.

定理 5.10 设矩阵 $\boldsymbol{A}\sim\boldsymbol{B}$，则 $\boldsymbol{A},\boldsymbol{B}$ 具有相同的特征值.

证明 只需证明 $\boldsymbol{A},\boldsymbol{B}$ 具有相同的特征多项式即可.

由 $\boldsymbol{A}\sim\boldsymbol{B}$，必存在可逆矩阵 $\boldsymbol{P}$，使 $\boldsymbol{P}^{-1}\boldsymbol{AP}=\boldsymbol{B}$．于是

$$\begin{aligned}\det(\lambda\boldsymbol{E}-\boldsymbol{B})&=\det(\lambda\boldsymbol{E}-\boldsymbol{P}^{-1}\boldsymbol{AP})=\det(\boldsymbol{P}^{-1}(\lambda\boldsymbol{E}-\boldsymbol{A})\boldsymbol{P})\\&=\det(\boldsymbol{P}^{-1})\cdot\det(\lambda\boldsymbol{E}-\boldsymbol{A})\cdot\det\boldsymbol{P}=\det(\lambda\boldsymbol{E}-\boldsymbol{A}).\end{aligned}$$

因而，$\boldsymbol{A},\boldsymbol{B}$ 具有相同的特征值.

定理 5.11 设矩阵 $\boldsymbol{A}\sim\boldsymbol{B}$，则 $\boldsymbol{A}^m\sim\boldsymbol{B}^m$，其中 m 为正整数.

证明 由 $\boldsymbol{A}\sim\boldsymbol{B}$，必存在可逆矩阵 $\boldsymbol{P}$，使 $\boldsymbol{P}^{-1}\boldsymbol{AP}=\boldsymbol{B}$．于是

$$\begin{aligned}\boldsymbol{B}^m&=(\boldsymbol{P}^{-1}\boldsymbol{AP})^m=(\boldsymbol{P}^{-1}\boldsymbol{AP})(\boldsymbol{P}^{-1}\boldsymbol{AP})(\boldsymbol{P}^{-1}\boldsymbol{AP})\cdots(\boldsymbol{P}^{-1}\boldsymbol{AP})\\&=\boldsymbol{P}^{-1}\boldsymbol{APP}^{-1}\boldsymbol{APP}^{-1}\boldsymbol{AP}\cdots\boldsymbol{P}^{-1}\boldsymbol{AP}=\boldsymbol{P}^{-1}\boldsymbol{A}^m\boldsymbol{P}.\end{aligned}$$

因而，$\boldsymbol{A}^m\sim\boldsymbol{B}^m$.

相似矩阵还具有下述性质：

设 $\boldsymbol{A},\boldsymbol{B},\boldsymbol{C}$ 为 n 阶矩阵，则有

（1）反身性：$\boldsymbol{A}\sim\boldsymbol{A}$.

（2）对称性：如果 $\boldsymbol{A}\sim\boldsymbol{B}$，则 $\boldsymbol{B}\sim\boldsymbol{A}$.

（3）传递性：如果 $\boldsymbol{A}\sim\boldsymbol{B}$，$\boldsymbol{B}\sim\boldsymbol{C}$，则 $\boldsymbol{A}\sim\boldsymbol{C}$.

（4）相似矩阵的行列式相等：如果 $\boldsymbol{A}\sim\boldsymbol{B}$，则 $\det\boldsymbol{A}=\det\boldsymbol{B}$.

（5）相似矩阵的秩相等：如果 $\boldsymbol{A}\sim\boldsymbol{B}$，则 $r(\boldsymbol{A})=r(\boldsymbol{B})$.

（6）相似矩阵或都可逆或都不可逆，如果当它们都可逆时，则它们的逆矩阵也相似：如果 $\boldsymbol{A}\sim\boldsymbol{B}$，且 $\boldsymbol{A},\boldsymbol{B}$ 都可逆，则 $\boldsymbol{A}^{-1}\sim\boldsymbol{B}^{-1}$.

（证明略）

例 5.13 已知矩阵

$$\boldsymbol{A}=\begin{pmatrix}2&-1&0\\1&x&0\\-1&1&2\end{pmatrix},\quad\boldsymbol{B}=\begin{pmatrix}y&1&0\\0&1&0\\0&0&2\end{pmatrix},$$

且 $\boldsymbol{A}$ 和 $\boldsymbol{B}$ 相似，求 x,y 的值.

解 因为 $\boldsymbol{A}\sim\boldsymbol{B}$，则其行列式相等．而

$$\det\boldsymbol{A}=4x+2,\quad\det\boldsymbol{B}=2y,$$

所以

$$4x+2=2y.$$

又由定理 5.9 及定理 5.10 可得

$$2+x+2=y+1+2,$$

即

$$x+4=y+3.$$

故可解得 $x=0$，$y=1$.

5.3.2 矩阵可对角化的条件

相似的矩阵具有许多共同的性质，因此，对于 n 阶矩阵 $\boldsymbol{A}$，我们希望在与 $\boldsymbol{A}$ 相似的矩阵中寻找一个较为简单的矩阵，从而在研究矩阵 $\boldsymbol{A}$ 的性质时，只需先研究这一简单矩阵的同类性质. 这一简单矩阵一般选取为与 n 阶矩阵 $\boldsymbol{A}$ 相似的对角矩阵.

如果 n 阶矩阵 $\boldsymbol{A}$ 可以相似于一个 n 阶对角矩阵，则称 $\boldsymbol{A}$ **可对角化**. 然而，并非所有的 n 阶矩阵都可以对角化. 下面我们将讨论 n 阶矩阵可对角化的充分必要条件.

定理 5.12 n 阶矩阵 $\boldsymbol{A}$ 与 n 阶对角矩阵相似（即 $\boldsymbol{A}$ 可对角化）的充分必要条件为矩阵 $\boldsymbol{A}$ 具有 n 个线性无关的特征向量.

证明 必要性：设 $\boldsymbol{A}$ 与对角矩阵 $\boldsymbol{\Lambda}=\begin{pmatrix}\lambda_1&&&\\&\lambda_2&&\\&&\ddots&\\&&&\lambda_n\end{pmatrix}$（即 $\boldsymbol{\Lambda}=\mathrm{diag}(\lambda_1,\lambda_2,\cdots,\lambda_n)$）相似，则存在可逆矩阵 $\boldsymbol{P}$，使

$$\boldsymbol{P}^{-1}\boldsymbol{A}\boldsymbol{P}=\boldsymbol{\Lambda} \quad 或 \quad \boldsymbol{A}\boldsymbol{P}=\boldsymbol{P}\boldsymbol{\Lambda}. \tag{5-7}$$

将矩阵 $\boldsymbol{P}$ 按列分块，记 $\boldsymbol{P}=(\boldsymbol{\alpha}_1,\boldsymbol{\alpha}_2,\cdots,\boldsymbol{\alpha}_n)$，由此式（5-7）可写成

$$\boldsymbol{A}(\boldsymbol{\alpha}_1,\boldsymbol{\alpha}_2,\cdots,\boldsymbol{\alpha}_n)=(\boldsymbol{\alpha}_1,\boldsymbol{\alpha}_2,\cdots,\boldsymbol{\alpha}_n)\begin{pmatrix}\lambda_1&&&\\&\lambda_2&&\\&&\ddots&\\&&&\lambda_n\end{pmatrix}.$$

由此可得

$$\boldsymbol{A}\boldsymbol{\alpha}_i=\lambda_i\boldsymbol{\alpha}_i\ (i=1,2,\cdots,n).$$

又因为 $\boldsymbol{P}$ 可逆，所以 $\det\boldsymbol{P}\neq 0$，所以 $\boldsymbol{\alpha}_i(i=1,2,\cdots,n)$ 都是非零向量，因而 $\boldsymbol{\alpha}_1,\boldsymbol{\alpha}_2,\cdots,\boldsymbol{\alpha}_n$ 都是 $\boldsymbol{A}$ 的特征向量，并且这 n 个特征向量线性无关.

充分性：设 $\boldsymbol{\alpha}_1,\boldsymbol{\alpha}_2,\cdots,\boldsymbol{\alpha}_n$ 是 $\boldsymbol{A}$ 的 n 个线性无关的特征向量，它们所对应的特征值依次为 $\lambda_1,\lambda_2,\cdots,\lambda_n$，则有

$$\boldsymbol{A}\boldsymbol{\alpha}_i=\lambda_i\boldsymbol{\alpha}_i\ (i=1,2,\cdots,n).$$

令 $\boldsymbol{P}=(\boldsymbol{\alpha}_1,\boldsymbol{\alpha}_2,\cdots,\boldsymbol{\alpha}_n)$，因为 $\boldsymbol{\alpha}_1,\boldsymbol{\alpha}_2,\cdots,\boldsymbol{\alpha}_n$ 线性无关，所以 $\boldsymbol{P}$ 可逆，故

$$\boldsymbol{A}\boldsymbol{P}=\boldsymbol{A}(\boldsymbol{\alpha}_1,\boldsymbol{\alpha}_2,\cdots,\boldsymbol{\alpha}_n)=(\boldsymbol{A}\boldsymbol{\alpha}_1,\boldsymbol{A}\boldsymbol{\alpha}_2,\cdots,\boldsymbol{A}\boldsymbol{\alpha}_n)=(\lambda_1\boldsymbol{\alpha}_1,\lambda_2\boldsymbol{\alpha}_2,\cdots,\lambda_n\boldsymbol{\alpha}_n)$$

$$=(\boldsymbol{\alpha}_1,\boldsymbol{\alpha}_2,\cdots,\boldsymbol{\alpha}_n)\begin{pmatrix}\lambda_1&&&\\&\lambda_2&&\\&&\ddots&\\&&&\lambda_n\end{pmatrix}=\boldsymbol{P}\boldsymbol{\Lambda}.$$

用 $\boldsymbol{P}^{-1}$ 左乘上式两端得 $\boldsymbol{P}^{-1}\boldsymbol{A}\boldsymbol{P}=\boldsymbol{\Lambda}$，即矩阵 $\boldsymbol{A}$ 与对角矩阵 $\boldsymbol{\Lambda}$ 相似. 证毕.

在定理 5.12 的基础上，下面进一步讨论 n 阶矩阵 $\boldsymbol{A}$ 可对角化的具体情况.

推论 如果 n 阶矩阵 $\boldsymbol{A}$ 有 n 个互不相同的特征值 $\lambda_1,\lambda_2,\cdots,\lambda_n$，则矩阵 $\boldsymbol{A}$ 可与对角矩阵

$\boldsymbol{\Lambda}=\mathrm{diag}(\lambda_1,\lambda_2,\cdots,\lambda_n)$ 相似.

比如，本章第二节的例 5.6 中，二阶矩阵 $\boldsymbol{A}=\begin{pmatrix}3 & 5\\ 1 & -1\end{pmatrix}$ 恰有两个不同的特征值 $\lambda_1=4,\lambda_2=-2$，设

$$\boldsymbol{P}=(\boldsymbol{\alpha}_1,\boldsymbol{\alpha}_2)=\begin{pmatrix}5 & -1\\ 1 & 1\end{pmatrix},\quad \boldsymbol{\Lambda}=\mathrm{diag}(4,-2),$$

容易验证：

$$\boldsymbol{P}^{-1}\boldsymbol{A}\boldsymbol{P}=\boldsymbol{\Lambda}.$$

注意：n 阶矩阵 $\boldsymbol{A}$ 有 n 个互不相同的特征值只是 $\boldsymbol{A}$ 可化为对角矩阵的充分条件而不是必要条件. 例如，n 阶数量矩阵 $a\boldsymbol{E}$ 是可对角化的，但它只有特征值 a(n重).

如果矩阵 $\boldsymbol{A}$ 的特征值中有重根，此时，设 $\boldsymbol{A}$ 的所有不同特征值为 $\lambda_1,\lambda_2,\cdots,\lambda_m\ (m<n)$，而 λ_i 是 $\boldsymbol{A}$ 的 n_i 重特征值($i=1,2,\cdots,m$)，则必有

$$n_1+n_2+\cdots+n_m=n.$$

如果对于每一个不同的特征值 λ_i，特征矩阵 $\lambda_i\boldsymbol{E}-\boldsymbol{A}$ 的秩为 $n-n_i$，则齐次线性方程组 $(\lambda_i\boldsymbol{E}-\boldsymbol{A})\boldsymbol{x}=\boldsymbol{0}$ 的基础解系中一定含有 n_i 个线性无关的特征向量，根据定理 5.8 和定理 5.12，这时，n 阶矩阵 $\boldsymbol{A}$ 一定可以对角化.

反之，如果矩阵 $\boldsymbol{A}$ 与对角矩阵 $\boldsymbol{\Lambda}$ 相似，则可以证明，对于矩阵 $\boldsymbol{A}$ 的 n_i 重特征值 λ_i ($i=1,2,\cdots,m$)，矩阵 $\lambda_i\boldsymbol{E}-\boldsymbol{A}$ 的秩恰为 $n-n_i$.

由以上讨论，可得如下定理.

定理 5.13　n 阶矩阵 $\boldsymbol{A}$ 与对角矩阵相似的充分必要条件是对于 $\boldsymbol{A}$ 的每一个 n_i 重特征值 λ_i，特征矩阵 $\lambda_i\boldsymbol{E}-\boldsymbol{A}$ 的秩为 $n-n_i$.

定理 5.13 的另一种说法为：n 阶矩阵 $\boldsymbol{A}$ 与对角矩阵相似的充分必要条件是对于 $\boldsymbol{A}$ 的每一个 n_i 重特征值 λ_i，齐次线性方程组 $(\lambda_i\boldsymbol{E}-\boldsymbol{A})\boldsymbol{x}=\boldsymbol{0}$ 的基础解系中恰含有 n_i 个向量.

比如，在本章第二节的例 5.8 中，三阶矩阵 $\boldsymbol{A}=\begin{pmatrix}4 & 6 & 0\\ -3 & -5 & 0\\ -3 & -6 & 1\end{pmatrix}$ 的特征值为 $\lambda_1=-2,\lambda_2=\lambda_3=1$，而属于特征值 $\lambda_1=-2$ 的特征向量为 $\boldsymbol{\alpha}_1=(-1,1,1)^{\mathrm{T}}$；属于二重特征值 $\lambda_2=\lambda_3=1$ 的两个线性无关的特征向量为 $\boldsymbol{\alpha}_2=(-2,1,0)^{\mathrm{T}},\boldsymbol{\alpha}_3=(0,0,1)^{\mathrm{T}}$，故由定理 5.13 知，$\boldsymbol{A}$ 可对角化. 设

$$\boldsymbol{P}=(\boldsymbol{\alpha}_1,\boldsymbol{\alpha}_2,\boldsymbol{\alpha}_3)=\begin{pmatrix}-1 & -2 & 0\\ 1 & 1 & 0\\ 1 & 0 & 1\end{pmatrix},\quad \boldsymbol{\Lambda}=\begin{pmatrix}-2 & & \\ & 1 & \\ & & 1\end{pmatrix},$$

可以验证：

$$\boldsymbol{P}^{-1}\boldsymbol{A}\boldsymbol{P}=\boldsymbol{\Lambda}.$$

而在本章第二节的例 5.7 中，三阶矩阵 $\boldsymbol{A}$ 的二重特征值对应的特征向量不满足定理 5.13 的条件，则该矩阵不能对角化.

习题 5.3

1. 判断习题 5.2 中第 1 题各小题的矩阵是否可以相似对角化；如果与对角矩阵相似，则写出相似对角矩阵 $\boldsymbol{\Lambda}$ 及可逆矩阵 $\boldsymbol{P}$.

2. 已知 $\boldsymbol{A}, \boldsymbol{B}$ 均为 n 阶矩阵，其中 $\boldsymbol{A}$ 可逆，证明：$\boldsymbol{AB}$ 与 $\boldsymbol{BA}$ 相似.

3. 设矩阵

$$\boldsymbol{A}=\begin{pmatrix} 0 & 0 & 1 \\ 1 & 1 & x \\ 1 & 0 & 0 \end{pmatrix},$$

求 x 为何值时，$\boldsymbol{A}$ 可对角化.

4. 已知三阶矩阵 $\boldsymbol{A}$ 与矩阵 $\boldsymbol{B}$ 相似，且矩阵 $\boldsymbol{A}$ 的特征值分别为 1, 2, 3，求行列式 $|2\boldsymbol{B}-\boldsymbol{E}|$ 的值.

5. 设 $\boldsymbol{A}=\begin{pmatrix} 3 & 5 \\ 1 & -1 \end{pmatrix}$，求 $\boldsymbol{A}^n$.

§5.4 实对称矩阵的对角化

通过上一节的讨论，我们已经知道，并不是任何方阵都可以对角化. 但是，由于实对称矩阵具有一些特殊的性质，通过本节的讨论，我们可以发现，实对称矩阵一定可以对角化.

5.4.1 实对称矩阵的性质

定理 5.14 实对称矩阵的特征值都是实数.

（证明略）

定理 5.15 实对称矩阵中对应于不同特征值的特征向量是正交的.

证明 设 $\boldsymbol{A}$ 为 n 阶实对称矩阵，$\boldsymbol{\alpha}_1,\boldsymbol{\alpha}_2$ 分别是 $\boldsymbol{A}$ 的对应于不同特征值 λ_1,λ_2 的特征向量，于是

$$\boldsymbol{A}\boldsymbol{\alpha}_1=\lambda_1\boldsymbol{\alpha}_1\,(\boldsymbol{\alpha}_1\neq\boldsymbol{0});\quad \boldsymbol{A}\boldsymbol{\alpha}_2=\lambda_2\boldsymbol{\alpha}_2\,(\boldsymbol{\alpha}_2\neq\boldsymbol{0}).$$

所以

$$\boldsymbol{\alpha}_2^{\mathrm{T}}\boldsymbol{A}\boldsymbol{\alpha}_1=\lambda_1\boldsymbol{\alpha}_2^{\mathrm{T}}\boldsymbol{\alpha}_1,\quad \boldsymbol{\alpha}_1^{\mathrm{T}}\boldsymbol{A}\boldsymbol{\alpha}_2=\lambda_2\boldsymbol{\alpha}_1^{\mathrm{T}}\boldsymbol{\alpha}_2.$$

注意到 $\boldsymbol{A}$ 为 n 阶实对称矩阵，$\boldsymbol{\alpha}_2^{\mathrm{T}}\boldsymbol{A}\boldsymbol{\alpha}_1$ 是一个数，则有

$$\boldsymbol{\alpha}_2^{\mathrm{T}}\boldsymbol{A}\boldsymbol{\alpha}_1=(\boldsymbol{\alpha}_2^{\mathrm{T}}\boldsymbol{A}\boldsymbol{\alpha}_1)^{\mathrm{T}}=\boldsymbol{\alpha}_1^{\mathrm{T}}\boldsymbol{A}\boldsymbol{\alpha}_2.$$

由此可得

$$\lambda_1\boldsymbol{\alpha}_2^{\mathrm{T}}\boldsymbol{\alpha}_1=\lambda_2\boldsymbol{\alpha}_1^{\mathrm{T}}\boldsymbol{\alpha}_2.$$

而 $\boldsymbol{\alpha}_2^{\mathrm{T}}\boldsymbol{\alpha}_1=\boldsymbol{\alpha}_1^{\mathrm{T}}\boldsymbol{\alpha}_2$，故有

$$(\lambda_1-\lambda_2)\boldsymbol{\alpha}_2^{\mathrm{T}}\boldsymbol{\alpha}_1=\boldsymbol{0}.$$

由 $\lambda_1 \neq \lambda_2$，可得 $\boldsymbol{\alpha}_2^{\mathrm{T}}\boldsymbol{\alpha}_1 = 0$，即 $\boldsymbol{\alpha}_1$ 与 $\boldsymbol{\alpha}_2$ 正交．证毕．

定理 5.16　设 $\boldsymbol{A}$ 为 n 阶实对称矩阵，则存在正交矩阵 $\boldsymbol{Q}$，使 $\boldsymbol{Q}^{-1}\boldsymbol{A}\boldsymbol{Q}=\boldsymbol{Q}^{\mathrm{T}}\boldsymbol{A}\boldsymbol{Q}=\boldsymbol{\Lambda}$ 为对角矩阵，即 $\boldsymbol{A}$ 可以对角化．

（用数学归纳法求证，证明从略．）

5.4.2　实对称矩阵对角化的方法

根据前面的讨论，可以得出将已知 n 阶实对称矩阵 $\boldsymbol{A}$ 对角化的方法．

首先，求出 $\boldsymbol{A}$ 的 n 个实特征值．

然后，分以下两种情况将 $\boldsymbol{A}$ 对角化：

（1）若 $\boldsymbol{A}$ 的 n 个特征值为单根，即 $\boldsymbol{A}$ 恰有 n 个不同的特征值 $\lambda_1,\lambda_2,\cdots,\lambda_n$，则每个特征值对应的特征向量是两两正交的（见定理 5.15）．此时，根据本章第一节的定理 5.3，只需要把每个特征向量单位化，即可获得正交矩阵 $\boldsymbol{Q}$ ——其列向量依次为这些单位化后的特征向量，并使矩阵 $\boldsymbol{Q}^{-1}\boldsymbol{A}\boldsymbol{Q}=\boldsymbol{\Lambda}$ 为对角矩阵，其中，$\boldsymbol{\Lambda}$ 的主对角线上的元素依次为 $\boldsymbol{A}$ 的 n 个不同的特征值 $\lambda_1,\lambda_2,\cdots,\lambda_n$．

（2）如果 $\boldsymbol{A}$ 的 n 个特征值有重根，即 n 阶实对称矩阵 $\boldsymbol{A}$ 有 $m(1 \leqslant m < n)$ 个不同的特征值 $\lambda_1,\lambda_2,\cdots,\lambda_m$，其重数分别为 $k_1,k_2,\cdots,k_m$，且 $k_1+k_2+\cdots+k_m=n$．

可以证明：对于 n 阶实对称矩阵 $\boldsymbol{A}$ 的 k_i 重特征根 $\lambda_i\ (i=1,2,\cdots,m)$，$\boldsymbol{A}$ 恰有 k_i 个对应于特征值 λ_i 的线性无关的特征向量（证明略）．利用施密特正交化方法把这 k_i 个特征向量正交化，正交化后的 k_i 个向量仍是 $\boldsymbol{A}$ 的对应于特征值 λ_i 的特征向量．由于 $\boldsymbol{A}$ 的对应于不同特征值的特征向量相互正交，故可以求得 $k_1+k_2+\cdots+k_m=n$ 个正交化的特征向量构成的向量组，再把这些特征向量单位化，即可求得正交矩阵 $\boldsymbol{Q}$（同样地，其列向量依次为这些单位化后的特征向量），并使 $\boldsymbol{Q}^{-1}\boldsymbol{A}\boldsymbol{Q}=\boldsymbol{\Lambda}$ 为对角矩阵，其中，

$$\boldsymbol{\Lambda}=\mathrm{diag}(\overbrace{\lambda_1,\cdots,\lambda_1}^{k_1},\overbrace{\lambda_2,\cdots,\lambda_2}^{k_2},\cdots,\overbrace{\lambda_m,\cdots,\lambda_m}^{k_m})$$

即，对角矩阵 $\boldsymbol{\Lambda}$ 的主对角线上的元素 λ_i 的重数为 $k_i\ (i=1,2,\cdots,m)$，并且排列顺序与 $\boldsymbol{Q}$ 中的正交单位向量组的排列顺序相对应．

例 5.14　设三阶实对称矩阵 $\boldsymbol{A}=\begin{pmatrix} 1 & -2 & 0 \\ -2 & 2 & -2 \\ 0 & -2 & 3 \end{pmatrix}$，求正交矩阵 $\boldsymbol{Q}$，使 $\boldsymbol{Q}^{-1}\boldsymbol{A}\boldsymbol{Q}$ 为对角矩阵．

解　矩阵 $\boldsymbol{A}$ 的特征方程为

$$\det(\lambda\boldsymbol{E}-\boldsymbol{A})=\begin{vmatrix} \lambda-1 & 2 & 0 \\ 2 & \lambda-2 & 2 \\ 0 & 2 & \lambda-3 \end{vmatrix}=0.$$

由此可得

$$(\lambda+1)(\lambda-2)(\lambda-5)=0.$$

所以，$\boldsymbol{A}$ 的特征值为 $\lambda_1=-1,\lambda_2=2,\lambda_3=5$．将它们分别代入 $(\lambda\boldsymbol{E}-\boldsymbol{A})\boldsymbol{x}=\boldsymbol{0}$，可解得相应的基础

解系分别为

$$\boldsymbol{\alpha}_1=(2,2,1)^{\mathrm T},\ \boldsymbol{\alpha}_2=(2,-1,-2)^{\mathrm T},\ \boldsymbol{\alpha}_3=(1,-2,2)^{\mathrm T}.$$

不难验证，$\boldsymbol{\alpha}_1,\boldsymbol{\alpha}_2,\boldsymbol{\alpha}_3$是正交向量组. 将$\boldsymbol{\alpha}_1,\boldsymbol{\alpha}_2,\boldsymbol{\alpha}_3$单位化，得

$$\bar{\boldsymbol{\alpha}}_1=\frac{1}{\|\boldsymbol{\alpha}_1\|}\boldsymbol{\alpha}_1=\left(\frac{2}{3},\frac{2}{3},\frac{1}{3}\right)^{\mathrm T};\ \bar{\boldsymbol{\alpha}}_2=\frac{1}{\|\boldsymbol{\alpha}_2\|}\boldsymbol{\alpha}_2=\left(\frac{2}{3},-\frac{1}{3},-\frac{2}{3}\right)^{\mathrm T};\ \bar{\boldsymbol{\alpha}}_3=\frac{1}{\|\boldsymbol{\alpha}_3\|}\boldsymbol{\alpha}_3=\left(\frac{1}{3},-\frac{2}{3},\frac{2}{3}\right)^{\mathrm T}.$$

令

$$\boldsymbol{Q}=(\bar{\boldsymbol{\alpha}}_1,\bar{\boldsymbol{\alpha}}_2,\bar{\boldsymbol{\alpha}}_3)=\begin{pmatrix}\frac{2}{3}&\frac{2}{3}&\frac{1}{3}\\ \frac{2}{3}&-\frac{1}{3}&-\frac{2}{3}\\ \frac{1}{3}&-\frac{2}{3}&\frac{2}{3}\end{pmatrix},$$

则有

$$\boldsymbol{Q}^{-1}\boldsymbol{A}\boldsymbol{Q}=\boldsymbol{Q}^{\mathrm T}\boldsymbol{A}\boldsymbol{Q}=\begin{pmatrix}-1&0&0\\0&2&0\\0&0&5\end{pmatrix}.$$

例 5.15 设三阶实对称矩阵$\boldsymbol{A}=\begin{pmatrix}2&2&-2\\2&5&-4\\-2&-4&5\end{pmatrix}$，求正交矩阵$\boldsymbol{Q}$，使$\boldsymbol{Q}^{-1}\boldsymbol{A}\boldsymbol{Q}$为对角矩阵.

解 矩阵$\boldsymbol{A}$的特征方程为

$$\det(\lambda\boldsymbol{E}-\boldsymbol{A})=\begin{vmatrix}\lambda-2&-2&2\\-2&\lambda-5&4\\2&4&\lambda-5\end{vmatrix}=0.$$

由此可得

$$(\lambda-1)^2(\lambda-10)=0.$$

所以，$\boldsymbol{A}$的特征值为$\lambda_1=\lambda_2=1,\lambda_3=10$.

将$\lambda_1=\lambda_2=1$代入$(\lambda\boldsymbol{E}-\boldsymbol{A})\boldsymbol{x}=\boldsymbol{0}$，得其基础解系

$$\boldsymbol{\alpha}_1=(-2,1,0)^{\mathrm T},\ \boldsymbol{\alpha}_2=(2,0,1)^{\mathrm T}.$$

利用施密特正交化方法，将$\boldsymbol{\alpha}_1,\boldsymbol{\alpha}_2$正交化得

$$\bar{\boldsymbol{\alpha}}_1=\boldsymbol{\alpha}_1;$$

$$\bar{\boldsymbol{\alpha}}_2=\boldsymbol{\alpha}_2-\frac{\boldsymbol{\alpha}_2^{\mathrm T}\bar{\boldsymbol{\alpha}}_1}{\bar{\boldsymbol{\alpha}}_1^{\mathrm T}\bar{\boldsymbol{\alpha}}_1}\bar{\boldsymbol{\alpha}}_1=(2,0,1)^{\mathrm T}-\left(-\frac{4}{5}\right)(-2,0,1)^{\mathrm T}=\left(\frac{2}{5},\frac{4}{5},1\right)^{\mathrm T}$$

再将$\bar{\boldsymbol{\alpha}}_1,\bar{\boldsymbol{\alpha}}_2$单位化，得

$$\boldsymbol{\alpha}_1^*=\frac{1}{\|\bar{\boldsymbol{\alpha}}_1\|}\bar{\boldsymbol{\alpha}}_1=\frac{1}{\sqrt{5}}(-2,1,0)^{\mathrm T};$$

$$\boldsymbol{\alpha}_2^* = \frac{1}{\|\bar{\boldsymbol{\alpha}}_2\|}\bar{\boldsymbol{\alpha}}_2 = \frac{\sqrt{5}}{3}\left(\frac{2}{5},\frac{4}{5},1\right)^{\mathrm{T}}.$$

将 $\lambda_3 = 10$ 代入 $(\lambda\boldsymbol{E}-\boldsymbol{A})\boldsymbol{x}=\boldsymbol{0}$，得其基础解系

$$\boldsymbol{\alpha}_3 = (1,2,-2)^{\mathrm{T}}.$$

单位化得

$$\boldsymbol{\alpha}_3^* = \frac{1}{\|\boldsymbol{\alpha}_3\|}\boldsymbol{\alpha}_3 = \frac{1}{3}(1,2,-2)^{\mathrm{T}}.$$

令

$$\boldsymbol{Q} = (\boldsymbol{\alpha}_1^*,\boldsymbol{\alpha}_2^*,\boldsymbol{\alpha}_3^*) = \begin{pmatrix} -\frac{2}{5}\sqrt{5} & \frac{2}{15}\sqrt{5} & \frac{1}{3} \\ \frac{\sqrt{5}}{5} & \frac{4}{15}\sqrt{5} & \frac{2}{3} \\ 0 & \frac{1}{3}\sqrt{5} & -\frac{2}{3} \end{pmatrix},$$

则有

$$\boldsymbol{Q}^{-1}\boldsymbol{A}\boldsymbol{Q} = \boldsymbol{Q}^{\mathrm{T}}\boldsymbol{A}\boldsymbol{Q} = \begin{pmatrix} 1 & 0 & 0 \\ 0 & 1 & 0 \\ 0 & 0 & 10 \end{pmatrix}.$$

习题 5.4

1. 对下列各小题中的实对称矩阵 $\boldsymbol{A}$，求正交矩阵 $\boldsymbol{Q}$，使 $\boldsymbol{Q}^{-1}\boldsymbol{A}\boldsymbol{Q}$ 为对角矩阵.

（1）$\boldsymbol{A} = \begin{pmatrix} 0 & 0 & 1 \\ 0 & 0 & 0 \\ 1 & 0 & 0 \end{pmatrix}$；　（2）$\boldsymbol{A} = \begin{pmatrix} 1 & 1 & 1 \\ 1 & 1 & 1 \\ 1 & 1 & 1 \end{pmatrix}$；

（3）$\boldsymbol{A} = \begin{pmatrix} 1 & -2 & 0 \\ -2 & 2 & -2 \\ 0 & -2 & 3 \end{pmatrix}$；　（4）$\boldsymbol{A} = \begin{pmatrix} 2 & -1 & -1 & 1 \\ -1 & 2 & 1 & -1 \\ -1 & 1 & 2 & -1 \\ 1 & -1 & -1 & 2 \end{pmatrix}$.

2. 证明：正交矩阵的实特征值为 1 或 -1.

3. 设 $\boldsymbol{A}$ 为三阶实对称矩阵，$\boldsymbol{A}$ 的特征值为 $\lambda_1 = \lambda_2 = 1,\ \lambda_3 = 4$，且特征值 $\lambda_3 = 4$ 对应的特征向量为 $\boldsymbol{\alpha}_3 = (1,-1,-1)^{\mathrm{T}}$，求矩阵 $\boldsymbol{A}$.

4. 已知 $\boldsymbol{A}$ 是三阶实对称矩阵，秩 $r(\boldsymbol{A}) = 2$，且 $\boldsymbol{A}^2 = \boldsymbol{A}$，求实对称矩阵 $\boldsymbol{A}$ 的全部特征值.

综合练习 5

1. 设 λ_1 和 λ_2 为矩阵 $\boldsymbol{A}$ 的两个不同特征值，对应的特征向量为 $\boldsymbol{\alpha}_1$ 和 $\boldsymbol{\alpha}_2$，证明：$\boldsymbol{\alpha}_1 + \boldsymbol{\alpha}_2$ 不

是矩阵 $\boldsymbol{A}$ 的特征向量.

2. 设 $\boldsymbol{A}$ 为三阶矩阵，$\boldsymbol{A}$ 的特征值为 1,3,5，试求行列式 $\det(\boldsymbol{A}^* - 2\boldsymbol{E})$ 的值，其中 $\boldsymbol{A}^*$ 是 $\boldsymbol{A}$ 的伴随矩阵.

3. 已知 $\boldsymbol{A}$ 是三阶矩阵,如果非齐次线性方程组 $\boldsymbol{Ax}=\boldsymbol{b}$ 有通解 $\boldsymbol{x}=5\boldsymbol{b}+c_1\boldsymbol{\eta}_1+c_2\boldsymbol{\eta}_2$,求矩阵 $\boldsymbol{A}$ 的特征值和特征向量.

4. 设 $\boldsymbol{A}$ 为二阶矩阵，$\boldsymbol{\alpha}_1,\boldsymbol{\alpha}_2$ 为线性无关的二维列向量，$\boldsymbol{A\alpha}_1=\boldsymbol{0}$，$\boldsymbol{A\alpha}_2=2\boldsymbol{\alpha}_1+\boldsymbol{\alpha}_2$，求 $\boldsymbol{A}$ 的特征值和特征向量.

5. 已知矩阵 $\boldsymbol{A}=\begin{pmatrix} 2 & 1 & -1 \\ 1 & 2 & 1 \\ -1 & 1 & 2 \end{pmatrix}$，$\boldsymbol{B}=\begin{pmatrix} 2 & 0 & 1 \\ -1 & 3 & 1 \\ 2 & 0 & 1 \end{pmatrix}$，判断 $\boldsymbol{A}$ 与 $\boldsymbol{B}$ 是否相似，并说明理由.

6. 设 n 阶矩阵 $\boldsymbol{A}$ 与 $\boldsymbol{B}$ 相似，m 阶矩阵 $\boldsymbol{C}$ 与 $\boldsymbol{D}$ 相似，证明：$\begin{pmatrix} \boldsymbol{A} & \boldsymbol{O} \\ \boldsymbol{O} & \boldsymbol{C} \end{pmatrix}$ 与 $\begin{pmatrix} \boldsymbol{B} & \boldsymbol{O} \\ \boldsymbol{O} & \boldsymbol{D} \end{pmatrix}$ 相似.

7. 设矩阵 $\boldsymbol{A}=\begin{pmatrix} 1 & -1 & 1 \\ a & 4 & b \\ -3 & -3 & 5 \end{pmatrix}$,已知 $\boldsymbol{A}$ 有三个线性无关的特征向量,$\lambda=2$ 是 $\boldsymbol{A}$ 的二重特征值,求可逆矩阵 $\boldsymbol{P}$，使得 $\boldsymbol{P}^{-1}\boldsymbol{AP}$ 为对角矩阵.

8. 已知 $\boldsymbol{A}=\begin{pmatrix} 3 & 4 \\ -1 & -1 \end{pmatrix}$，$\boldsymbol{P}=\begin{pmatrix} 2 & 3 \\ -1 & -1 \end{pmatrix}$，$\boldsymbol{B}=\boldsymbol{P}^{-1}\boldsymbol{AP}$，求 $\boldsymbol{A}^{100}$.

9. 已知 $\boldsymbol{A}$ 为三阶实对称矩阵，$\boldsymbol{A}$ 的各行元素之和均为 3，而向量 $\boldsymbol{\alpha}_1=(-1,2,-1)^{\mathrm{T}}$，$\boldsymbol{\alpha}_2=(0,-1,-1)^{\mathrm{T}}$ 是齐次线性方程组 $\boldsymbol{Ax}=\boldsymbol{0}$ 的两个解.

（1）求 $\boldsymbol{A}$ 的特征值和特征向量.

（2）求正交矩阵 $\boldsymbol{Q}$ 和对角矩阵 $\boldsymbol{\Lambda}$，使 $\boldsymbol{Q}^{-1}\boldsymbol{AQ}=\boldsymbol{\Lambda}$.

10. 设 $\boldsymbol{A}$ 为三阶实对称矩阵，其特征值为 $\lambda_1=1,\ \lambda_2=2,\ \lambda_3=-2$，且属于特征值 $\lambda_1=1$ 的特征向量为 $\boldsymbol{\alpha}_1=(1,-1,1)^{\mathrm{T}}$，矩阵 $\boldsymbol{B}=\boldsymbol{A}^5-4\boldsymbol{A}^3+\boldsymbol{E}$.

（1）验证 $\boldsymbol{\alpha}_1$ 是矩阵 $\boldsymbol{B}$ 的特征向量，并求 $\boldsymbol{B}$ 的全部特征值及线性无关的特征向量.

（2）求矩阵 $\boldsymbol{B}$.

第 6 章　二次型

二次型是线性代数的重要内容之一，它起源于几何学中二次曲线方程和二次曲面方程化为标准形问题的研究，这一理论在数理统计、物理学、力学以及现代控制理论等领域都有重要的应用. 本章主要介绍二次型的概念，讨论二次型的标准化以及正定二次型的判定等问题.

§6.1　二次型与对称矩阵

6.1.1　二次型的概念

定义 6.1　含有 n 个变量 $x_1, x_2, \cdots, x_n$ 的二次齐次函数

$$\begin{aligned} f(x_1,x_2,\cdots,x_n) = & a_{11}x_1^2 + 2a_{12}x_1x_2 + \cdots + 2a_{1n}x_1x_n \\ & + a_{22}x_2^2 + 2a_{23}x_2x_3 + \cdots + 2a_{2n}x_2x_n \\ & \cdots\cdots \\ & + a_{nn}x_n^2 \end{aligned} \tag{6-1}$$

称为 **n 元二次型**，简称**二次型**. 若 a_{ij} 为实数，则称二次型 f 为**实二次型**；若 a_{ij} 为复数，则称二次型 f 为**复二次型**. 这里我们只讨论实二次型.

下面是实二次型的例子：

$$f(x_1,x_2,x_3) = 3x_1^2 + 6x_2^2 + 5x_3^2 - 2x_1x_3\,,$$
$$f(x_1,x_2,x_3) = 2x_1x_2 + x_1x_3 + 3x_2x_3\,,$$
$$f(x,y,z) = x^2 + 2y^2 + 3z^2 - 3xy\,,$$
$$f(x_1,x_2,x_3) = 3x_1^2 + 4x_2^2 - 5x_3^2.$$

但下列多项式就不是二次型：

$$f(x_1,x_2,x_3) = 2x_1^2 + 5x_2^2 - 4x_3^2 + 1\,,$$
$$f(x,y,z) = x^2 + 2y^2 + 3z^2 - 4xy + 2y\,.$$

6.1.2　二次型的表示方法

1. 代数表示

因为 $x_ix_j = x_jx_i$，故二次型（6-1）可以写成

$$\begin{aligned} f(x_1,x_2,\cdots,x_n) &= a_{11}x_1^2 + a_{12}x_1x_2 + \cdots + a_{1n}x_1x_n \\ &\quad + a_{21}x_2x_1 + a_{22}x_2^2 + \cdots + a_{2n}x_n \\ &\quad \cdots\cdots \\ &\quad + a_{n1}x_nx_1 + a_{n2}x_nx_2 + \cdots + a_{nn}x_n^2 \\ &= \sum_{j=1}^{n} a_{1j}x_1x_j + \sum_{j=1}^{n} a_{2j}x_2x_j + \cdots + \sum_{j=1}^{n} a_{nj}x_nx_j \\ &= \sum_{i=1}^{n}\left(\sum_{j=1}^{n} a_{ij}x_ix_j\right) \\ &= \sum_{i=1}^{n}\sum_{j=1}^{n} a_{ij}x_ix_j, \end{aligned} \tag{6-2}$$

其中 $a_{ij}=a_{ji}$， $i,j=1,2,\cdots,n$.

2. 矩阵表示

取 $a_{ij}=a_{ji}$，故二次型（6-1）也可以写成

$$\begin{aligned} f(x_1,x_2,\cdots,x_n) &= x_1(a_{11}x_1 + a_{12}x_2 + \cdots + a_{1n}x_n) \\ &\quad + x_2(a_{21}x_1 + a_{22}x_2 + \cdots + a_{2n}x_n) \\ &\quad \cdots\cdots \\ &\quad + x_n(a_{n1}x_1 + a_{n2}x_2 + \cdots + a_{nn}x_n) \\ &= (x_1,x_2,\cdots,x_n)\begin{pmatrix} a_{11}x_1 + a_{12}x_2 + \cdots + a_{1n}x_n \\ a_{21}x_1 + a_{22}x_2 + \cdots + a_{2n}x_n \\ \vdots \\ a_{n1}x_1 + a_{n2}x_2 + \cdots + a_{nn}x_n \end{pmatrix}. \\ &= (x_1,x_2,\cdots,x_n)\begin{pmatrix} a_{11} & a_{12} & \cdots & a_{1n} \\ a_{21} & a_{22} & \cdots & a_{2n} \\ \vdots & \vdots & & \vdots \\ a_{n1} & a_{n2} & \cdots & a_{nn} \end{pmatrix}\begin{pmatrix} x_1 \\ x_2 \\ \vdots \\ x_n \end{pmatrix}. \end{aligned} \tag{6-3}$$

若令

$$\boldsymbol{A} = \begin{pmatrix} a_{11} & a_{12} & \cdots & a_{1n} \\ a_{21} & a_{22} & \cdots & a_{2n} \\ \vdots & \vdots & & \vdots \\ a_{n1} & a_{n2} & \cdots & a_{nn} \end{pmatrix}, \quad \boldsymbol{x} = \begin{pmatrix} x_1 \\ x_2 \\ \vdots \\ x_n \end{pmatrix},$$

则二次型可以表示为 $f(x_1,x_2,\cdots,x_n)=\boldsymbol{x}^{\mathrm{T}}\boldsymbol{A}\boldsymbol{x}$，其中 $\boldsymbol{A}$ 称为二次型 f 的矩阵. 显然， $\boldsymbol{A}^{\mathrm{T}}=\boldsymbol{A}$，对称矩阵 A 的秩称为**二次型 f 的秩**.

注：（1）由于 $a_{ij}=a_{ji}$，二次型的矩阵 $\boldsymbol{A}$ 一定是对称矩阵.（2）二次型和它的对称矩阵之间存在一一对应关系，即任意一个 n 元实二次型就能确定一个 n 阶的实对称矩阵，反之，任意一个 n 阶的实对称矩阵就能确定一个实二次型.（3）将对称矩阵 $\boldsymbol{A}$ 的秩称为其对应的二次型 f 的秩.

例 6.1　求下列二次型的矩阵：

$$f(x_1,x_2,x_3)=2x_1^2+4x_2^2+5x_3^2-4x_1x_3 .$$

解　所求的矩阵为

$$A=\begin{pmatrix}2&0&-2\\0&4&0\\-2&0&5\end{pmatrix}.$$

例 6.2　求与对称矩阵

$$A=\begin{pmatrix}1&3&-2\\3&2&0\\-2&0&4\end{pmatrix}$$

相对应的二次型.

解　与对称矩阵相对应的二次型为

$$f(x_1,x_2,x_3)=x_1^2+2x_2^2+4x_3^2+6x_1x_2-4x_1x_3 .$$

例 6.3　求二次型 $f(x_1,x_2,x_3)=(x_1+x_2)^2+(x_2-x_3)^2+(x_3+x_1)^2$ 的秩.

解　二次型的秩即对应的矩阵的秩.

$$\begin{aligned}f(x_1,x_2,x_3)&=(x_1+x_2)^2+(x_2-x_3)^2+(x_3+x_1)^2\\&=2x_1^2+2x_2^2+2x_3^2+2x_1x_2+2x_1x_3-2x_2x_3,\end{aligned}$$

于是二次型的矩阵为

$$A=\begin{pmatrix}2&1&1\\1&2&-1\\1&-1&2\end{pmatrix}.$$

对 A 作初等变换得

$$A\to\begin{pmatrix}1&-1&2\\0&3&-3\\0&3&-3\end{pmatrix}\to\begin{pmatrix}1&-1&2\\0&3&-3\\0&0&0\end{pmatrix},$$

从而 $r(A)=2$，即二次型的秩为 2.

习题 6.1

1. 判断下列函数中，哪些是二次型，哪些不是二次型.

（1） $f(x,y)=x^2+4xy+y^2$；

（2） $f(x_1,x_2,x_3)=x_1^2+x_1^2x_2^2+x_3^2$；

（3）$f(x_1,x_2,x_3)=x_1^2+x_1x_2+x_3^2+3x_3+1$；

（4）$f(x,y,z)=2x^2+3xy+\sqrt{5}xz-6xz+z^2$.

2. 用矩阵记号表示下列二次型.

（1）$f=x^2+y^2-7z^2-3xy-5xz+6yz$；

（2）$f(x_1,x_2,x_3)=x_1^2+3x_2^2+6x_3^2-2x_1x_2-4x_2x_3$.

3. 写出下列二次型的矩阵，并求二次型的秩.

（1）$f=\boldsymbol{x}^{\mathrm{T}}\begin{pmatrix}2&1\\3&1\end{pmatrix}\boldsymbol{x}$；　　（2）$f=\boldsymbol{x}^{\mathrm{T}}\begin{pmatrix}1&2&3\\4&5&6\\7&8&9\end{pmatrix}\boldsymbol{x}$.

§6.2　二次型的标准形

6.2.1　二次型的标准形概念

定义 6.2　设 $x_1,x_2,\cdots,x_n$ 和 $y_1,y_2,\cdots,y_n$ 为两组变量，

$$\begin{cases}x_1=c_{11}y_1+c_{12}y_2+\cdots+c_{1n}y_n\\x_2=c_{21}y_1+c_{22}y_2+\cdots+c_{2n}y_n\\\quad\cdots\cdots\\x_n=c_{n1}y_1+c_{n2}y_2+\cdots+c_{nn}y_n\end{cases}\tag{6-4}$$

称为由向量 $\boldsymbol{x}=(x_1,x_2,\cdots,x_n)^{\mathrm{T}}$ 到向量 $\boldsymbol{y}=(y_1,y_2,\cdots,y_n)^{\mathrm{T}}$ 的一个**线性变换**.

若记

$$\boldsymbol{C}=\begin{pmatrix}c_{11}&c_{12}&\cdots&c_{1n}\\c_{21}&c_{22}&\cdots&c_{2n}\\\vdots&\vdots&&\vdots\\c_{n1}&c_{n2}&\cdots&c_{nn}\end{pmatrix},$$

则线性变换（6-4）可以写成

$$\boldsymbol{x}=\boldsymbol{C}\boldsymbol{y},$$

其中，矩阵 $\boldsymbol{C}$ 称为线性变换的系数矩阵. 特别地，当 $\boldsymbol{C}$ 为可逆矩阵时，$\boldsymbol{x}=\boldsymbol{C}\boldsymbol{y}$ 称为**可逆线性变换**.

对于给定的二次型 $f(x_1,x_2,\cdots,x_n)=\boldsymbol{x}^{\mathrm{T}}\boldsymbol{A}\boldsymbol{x}$，经过可逆线性变换 $\boldsymbol{x}=\boldsymbol{C}\boldsymbol{y}$（也即将式（6-4）代入式（6-3）)，所得还是二次型，即

$$f(x_1,x_2,\cdots,x_n)=(\boldsymbol{C}\boldsymbol{y})^{\mathrm{T}}A(\boldsymbol{C}\boldsymbol{y})=\boldsymbol{y}^{\mathrm{T}}(\boldsymbol{C}^{\mathrm{T}}\boldsymbol{A}\boldsymbol{C})\boldsymbol{y}.$$

显然，原二次型的矩阵为 $\boldsymbol{A}$，经过可逆线性变换所得的新二次型的矩阵为 $\boldsymbol{C}^{\mathrm{T}}\boldsymbol{A}\boldsymbol{C}$，变量变换为 $\boldsymbol{y}$；原二次型的矩阵 $\boldsymbol{A}$ 与新二次型的矩阵 $\boldsymbol{B}=\boldsymbol{C}^{\mathrm{T}}\boldsymbol{A}\boldsymbol{C}$ 具有一种特殊关系，我们称之为矩阵的合同.

定义 6.3　若 $\boldsymbol{A},\boldsymbol{B}$ 为 n 阶方阵，存在 n 阶可逆方阵 $\boldsymbol{C}$，使得

$$\boldsymbol{B}=\boldsymbol{C}^{\mathrm{T}}\boldsymbol{A}\boldsymbol{C},$$

则称**矩阵 $\boldsymbol{A}$ 与 $\boldsymbol{B}$ 合同**，记为 $\boldsymbol{A}\backsimeq\boldsymbol{B}$. 矩阵 $\boldsymbol{C}$ 称为将矩阵 $\boldsymbol{A}$ 变为矩阵 $\boldsymbol{B}$ 的**合同变换矩阵**.

矩阵之间的合同关系是一个等价关系，它具有以下性质：

（1）反身性：任意矩阵 $\boldsymbol{A}$ 都与其自身合同，$\boldsymbol{A}\backsimeq\boldsymbol{A}$.

因为 $\boldsymbol{A}=\boldsymbol{E}^{\mathrm{T}}\boldsymbol{A}\boldsymbol{E}$.

（2）对称性：若 $\boldsymbol{B}\backsimeq\boldsymbol{A}$，那么 $\boldsymbol{A}\backsimeq\boldsymbol{B}$.

实际上，由 $\boldsymbol{B}=\boldsymbol{C}^{\mathrm{T}}\boldsymbol{A}\boldsymbol{C}$，即得 $\boldsymbol{A}=(\boldsymbol{C}^{-1})^{\mathrm{T}}\boldsymbol{B}\boldsymbol{C}^{-1}$.

（3）传递性：若 $\boldsymbol{A}\backsimeq\boldsymbol{B}$ 且 $\boldsymbol{B}\backsimeq\boldsymbol{C}$，则 $\boldsymbol{A}\backsimeq\boldsymbol{C}$.

若有可逆矩阵 $\boldsymbol{Q}_1,\boldsymbol{Q}_2$ 使得：

$$\boldsymbol{B}=\boldsymbol{Q}_1^{\mathrm{T}}\boldsymbol{A}\boldsymbol{Q}_1,\quad \boldsymbol{C}=\boldsymbol{Q}_2^{\mathrm{T}}\boldsymbol{B}\boldsymbol{Q}_2,$$

则有

$$\boldsymbol{C}=(\boldsymbol{Q}_1\boldsymbol{Q}_2)^{\mathrm{T}}\boldsymbol{A}(\boldsymbol{Q}_1\boldsymbol{Q}_2).$$

定理 6.1　若 $\boldsymbol{A}$ 与 $\boldsymbol{B}$ 合同，且 $\boldsymbol{A}$ 为对称矩阵，则 $\boldsymbol{B}$ 也为对称矩阵，且 $r(\boldsymbol{A})=r(\boldsymbol{B})$.

证明　$\boldsymbol{A}$ 与 $\boldsymbol{B}$ 合同，即存在 n 阶可逆阵 $\boldsymbol{C}$ 使得 $\boldsymbol{B}=\boldsymbol{C}^{\mathrm{T}}\boldsymbol{A}\boldsymbol{C}$. 又 $\boldsymbol{A}$ 为对称矩阵，即有 $\boldsymbol{A}=\boldsymbol{A}^{\mathrm{T}}$，于是

$$\boldsymbol{B}^{\mathrm{T}}=(\boldsymbol{C}^{\mathrm{T}}\boldsymbol{A}\boldsymbol{C})^{\mathrm{T}}=\boldsymbol{C}^{\mathrm{T}}\boldsymbol{A}^{\mathrm{T}}\boldsymbol{C}=\boldsymbol{B},$$

所以 $\boldsymbol{B}$ 为对称矩阵.

又因 $\boldsymbol{B}=\boldsymbol{C}^{\mathrm{T}}\boldsymbol{A}\boldsymbol{C}$，$\boldsymbol{C}$ 为可逆矩阵，则有 $r(\boldsymbol{A})=r(\boldsymbol{B})$. 证毕.

注意：矩阵之间的相似与合同是两种不同的关系. 合同主要讨论的是对称矩阵之间的关系，若两个对称矩阵之间存在合同关系，这两个矩阵不一定相似. 例如，

$$\boldsymbol{A}=\begin{pmatrix}1&0\\0&3\end{pmatrix},\quad \boldsymbol{B}=\begin{pmatrix}1&0\\0&5\end{pmatrix},$$

矩阵 $\boldsymbol{A}$ 与 $\boldsymbol{B}$ 之间合同，但它们的特征值不同，因此它们不相似.

定义 6.4　若二次型 f 仅含有平方项，即

$$f(x_1,x_2,\cdots,x_n)=\lambda_1x_1^2+\lambda_2x_2^2+\cdots+\lambda_nx_n^2, \tag{6-5}$$

则称二次型 f 为**标准形（或法式）**.

若标准形中的系数 $\lambda_1,\lambda_2,\cdots,\lambda_n$ 仅在 $1,-1,0$ 三个数中取值，即

$$f=y_1^2+\cdots+y_p^2-y_{p+1}^2-\cdots-y_r^2. \tag{6-6}$$

则称之为二次型的**规范形**.

二次型 f 的标准形用矩阵表示为

$$f(x_1,x_2,\cdots,x_n)=(x_1,x_2,\cdots,x_n)\begin{pmatrix}\lambda_1&0&\cdots&0\\0&\lambda_2&\cdots&0\\\vdots&\vdots&&\vdots\\0&0&\cdots&\lambda_n\end{pmatrix}\begin{pmatrix}x_1\\x_2\\\vdots\\x_n\end{pmatrix}=\boldsymbol{x}^{\mathrm{T}}\boldsymbol{\Lambda}\boldsymbol{x}. \tag{6-7}$$

由于只含有平方项的二次型在计算、性质讨论等诸多方面能带来便利，因此对于二次型，我们讨论的主要问题是：寻求可逆线性变换使二次型只含平方项，也即将二次型经过可逆线性变换变成标准形，如式（6-5）.

将二次型化为标准形时，作可逆线性变换 $\boldsymbol{x}=\boldsymbol{C}\boldsymbol{y}$，则

$$f=\boldsymbol{x}^{\mathrm{T}}\boldsymbol{A}\boldsymbol{x}=(\boldsymbol{C}\boldsymbol{y})^{\mathrm{T}}\boldsymbol{A}(\boldsymbol{C}\boldsymbol{y})=\boldsymbol{y}^{\mathrm{T}}(\boldsymbol{C}^{\mathrm{T}}\boldsymbol{A}\boldsymbol{C})\boldsymbol{y}.$$

如果使 $\boldsymbol{C}^{\mathrm{T}}\boldsymbol{A}\boldsymbol{C}$ 成为一个对角阵，则原二次型就变成了标准形：

$$f=\boldsymbol{y}^{\mathrm{T}}(\boldsymbol{C}^{\mathrm{T}}\boldsymbol{A}\boldsymbol{C})\boldsymbol{y}=\lambda_1 y_1^2+\lambda_2 y_2^2+\cdots+\lambda_n y_n^2. \tag{6-8}$$

由此可见，从矩阵角度来看，把二次型标准化就是对二次型的实对称矩阵进行对角化，使 $\boldsymbol{C}^{\mathrm{T}}\boldsymbol{A}\boldsymbol{C}$ 成为对角矩阵.

6.2.2 化二次型为标准形的方法

1. 正交变换法

对任意 n 阶实对称矩阵 $\boldsymbol{A}$，总存在正交矩阵 $\boldsymbol{Q}$，使 $\boldsymbol{Q}^{-1}\boldsymbol{A}\boldsymbol{Q}=\boldsymbol{\Lambda}$. 因为 $\boldsymbol{Q}$ 是正交矩阵，存在 $\boldsymbol{Q}^{-1}=\boldsymbol{Q}^{\mathrm{T}}$，因此 $\boldsymbol{Q}^{-1}\boldsymbol{A}\boldsymbol{Q}=\boldsymbol{Q}^{\mathrm{T}}\boldsymbol{A}\boldsymbol{Q}=\boldsymbol{\Lambda}$. 即实对称矩阵 $\boldsymbol{A}$ 相似且合同于对角阵. 因此，将对称矩阵相似对角化也就实现了对二次型的标准化.

定理 6.2 对任意 n 元实二次型 $f(x_1,x_2,\cdots,x_n)=\boldsymbol{x}^{\mathrm{T}}\boldsymbol{A}\boldsymbol{x}$，总存在正交矩阵 $\boldsymbol{Q}$，由 $\boldsymbol{Q}$ 构成的可逆线性变换

$$\boldsymbol{x}=\boldsymbol{Q}\boldsymbol{y}$$

可将 f 化为标准形

$$f=\lambda_1 y_1^2+\lambda_2 y_2^2+\cdots+\lambda_n y_n^2,$$

其中 $\lambda_1,\lambda_2,\cdots,\lambda_n$ 是二次型 f 的矩阵 $\boldsymbol{A}$ 的特征值.

推论 对任意 n 元实二次型 $f(x_1,x_2,\cdots,x_n)=\boldsymbol{x}^{\mathrm{T}}\boldsymbol{A}\boldsymbol{x}$，总存在可逆线性变换 $\boldsymbol{x}=\boldsymbol{C}\boldsymbol{z}$，将 f 化为规范形.

证明 按定理 6.2，存在正交矩阵 $\boldsymbol{Q}$，作线性变换 $\boldsymbol{x}=\boldsymbol{Q}\boldsymbol{y}$，使得

$$f(\boldsymbol{Q}\boldsymbol{y})=\lambda_1 y_1^2+\lambda_2 y_2^2+\cdots+\lambda_n y_n^2=\boldsymbol{y}^{\mathrm{T}}\boldsymbol{\Lambda}\boldsymbol{y},$$

其中

$$\boldsymbol{\Lambda}=\begin{pmatrix}\lambda_1 & & & \\ & \lambda_2 & & \\ & & \ddots & \\ & & & \lambda_n\end{pmatrix}=\boldsymbol{Q}^{\mathrm{T}}\boldsymbol{A}\boldsymbol{Q}.$$

设二次型的秩为 r，则特征值 λ_i 中恰有 r 个不为 0，不妨设 $\lambda_1,\lambda_2,\cdots,\lambda_r$ 不等于 0，$\lambda_{r+1}=\cdots=\lambda_n=0$，令

$$K=\begin{pmatrix} k_1 & & & \\ & k_2 & & \\ & & \ddots & \\ & & & k_n \end{pmatrix},$$

其中

$$k_i=\begin{cases} \dfrac{1}{\sqrt{|\lambda_i|}}, & i\leqslant r \\ 1, & i>r \end{cases}.$$

则 $\boldsymbol{K}$ 可逆. 作可逆线性变换 $\boldsymbol{y}=\boldsymbol{Kz}$，则

$$f(\boldsymbol{Qy})=f(\boldsymbol{QKz})=\boldsymbol{z}^{\mathrm{T}}\boldsymbol{K}^{\mathrm{T}}\boldsymbol{Q}^{\mathrm{T}}\boldsymbol{AQKz}=\boldsymbol{z}^{\mathrm{T}}(\boldsymbol{K}^{\mathrm{T}}\boldsymbol{\Lambda K})\boldsymbol{z}.$$

而

$$\boldsymbol{K}^{\mathrm{T}}\boldsymbol{\Lambda K}=\mathrm{diag}\left(\frac{\lambda_1}{|\lambda_1|},\frac{\lambda_2}{|\lambda_2|},\cdots,\frac{\lambda_r}{|\lambda_r|},0,\cdots,0\right).$$

记 $\boldsymbol{C}=\boldsymbol{QK}$，可知存在可逆线性变换 $\boldsymbol{x}=\boldsymbol{Cz}$，把 f 化为规范形：

$$f=\frac{\lambda_1}{|\lambda_1|}z_1^2+\frac{\lambda_2}{|\lambda_2|}z_2^2+\cdots+\frac{\lambda_r}{|\lambda_r|}z_r^2.$$

证毕.

正交变换化二次型为标准形的基本步骤：

（1）写出二次型的对称矩阵 $\boldsymbol{A}$.

（2）求出对称矩阵 $\boldsymbol{A}$ 的特征值 $\lambda_1,\lambda_2,\cdots,\lambda_n$.

（3）将特征值 $\lambda_1,\lambda_2,\cdots,\lambda_n$ 分别代入齐次线性方程组 $(\boldsymbol{A}-\lambda_i\boldsymbol{E})\boldsymbol{x}=\boldsymbol{0}$，求得方程组的基础解系 $\boldsymbol{\xi}_1,\boldsymbol{\xi}_2,\cdots,\boldsymbol{\xi}_n$.

（4）对基础解系 $\boldsymbol{\xi}_1,\boldsymbol{\xi}_2,\cdots,\boldsymbol{\xi}_n$ 进行正交化、单位化，得到正交单位向量组 $\boldsymbol{\eta}_1,\boldsymbol{\eta}_2,\cdots,\boldsymbol{\eta}_n$，令 $\boldsymbol{Q}=(\boldsymbol{\eta}_1,\boldsymbol{\eta}_2,\cdots,\boldsymbol{\eta}_n)$，则 $\boldsymbol{Q}$ 为正交矩阵.

（5）作正交变换 $\boldsymbol{x}=\boldsymbol{Qy}$，即得二次型的标准形 $f=\lambda_1y_1^2+\lambda_2y_2^2+\cdots+\lambda_ny_n^2$.

例 6.4　用正交变换化二次型

$$f(x_1,x_2,x_3)=2x_1x_2+2x_1x_3+2x_2x_3$$

为标准形.

解　（1）写出二次型的矩阵：

$$\boldsymbol{A}=\begin{pmatrix} 0 & 1 & 1 \\ 1 & 0 & 1 \\ 1 & 1 & 0 \end{pmatrix}.$$

（2）求矩阵 $\boldsymbol{A}$ 的特征向量. 由 $(\boldsymbol{A}-\lambda\boldsymbol{E})\boldsymbol{x}=\boldsymbol{0}$，得到

$$\begin{pmatrix} -\lambda & 1 & 1 \\ 1 & -\lambda & 1 \\ 1 & 1 & -\lambda \end{pmatrix}\begin{pmatrix} x_1 \\ x_2 \\ x_3 \end{pmatrix}=\begin{pmatrix} 0 \\ 0 \\ 0 \end{pmatrix}.$$

其特征多项式

$$|A-\lambda E|=\begin{vmatrix}-\lambda & 1 & 1\\ 1 & -\lambda & 1\\ 1 & 1 & -\lambda\end{vmatrix}=(\lambda+1)^2(\lambda-2).$$

得到特征值 $\lambda_1=\lambda_2=-1$， $\lambda_3=2$.

（3）求出特征值对应的特征向量.

将 $\lambda_1=\lambda_2=-1$ 代入方程组 $(\boldsymbol{A}-\lambda_i\boldsymbol{E})\boldsymbol{x}=\boldsymbol{0}$ ，得

$$(\boldsymbol{A}-(-1)\boldsymbol{E})\boldsymbol{x}=\begin{pmatrix}1 & 1 & 1\\ 1 & 1 & 1\\ 1 & 1 & 1\end{pmatrix}\begin{pmatrix}x_1\\ x_2\\ x_3\end{pmatrix}=\begin{pmatrix}0\\ 0\\ 0\end{pmatrix},$$

得到基础解系 $\boldsymbol{\xi}_1=\begin{pmatrix}-1\\ 1\\ 0\end{pmatrix}$， $\boldsymbol{\xi}_2=\begin{pmatrix}-1\\ 0\\ 1\end{pmatrix}$；

将 $\lambda_3=2$ 代入方程组 $(\boldsymbol{A}-\lambda_i\boldsymbol{E})\boldsymbol{x}=\boldsymbol{0}$ ，得

$$(\boldsymbol{A}-2\boldsymbol{E})\boldsymbol{x}=\begin{pmatrix}-2 & 1 & 1\\ 1 & -2 & 1\\ 1 & 1 & -2\end{pmatrix}\begin{pmatrix}x_1\\ x_2\\ x_3\end{pmatrix}=\begin{pmatrix}0\\ 0\\ 0\end{pmatrix},$$

得到基础解系 $\boldsymbol{\xi}_3=\begin{pmatrix}1\\ 1\\ 1\end{pmatrix}$.

（4）特征向量正交化、单位化得到正交矩阵.

取 $\boldsymbol{b}_1=\boldsymbol{\xi}_1$， $\boldsymbol{b}_2=\boldsymbol{\xi}_2-\dfrac{[\boldsymbol{b}_1,\boldsymbol{\xi}_2]}{[\boldsymbol{b}_1,\boldsymbol{b}_1]}\boldsymbol{b}_1$， $\boldsymbol{b}_3=\boldsymbol{\xi}_3$，得到

$$\boldsymbol{b}_1=\begin{pmatrix}-1\\ 1\\ 0\end{pmatrix},\quad \boldsymbol{b}_2=\begin{pmatrix}-\frac{1}{2}\\ -\frac{1}{2}\\ 1\end{pmatrix},\quad \boldsymbol{b}_3=\begin{pmatrix}1\\ 1\\ 1\end{pmatrix}.$$

对向量 $\boldsymbol{b}_1,\boldsymbol{b}_2,\boldsymbol{b}_3$ 单位化，令 $\boldsymbol{\eta}_i=\dfrac{\boldsymbol{b}_i}{\|\boldsymbol{b}_i\|}$, $(i=1,2,3)$，则

$$\boldsymbol{\eta}_1=\begin{pmatrix}-\frac{1}{\sqrt{2}}\\ \frac{1}{\sqrt{2}}\\ 0\end{pmatrix},\quad \boldsymbol{\eta}_2=\begin{pmatrix}-\frac{1}{\sqrt{6}}\\ -\frac{1}{\sqrt{6}}\\ \sqrt{\frac{2}{3}}\end{pmatrix},\quad \boldsymbol{\eta}_3=\begin{pmatrix}\frac{1}{\sqrt{3}}\\ \frac{1}{\sqrt{3}}\\ \frac{1}{\sqrt{3}}\end{pmatrix}.$$

则正交矩阵为

$$Q=(\boldsymbol{\eta}_1,\boldsymbol{\eta}_2,\boldsymbol{\eta}_3)=\begin{pmatrix} -\frac{1}{\sqrt{2}} & -\frac{1}{\sqrt{6}} & \frac{1}{\sqrt{3}} \\ \frac{1}{\sqrt{2}} & -\frac{1}{\sqrt{6}} & \frac{1}{\sqrt{3}} \\ 0 & \sqrt{\frac{2}{3}} & \frac{1}{\sqrt{3}} \end{pmatrix}.$$

（5）作正交变换 $\boldsymbol{x}=\boldsymbol{Q}\boldsymbol{y}$.

$$\begin{pmatrix} x_1 \\ x_2 \\ x_3 \end{pmatrix}=\boldsymbol{Q}\boldsymbol{y}=\begin{pmatrix} -\frac{1}{\sqrt{2}} & -\frac{1}{\sqrt{6}} & \frac{1}{\sqrt{3}} \\ \frac{1}{\sqrt{2}} & -\frac{1}{\sqrt{6}} & \frac{1}{\sqrt{3}} \\ 0 & \sqrt{\frac{2}{3}} & \frac{1}{\sqrt{3}} \end{pmatrix}\begin{pmatrix} y_1 \\ y_2 \\ y_3 \end{pmatrix}, \quad \boldsymbol{\Lambda}=\begin{pmatrix} -1 & & \\ & -1 & \\ & & 2 \end{pmatrix}.$$

则二次型的标准形为

$$f=-y_1^2-y_2^2+2y_3^2.$$

如果本题要求把二次型化为规范形，只需令

$$\begin{cases} y_1=z_1 \\ y_2=z_2 \\ y_3=\frac{1}{\sqrt{2}}z_3 \end{cases},$$

即可得 f 的规范形：

$$f=-z_1^2-z_2^2+z_3^2.$$

例 6.5　已知二次型 $f(x_1,x_2,x_3)=a(x_1^2+x_2^2+x_3^2)+4x_1x_2+4x_1x_3+x_2x_3$ 经过正交变换 $\boldsymbol{x}=\boldsymbol{C}\boldsymbol{y}$ 可化为标准形 $f=6y_1^2$，求 a 的值.

解（解法一）　二次型 f 的矩阵 $\boldsymbol{A}=\begin{pmatrix} a & 2 & 2 \\ 2 & a & 2 \\ 2 & 2 & a \end{pmatrix}$，特征值为 6, 0, 0. 又

$$|\boldsymbol{A}-\lambda\boldsymbol{E}|=\begin{vmatrix} a-2 & 2 & 2 \\ 2 & a-2 & 2 \\ 2 & 2 & a-2 \end{vmatrix}=[\lambda-(a+4)][\lambda-(a-2)]^2,$$

可得

$$a+4=6, \quad 即 \quad a-2=0.$$

从而 $a=2$.

（解法二） 由 $f=6y_1^2$，得二次型的矩阵 $\boldsymbol{A}$ 的秩 $r(\boldsymbol{A})=1$，从而

$$|\boldsymbol{A}|=\begin{vmatrix} a & 2 & 2 \\ 2 & a & 2 \\ 2 & 2 & a \end{vmatrix}=(a-2)^2(a+4)=0 .$$

解得 $a=2$ 或 $a=-4$．把 $a=-4$ 代入 $\boldsymbol{A}$，知 $r(\boldsymbol{A})=2$；把 $a=2$ 代入 $\boldsymbol{A}$，知 $r(\boldsymbol{A})=1$，所以 $a=2$．

2. 配方法

配方法是利用代数公式将二次型配方成完全平方式的方法．根据二次型中含有平方项和二次型中不含有平方项，具体有两种处理方法．

（1）若二次型中含有 x_i 的平方项，则先把含有 x_i 的乘积项集中，然后配方；再对其余的变量同样处理，直到都配成平方项为止；最后经过可逆线性变换，就得到标准形（规范形）．

例 6.6 化二次型

$$f(x_1,x_2,x_3)=x_1^2+5x_2^2+5x_3^2+4x_1x_2+4x_1x_3+6x_2x_3$$

为标准形，并求出所用的变换矩阵．

解

$$\begin{aligned} f(x_1,x_2,x_3)&=x_1^2+5x_2^2+5x_3^2+4x_1x_2+4x_1x_3+6x_2x_3 \\ &=(x_1+2x_2+2x_3)^2-2x_2x_3+x_2^2+x_3^2 \\ &=(x_1+2x_2+2x_3)^2+(x_2-x_3)^2. \end{aligned}$$

令

$$\begin{cases} y_1=x_1+2x_2+2x_3 \\ y_2=x_2-x_3 \\ y_3=x_3 \end{cases},$$

则

$$\begin{cases} x_1=y_1-2y_2-4y_3 \\ x_2=y_2+y_3 \\ x_3=y_3 \end{cases},$$

即

$$\begin{pmatrix} x_1 \\ x_2 \\ x_3 \end{pmatrix}=\begin{pmatrix} 1 & -2 & -4 \\ 0 & 1 & 1 \\ 0 & 0 & 1 \end{pmatrix}\begin{pmatrix} y_1 \\ y_2 \\ y_3 \end{pmatrix}.$$

则

$$f(x_1,x_2,x_3)=(x_1+2x_2+2x_3)^2+(x_2-x_3)^2=y_1^2+y_2^2 .$$

因此，所用的变换矩阵为

$$\boldsymbol{C}=\begin{pmatrix} 1 & -2 & -4 \\ 0 & 1 & 1 \\ 0 & 0 & 1 \end{pmatrix},$$

其中 $|\boldsymbol{C}|=1$．

（2）若二次型中不含有平方项，但是 $a_{ij}\neq 0$，则先作可逆线性变换：

$$\begin{cases} x_i = y_i - y_j \\ x_j = y_i + y_j \\ x_k = y_k \ (k = 1,2,\cdots,n \text{ 且 } k \neq i, j) \end{cases}, \tag{6-9}$$

化二次型为含有平方项的二次型，然后再按方法（1）配方处理.

例 6.7　将二次型

$$f(x_1, x_2, x_3) = x_1 x_2 + 2x_1 x_3 - 4x_2 x_3$$

化成规范形，并求所用的变换矩阵.

解　由于已给的二次型中无平方项，故先作可逆线性变换：

$$\begin{cases} x_1 = y_1 + y_2 \\ x_2 = y_1 - y_2 \\ x_3 = y_3 \end{cases},$$

即

$$\begin{pmatrix} x_1 \\ x_2 \\ x_3 \end{pmatrix} = \begin{pmatrix} 1 & 1 & 0 \\ 1 & -1 & 0 \\ 0 & 0 & 1 \end{pmatrix} \begin{pmatrix} y_1 \\ y_2 \\ y_3 \end{pmatrix}.$$

把 x_1, x_2, x_3 代入 $f(x_1, x_2, x_3) = x_1 x_2 + 2x_1 x_3 - 4x_2 x_3$ 中得到

$$f(y_1, y_2, y_3) = y_1^2 - y_2^2 - 2y_1 y_3 + 6y_2 y_3 .$$

对 $f(y_1, y_2, y_3)$ 配方得

$$f(y_1, y_2, y_3) = (y_1 - y_3)^2 - (y_2 - 3y_3)^2 + 8y_3^2 . \tag{6-10}$$

再令

$$\begin{cases} z_1 = y_1 - y_3 \\ z_2 = y_2 - 3y_3 \\ z_3 = 2\sqrt{2} y_3 \end{cases},$$

则

$$\begin{cases} y_1 = z_1 + \dfrac{\sqrt{2}}{4} z_3 \\ y_2 = z_2 + \dfrac{3\sqrt{2}}{4} z_3 \\ y_3 = \dfrac{\sqrt{2}}{4} z_3 \end{cases}.$$

即作可逆线性变换

$$\begin{pmatrix} y_1 \\ y_2 \\ y_3 \end{pmatrix} = \begin{pmatrix} 1 & 0 & \dfrac{\sqrt{2}}{4} \\ 0 & 1 & \dfrac{3\sqrt{2}}{4} \\ 0 & 0 & \dfrac{\sqrt{2}}{4} \end{pmatrix} \begin{pmatrix} z_1 \\ z_2 \\ z_3 \end{pmatrix},$$

就把 f 化成规范形

$$f(z_1,z_2,z_3)=z_1^2-z_2^2+z_3^2$$

所用的变换矩阵为

$$C=\begin{pmatrix}1&1&0\\1&-1&0\\0&0&1\end{pmatrix}\begin{pmatrix}1&0&\frac{\sqrt{2}}{4}\\0&1&\frac{3\sqrt{2}}{4}\\0&0&\frac{\sqrt{2}}{4}\end{pmatrix}=\begin{pmatrix}1&1&\sqrt{2}\\1&-1&-\frac{\sqrt{2}}{2}\\0&0&\frac{\sqrt{2}}{4}\end{pmatrix},$$

其中 $(|C|)=-\frac{\sqrt{2}}{2}\neq 0$.

注：本例如果要求二次型的标准形，则对式（6-10）按照方法（1）进行即可.

说明：通过正交变换化二次型为标准形，则原二次型所对应的矩阵与标准形对应的矩阵既是相似的又是合同的，但若是通过一般合同转化为标准形，则原二次型对应的矩阵与其标准形对应的矩阵不一定相似.

习题 6.2

1. 用正交变换法化下列二次型为标准形.

（1）$f(x_1,x_2,x_3)=2x_1^2+3x_2^2+3x_3^2+4x_1x_2$；

（2）$f(x_1,x_2,x_3)=x_1^2+x_3^2+2x_1x_2-2x_2x_3$.

2. 用配方法将下列二次型化为标准形，并求所做的非退化（可逆）线性变换.

（1）$f(x_1,x_2,x_3)=x_1^2+5x_2^2+6x_3^2-4x_1x_2-6x_1x_3-10x_2x_3$；

（2）$f(x_1,x_2,x_3)=x_1x_2-2x_1x_3+3x_2x_3$.

3. 求下列二次型的规范形.

（1）$f(x_1,x_2,x_3)=x_1^2+3x_2^2+5x_3^2+2x_1x_2-4x_1x_3$；

（2）$f(x_1,x_2,x_3)=x_1^2+2x_3^2+2x_1x_3+2x_2x_3$.

4. 已知二次型 $f(x_1,x_2,x_3)=(1-a)x_1^2+(1-a)x_2^2+2x_3^2+2(1+a)x_1x_2$ 的秩为 2，

（1）求 a 的值；

（2）求正交变换 $\boldsymbol{X}=\boldsymbol{QY}$，把 $f(x_1,x_2,x_3)$ 化成标准形；

（3）求方程 $f(x_1,x_2,x_3)=0$ 的解.

§6.3 二次型的有定性

6.3.1 二次型的分类

定义 6.5 设实二次型 $f(x_1,x_2,\cdots,x_n)=\boldsymbol{x}^{\mathrm{T}}\boldsymbol{A}\boldsymbol{x}$，其中 $\boldsymbol{A}^{\mathrm{T}}=\boldsymbol{A}$，若对任意的 $\boldsymbol{x}\neq\boldsymbol{0}$，都有

$f(x_1,x_2,\cdots,x_n)=\boldsymbol{x}^{\mathrm{T}}\boldsymbol{A}\boldsymbol{x}>0$，则称 f 为正定二次型，并称对称矩阵 $\boldsymbol{A}$ 为**正定矩阵**；若对任意的 $\boldsymbol{x}\neq\boldsymbol{0}$，都有 $f(x_1,x_2,\cdots,x_n)=\boldsymbol{x}^{\mathrm{T}}\boldsymbol{A}\boldsymbol{x}<0$，则称 f 为**负定二次型**，并称对称矩阵 $\boldsymbol{A}$ 为**负定矩阵**.

若对任意的 $\boldsymbol{x}\neq\boldsymbol{0}$，都有

$$f(x_1,x_2,\cdots,x_n)=\boldsymbol{x}^{\mathrm{T}}\boldsymbol{A}\boldsymbol{x}\geqslant 0,$$

则称 f 为**半正定二次型**；

若对任意的 $\boldsymbol{x}\neq\boldsymbol{0}$，都有

$$f(x_1,x_2,\cdots,x_n)=\boldsymbol{x}^{\mathrm{T}}\boldsymbol{A}\boldsymbol{x}\leqslant 0,$$

则称 f 为**半负定二次型**；

若 $f(x_1,x_2,\cdots,x_n)=\boldsymbol{x}^{\mathrm{T}}\boldsymbol{A}\boldsymbol{x}$ 既不是半正定的，又不是半负定的，则称 f 为**不定二次型**.

例如：$f(x,y,z)=5x^2+4y^2+16z^2$ 为正定二次型；

$f(x_1,x_2)=-x_1^2-3x_2^2$ 为负定二次型；

$f(x_1,x_2,x_3)=x_1x_2+x_3^2$ 为不定二次型.

从前面的讨论可知，任意一个实二次型都可以经过适当的可逆线性变换化成标准形，但采用不同的变换所得到的标准形是不同的，即二次型的标准形不唯一. 但同一个二次型的不同标准形中系数不为零的平方项的个数是唯一确定的. 另外，在标准形中，正平方项和负平方项的项数是保持不变的.

定义 6.6　在实二次型 $f(x_1,x_2,\cdots,x_n)=\boldsymbol{x}^{\mathrm{T}}\boldsymbol{A}\boldsymbol{x}$ 的标准形中，正平方项的项数 p 称为二次型 $f(x_1,x_2,\cdots,x_n)$ 的**正惯性指数**，负平方项的项数 q 称为二次型 $f(x_1,x_2,\cdots,x_n)$ 的**负惯性指数**，它们的差 $p-q$ 称为 $f(x_1,x_2,\cdots,x_n)$ 的**符号差**.

如例 6.7 中二次型的正惯性指数为 2，负惯性指数为 1，符号差为 1.

定理 6.3（惯性定理）　设实二次型 $f(x_1,x_2,x_3)=\boldsymbol{x}^{\mathrm{T}}\boldsymbol{A}\boldsymbol{x}$，无论采用怎样的可逆线性变换化成标准形，其标准形中正、负平方项数是唯一确定的，它们的和等于二次型的秩.

（证明略）

例 6.8　求二次型 $f(x_1,x_2,x_3)=(x_1+x_2)^2+(x_2-x_3)^2+(x_3+x_1)^2$ 的秩.

解　二次型的秩为其标准形中系数非零项的个数. 对二次型配方化成标准形得

$$\begin{aligned}f(x_1,x_2,x_3)&=(x_1+x_2)^2+(x_2-x_3)^2+(x_3+x_1)^2\\&=2x_1^2+2x_2^2+2x_3^2+2x_1x_2+2x_1x_3-2x_2x_3\\&=2\left(x_1+\frac{1}{2}x_2+\frac{1}{2}x_3\right)^2+\frac{3}{2}(x_2-x_3)^2\\&=2y_1^2+\frac{3}{2}y_2^2,\end{aligned}$$

其中 $y_1=x_1+\frac{1}{2}x_2+\frac{1}{2}x_3$，$y_2=x_2-x_3$，所以二次型的秩为 2.

6.3.2　二次型正定性的判定

定理 6.4　n 元二次型 $f(x_1,x_2,\cdots,x_n)=\boldsymbol{x}^{\mathrm{T}}\boldsymbol{A}\boldsymbol{x}$ 正定的充要条件是它的正惯性指数为 n.

证明 设有可逆线性变换 $\boldsymbol{x}=\boldsymbol{C}\boldsymbol{y}$ 使得

$$f(x_1,x_2,\cdots,x_n)=f(\boldsymbol{C}\boldsymbol{y})=\sum_{i=1}^{n}k_i y_i^2 .$$

先证充分性：设 $k_i>0\ (i=1,2,\cdots,n)$，对于任意的 $\boldsymbol{x}\neq\boldsymbol{0}$，必有 $\boldsymbol{y}=\boldsymbol{C}^{-1}\boldsymbol{x}\neq\boldsymbol{0}$，因为至少有某个 $y_i\neq 0$. 所以

$$f=\sum_{i=1}^{n}k_i y_i^2>0 ,$$

即二次型正定.

再证必要性：用反证法. 假设有某个系数 $k_s\leqslant 0, (1\leqslant s\leqslant n)$，取 $\boldsymbol{y}=\boldsymbol{\varepsilon}_s$（单位坐标向量，其中第 s 个分量为 1，其余分量为 0），有

$$\boldsymbol{x}=\boldsymbol{C}\boldsymbol{y}=\boldsymbol{C}\boldsymbol{\varepsilon}_s\neq\boldsymbol{0} ,$$

从而

$$f(\boldsymbol{C}\boldsymbol{\varepsilon}_s)=\boldsymbol{x}^{\mathrm{T}}\boldsymbol{A}\boldsymbol{x}=\boldsymbol{\varepsilon}_s\boldsymbol{C}^{\mathrm{T}}\boldsymbol{A}\boldsymbol{C}\boldsymbol{\varepsilon}_s=k_s\leqslant 0 .$$

显然 $\boldsymbol{C}\boldsymbol{\varepsilon}_s\neq\boldsymbol{0}$，这与已知 f 为正定相矛盾，因而 $k_s>0$，f 的正惯性指数为 n. 证毕.

推论 1 n 元实二次型 $f(x_1,x_2,\cdots,x_n)=\boldsymbol{x}^{\mathrm{T}}\boldsymbol{A}\boldsymbol{x}$ 正定的充要条件是对称矩阵 $\boldsymbol{A}$ 的特征值全为正数.

又因为正定二次型 $f(x_1,x_2,\cdots,x_n)$ 的规范形是 $y_1^2+y_2^2+\cdots+y_n^2$，所以有下面的结论：

推论 2 正定矩阵与其同阶单位矩阵合同.

推论 3 正定矩阵的行列式一定大于零.

证明 设 $\boldsymbol{A}$ 是正定矩阵，因为 $\boldsymbol{A}$ 与单位矩阵合同，所以存在可逆矩阵 $\boldsymbol{C}$，使得

$$\boldsymbol{A}=\boldsymbol{C}^{\mathrm{T}}\boldsymbol{E}\boldsymbol{C}=\boldsymbol{C}^{\mathrm{T}}\boldsymbol{C} .$$

两边取行列式，有

$$|\boldsymbol{A}|=\left|\boldsymbol{C}^{\mathrm{T}}\boldsymbol{C}\right|=\left|\boldsymbol{C}^{\mathrm{T}}\right|\left|\boldsymbol{C}\right|=\left|\boldsymbol{C}\right|^2>0 .$$

证毕.

例 6.9 设二次型 $f(x_1,x_2,x_3)=x_1^2-x_2^2+2ax_1x_3+4x_2x_3$ 的负惯性指数为 1，求 a 的取值范围.

解 二次型对应的对称矩阵为

$$\boldsymbol{A}=\begin{pmatrix}1 & 0 & a\\ 0 & -1 & 2\\ a & 2 & 0\end{pmatrix}.$$

设二次型 f 的特征值为 $\lambda_1(\lambda_1<0),\lambda_2,\lambda_3$，因为其负惯性指数为 1，故有 $\lambda_2,\lambda_3\geqslant 0$. 由矩阵特征值的性质有

$$\lambda_1\lambda_2\lambda_3=|\boldsymbol{A}|=a^2-4\leqslant 0 .$$

解得 $-2\leqslant a\leqslant 2$.

判定二次型是否正定，可以通过它的标准形或规范形来判定，但有时我们需要直接从二次型的矩阵来判别，下面就来讨论这个问题.

定义 6.7　若 $\boldsymbol{A}=(a_{ij})_{n\times n}$ 是 n 阶方阵，依次取 $\boldsymbol{A}$ 的前 k 行和前 k 列所构成的行列式

$$\begin{vmatrix} a_{11} & a_{12} & \cdots & a_{1k} \\ a_{21} & a_{22} & \cdots & a_{2k} \\ \vdots & \vdots & & \vdots \\ a_{k1} & a_{k2} & \cdots & a_{kk} \end{vmatrix}, (k=1,2,\cdots,n)$$

称为 $\boldsymbol{A}$ 的 k **阶顺序主子式**.

定理 6.5　n 元实二次型 $f(x_1,x_2,\cdots,x_n)$ 正定的充要条件是矩阵 $\boldsymbol{A}$ 的所有顺序主子式全大于零.

证明　先证必要性. 设二次型

$$f(x_1,x_2,\cdots,x_n)=\sum_{i=1}^{n}\sum_{j=1}^{n}a_{ij}x_ix_j$$

是正定的，对于每个 k，$1\leqslant k\leqslant n$，令

$$f_k(x_1,x_2,\cdots,x_k)=\sum_{i=1}^{k}\sum_{j=1}^{k}a_{ij}x_ix_j\ ,$$

则对于任意一组不全为零的实数 $c_1,c_2,\cdots,c_k$，有

$$f_k(c_1,c_2,\cdots,c_k)=\sum_{i=1}^{k}\sum_{j=1}^{k}a_{ij}c_ic_j=f(c_1,c_2,\cdots,c_k,0,0,\cdots,0)>0\ ,$$

因此 $f_k(x_1,x_2,\cdots,x_k)$ 是正定的. 由推论 6.4 可知 f_k 的矩阵的行列式

$$\begin{vmatrix} a_{11} & a_{12} & \cdots & a_{1k} \\ a_{21} & a_{22} & \cdots & a_{2k} \\ \vdots & \vdots & & \vdots \\ a_{k1} & a_{k2} & \cdots & a_{kk} \end{vmatrix}>0\ ,\quad k=1,2,\cdots,n\ .$$

这就证明了矩阵 $\boldsymbol{A}$ 的所有顺序主子式全大于零.

再证充分性. 对 n 作数学归纳法.

当 $n=1$ 时，

$$f(x_1)=a_{11}x_1^2\ .$$

由已知一阶顺序主子式 $a_{11}>0$，显然有 $f(x_1)$ 是正定的.

假设对于 $n-1$ 元二次型已经成立，令

$$\boldsymbol{A}_{n-1}=\begin{pmatrix} a_{11} & \cdots & a_{1,n-1} \\ \vdots & & \vdots \\ a_{n-1,1} & \cdots & a_{n-1,n-1} \end{pmatrix},\quad \boldsymbol{\alpha}=\begin{pmatrix} a_{1n} \\ \vdots \\ a_{n-1,n} \end{pmatrix},$$

于是，可以将 n 元二次型的矩阵 $\boldsymbol{A}_n$ 分块为

$$\boldsymbol{A}_n=\begin{pmatrix}\boldsymbol{A}_{n-1} & \boldsymbol{\alpha}\\ \boldsymbol{\alpha}^{\mathrm{T}} & a_{nn}\end{pmatrix}.$$

由条件 $\boldsymbol{A}$ 的顺序主子式全大于零知，$\boldsymbol{A}_{n-1}$ 的顺序主子式也全大于零. 由归纳法假定，$\boldsymbol{A}_{n-1}$ 是正定矩阵. 由推论 6.3 知，$\boldsymbol{A}_{n-1}$ 与其同阶的单位矩阵合同，即存在 $n-1$ 阶可逆矩阵 $\boldsymbol{G}_{n-1}$，使得

$$\boldsymbol{G}_{n-1}^{\mathrm{T}}\boldsymbol{A}_{n-1}\boldsymbol{G}_{n-1}=\boldsymbol{E}_{n-1},$$

此处的 $\boldsymbol{E}_{n-1}$ 为 $n-1$ 阶单位矩阵. 令

$$\boldsymbol{C}_1=\begin{pmatrix}\boldsymbol{G}_{n-1} & \boldsymbol{O}\\ \boldsymbol{O} & 1\end{pmatrix},$$

于是

$$\boldsymbol{C}_1^{\mathrm{T}}\boldsymbol{A}_n\boldsymbol{C}_1=\begin{pmatrix}\boldsymbol{G}_{n-1}^{\mathrm{T}} & \boldsymbol{O}\\ \boldsymbol{O} & 1\end{pmatrix}\begin{pmatrix}\boldsymbol{A}_{n-1} & \boldsymbol{\alpha}\\ \boldsymbol{\alpha}^{\mathrm{T}} & a_{nn}\end{pmatrix}\begin{pmatrix}\boldsymbol{G}_{n-1} & \boldsymbol{O}\\ \boldsymbol{O} & 1\end{pmatrix}=\begin{pmatrix}\boldsymbol{E}_{n-1} & \boldsymbol{G}_{n-1}^{\mathrm{T}}\boldsymbol{\alpha}\\ \boldsymbol{\alpha}^{\mathrm{T}}\boldsymbol{G}_{n-1} & a_{nn}\end{pmatrix}.$$

又令

$$\boldsymbol{C}_2=\begin{pmatrix}\boldsymbol{E}_{n-1} & -\boldsymbol{G}_{n-1}^{\mathrm{T}}\boldsymbol{\alpha}\\ \boldsymbol{O} & 1\end{pmatrix},$$

有

$$\begin{aligned}\boldsymbol{C}_2^{\mathrm{T}}\boldsymbol{C}_1^{\mathrm{T}}\boldsymbol{A}_n\boldsymbol{C}_1\boldsymbol{C}_2&=\begin{pmatrix}\boldsymbol{E}_{n-1} & \boldsymbol{O}\\ -\boldsymbol{\alpha}^{\mathrm{T}}\boldsymbol{G}_{n-1} & 1\end{pmatrix}\begin{pmatrix}\boldsymbol{E}_{n-1} & \boldsymbol{G}_{n-1}^{\mathrm{T}}\boldsymbol{\alpha}\\ \boldsymbol{\alpha}^{\mathrm{T}}\boldsymbol{G}_{n-1} & a_{nn}\end{pmatrix}\begin{pmatrix}\boldsymbol{E}_{n-1} & -\boldsymbol{G}_{n-1}^{\mathrm{T}}\boldsymbol{\alpha}\\ \boldsymbol{O} & 1\end{pmatrix}\\&=\begin{pmatrix}\boldsymbol{E}_{n-1} & \boldsymbol{O}\\ \boldsymbol{O} & a_{nn}-\boldsymbol{\alpha}^{\mathrm{T}}\boldsymbol{G}_{n-1}\boldsymbol{G}_{n-1}^{\mathrm{T}}\boldsymbol{\alpha}\end{pmatrix}.\end{aligned}$$

再令

$$\boldsymbol{C}=\boldsymbol{C}_1\boldsymbol{C}_2,\quad a=a_{nn}-\boldsymbol{\alpha}^{\mathrm{T}}\boldsymbol{G}_{n-1}\boldsymbol{G}_{n-1}^{\mathrm{T}}\boldsymbol{\alpha},$$

则有

$$\boldsymbol{C}^{\mathrm{T}}\boldsymbol{A}\boldsymbol{C}=\begin{pmatrix}1 & & & \\ & \ddots & & \\ & & 1 & \\ & & & a\end{pmatrix}.$$

两边取行列式等

$$|\boldsymbol{C}|^2|\boldsymbol{A}|=a.$$

由已知条件，$|A|>0$，因此 $a>0$．而

$$\begin{pmatrix}1&&&\\&\ddots&&\\&&1&\\&&&a\end{pmatrix}=\begin{pmatrix}1&&&\\&\ddots&&\\&&1&\\&&&\sqrt{a}\end{pmatrix}\begin{pmatrix}1&&&\\&\ddots&&\\&&1&\\&&&1\end{pmatrix}\begin{pmatrix}1&&&\\&\ddots&&\\&&1&\\&&&\sqrt{a}\end{pmatrix},$$

即矩阵 $\boldsymbol{A}$ 与单位矩阵也合同，因此矩阵 $\boldsymbol{A}$ 是正定矩阵，所以二次型 $f(x_1,x_2,\cdots x_n)$ 是正定二次型．

根据归纳法原理，充分性得证．证毕．

例 6.10　判别 $f(x_1,x_2,x_3)=x_1^2+5x_2^2+8x_3^2+4x_1x_2+4x_1x_3+6x_2x_3$ 的正定性．

解　二次型对应的对称矩阵为

$$\begin{pmatrix}1&2&2\\2&5&3\\2&3&8\end{pmatrix},$$

其各阶顺序主子式为

$$|1|=1>0,\quad \begin{vmatrix}1&2\\2&5\end{vmatrix}=5-4=1>0,\quad \begin{vmatrix}1&2&2\\2&5&3\\2&3&8\end{vmatrix}=\begin{vmatrix}1&2&2\\0&1&-1\\0&-1&4\end{vmatrix}=3>0,$$

所以 $f(x_1,x_2,x_3)$ 为正定二次型．

例 6.11　若 $f(x_1,x_2,x_3)=x_1^2+5x_2^2+4x_3^2+4x_1x_2+2tx_2x_3$ 为正定二次型，则 t 满足什么条件？

解　二次型的矩阵为

$$\boldsymbol{A}=\begin{pmatrix}1&2&0\\2&5&t\\0&t&4\end{pmatrix},$$

$\boldsymbol{A}$ 的 3 个顺序主子式全大于 0 才能确保 f 为正定．因为

$$|1|=1>0,\quad \begin{vmatrix}1&2\\2&5\end{vmatrix}=1>0,\quad \begin{vmatrix}1&2&0\\2&5&t\\0&t&4\end{vmatrix}=4-t^2>0,$$

解得：当 $-2<t<2$ 时，$f(x_1,x_2,x_3)$ 为正定二次型．

下面总结一下正定矩阵的性质：

设 $\boldsymbol{A},\boldsymbol{B}$ 是同阶正定矩阵，则有如下结论．

（1）若 $\boldsymbol{A}$ 为正定矩阵，则矩阵 $\boldsymbol{A}^{\mathrm{T}},\boldsymbol{A}^{-1},\boldsymbol{A}^*,k\boldsymbol{A}$（$k$ 为任意正数），$\boldsymbol{A}^n$（n 为任意正整数）均为正定矩阵．

（2）若 $\boldsymbol{A}=(a_{ij})_{n\times n}$ 为正定矩阵，则其主对角线上的元素 $a_{11},a_{22},\cdots,a_{nn}$ 全大于零．

（3）若 $\boldsymbol{A}$ 为正定矩阵，则 $\boldsymbol{A}$ 的行列式 $|\boldsymbol{A}|>0$．

（4）$\boldsymbol{A}+\boldsymbol{B}$ 是正定矩阵．

由已知条件，$|A|>0$，因此 $a>0$．而

$$\begin{pmatrix}1&&&\\&\ddots&&\\&&1&\\&&&a\end{pmatrix}=\begin{pmatrix}1&&&\\&\ddots&&\\&&1&\\&&&\sqrt{a}\end{pmatrix}\begin{pmatrix}1&&&\\&\ddots&&\\&&1&\\&&&1\end{pmatrix}\begin{pmatrix}1&&&\\&\ddots&&\\&&1&\\&&&\sqrt{a}\end{pmatrix},$$

即矩阵 $\boldsymbol{A}$ 与单位矩阵也合同，因此矩阵 $\boldsymbol{A}$ 是正定矩阵，所以二次型 $f(x_1,x_2,\cdots x_n)$ 是正定二次型．

根据归纳法原理，充分性得证．证毕．

例 6.10　判别 $f(x_1,x_2,x_3)=x_1^2+5x_2^2+8x_3^2+4x_1x_2+4x_1x_3+6x_2x_3$ 的正定性．

解　二次型对应的对称矩阵为

$$\begin{pmatrix}1&2&2\\2&5&3\\2&3&8\end{pmatrix},$$

其各阶顺序主子式为

$$|1|=1>0,\quad \begin{vmatrix}1&2\\2&5\end{vmatrix}=5-4=1>0,\quad \begin{vmatrix}1&2&2\\2&5&3\\2&3&8\end{vmatrix}=\begin{vmatrix}1&2&2\\0&1&-1\\0&-1&4\end{vmatrix}=3>0,$$

所以 $f(x_1,x_2,x_3)$ 为正定二次型．

例 6.11　若 $f(x_1,x_2,x_3)=x_1^2+5x_2^2+4x_3^2+4x_1x_2+2tx_2x_3$ 为正定二次型，则 t 满足什么条件？

解　二次型的矩阵为

$$\boldsymbol{A}=\begin{pmatrix}1&2&0\\2&5&t\\0&t&4\end{pmatrix},$$

$\boldsymbol{A}$ 的 3 个顺序主子式全大于 0 才能确保 f 为正定．因为

$$|1|=1>0,\quad \begin{vmatrix}1&2\\2&5\end{vmatrix}=1>0,\quad \begin{vmatrix}1&2&0\\2&5&t\\0&t&4\end{vmatrix}=4-t^2>0,$$

解得：当 $-2<t<2$ 时，$f(x_1,x_2,x_3)$ 为正定二次型．

下面总结一下正定矩阵的性质：

设 $\boldsymbol{A},\boldsymbol{B}$ 是同阶正定矩阵，则有如下结论．

（1）若 $\boldsymbol{A}$ 为正定矩阵，则矩阵 $\boldsymbol{A}^{\mathrm{T}},\boldsymbol{A}^{-1},\boldsymbol{A}^{*},k\boldsymbol{A}$（$k$ 为任意正数），$\boldsymbol{A}^{n}$（n 为任意正整数）均为正定矩阵．

（2）若 $\boldsymbol{A}=(a_{ij})_{n\times n}$ 为正定矩阵，则其主对角线上的元素 $a_{11},a_{22},\cdots,a_{nn}$ 全大于零．

（3）若 $\boldsymbol{A}$ 为正定矩阵，则 $\boldsymbol{A}$ 的行列式 $|\boldsymbol{A}|>0$．

（4）$\boldsymbol{A}+\boldsymbol{B}$ 是正定矩阵．

（5）各阶顺序主子式全大于零.

例 6.12　设 A 为 $m\times n$ 实矩阵，且 $n<m$，证明：$A^{\mathrm{T}}A$ 为正定矩阵的充要条件是 $r(A)=n$.

证明　先证必要性. 设 $A^{\mathrm{T}}A$ 为正定矩阵，则 $\left|A^{\mathrm{T}}A\right|>0$，即 $A^{\mathrm{T}}A$ 为可逆矩阵，从而

$$r(A)\geqslant r(A^{\mathrm{T}}A)=n.$$

但
$$r(A)\leqslant \min\{m,n\}=n,$$

故
$$r(A)=n.$$

再证充分性. 设 $r(A)=n$，则对任意 n 维向量 $x\neq 0$，有 $Ax\neq 0$，于是

$$x^{\mathrm{T}}(A^{\mathrm{T}}A)x=(Ax)^{\mathrm{T}}(Ax)>0.$$

由正定二次型的定义可知，$A^{\mathrm{T}}A$ 正定. 证毕.

定理 6.6　n 元实二次型 $f(x_1,x_2,\cdots,x_n)=x^{\mathrm{T}}Ax$，矩阵 A 是对称矩阵，下列几个命题相互等价：

（1）f 是负定二次型；

（2）f 的负惯性指数为 n；

（3）A 的特征值全为负；

（4）A 的奇数阶顺序主子式为负，偶数阶顺序主子式为正.

例 6.13　判断二次型 $f=-3x^2-6y^2-2z^2+4xy+4xz$ 的负定性.

解　二次型的矩阵为

$$A=\begin{pmatrix}-3&2&2\\2&-6&0\\2&0&-2\end{pmatrix},$$

A 的顺序主子式

$$A_1=-3<0,\quad A_2=\begin{vmatrix}-3&2\\2&-6\end{vmatrix}=14>0,\quad A_3=\begin{vmatrix}-3&2&2\\2&-6&0\\2&0&-2\end{vmatrix}=-4<0,$$

故该二次型是负定二次型.

习题 6.3

1. 判断下列二次型的正定性.

（1）$f(x_1,x_2,x_3)=5x_1^2+x_2^2+5x_3^2+4x_1x_2-8x_1x_3-4x_2x_3$；

（2）$f(x_1,x_2,x_3)=-3x_1^2-3x_2^2-3x_3^2+4x_1x_2+28x_1x_3-4x_2x_3$.

2. 设二次型 $f(x_1,x_2,x_3)=2x_1^2+x_2^2+3x_3^2+2tx_1x_2+x_1x_3$，

（1）求 t 使其为正定二次型；

（2）t 取何值时，$\boldsymbol{A}=\begin{pmatrix}1 & t & 1\\ t & 2 & 0\\ 1 & 0 & 1-t\end{pmatrix}$ 是正定的.

3. 试求二次型 $f=ax_1^2+2hx_1x_2+bx_2^2$ 正定的充分必要条件.

4. 证明：如果 $\boldsymbol{A}$ 是正定矩阵，则 $\boldsymbol{A}^{-1}$ 也是正定矩阵.

5. 证明：设 $\boldsymbol{A},\boldsymbol{B}$ 是同阶正定矩阵，则 $\boldsymbol{A}+\boldsymbol{B}$ 是正定矩阵.

综合练习 6

1. 已知二次型 $f(x_1,x_2,x_3)=a(x_1^2+x_2^2+x_3^2)+4x_1x_2+4x_2x_3$，经正交变换 $\boldsymbol{x}=\boldsymbol{Q}\boldsymbol{y}$ 化成 $f=6y_1^2$，求 a 的值.

2. 设对称矩阵 $\boldsymbol{A}$ 满足 $\boldsymbol{A}^3-6\boldsymbol{A}^2+11\boldsymbol{A}-6\boldsymbol{E}=\boldsymbol{O}$，证明 $\boldsymbol{A}$ 是正定矩阵.

3. 设 $\boldsymbol{A}$ 为 n 阶正定矩阵，证明 $|\boldsymbol{A}+\boldsymbol{E}|>1$.（提示：采用特征值.）

4. 设二次型 $f(x_1,x_2,x_3)=ax_1^2+2x_2^2-2x_3^2+2bx_1x_3(b>0)$ 的矩阵 $\boldsymbol{A}$ 的特征值之和为 1，特征值之积为 -12.

（1）求 a,b 的值；

（2）利用正交变换将二次型化成标准形，并写出所用的正交变换与正交矩阵.

5. 设二次型 $f(x_1,x_2,x_3)=ax_1^2+ax_2^2+(a-1)x_3^2+2x_1x_3-2x_2x_3$，

（1）求二次型的矩阵的所有特征值；

（2）若二次型的规范形为 $y_1^2+y_2^2$，求 a 的值.

6. 已知二次型 $f(x_1,x_2,x_3)=2x_1^2+3x_2^2+3x_3^2-2ax_2x_3(a>0)$ 通过正交变换化成标准形 $f=y_1^2+2y_2^2+5y_3^2$，求参数 a 及所用的正交矩阵.

7. 设实二次型 $f(x_1,x_2,x_3)=(x_1-x_2+x_3)^2+(x_2+x_3)^2+(x_1+ax_3)^2$，其中 a 是参数，求：

（1）$f(x_1,x_2,x_3)=0$ 的解，

（2）$f(x_1,x_2,x_3)$ 的规范形.

8. 实对称矩阵 $\boldsymbol{A}$ 的特征值全大于 a，实对称矩阵 $\boldsymbol{B}$ 的特征值全大于 b，证明 $\boldsymbol{A}+\boldsymbol{B}$ 的特征值全大于 $a+b$.

9. 证明：实对称矩阵 $\boldsymbol{A}$ 为正定矩阵的充分必要条件是存在可逆矩阵 $\boldsymbol{C}$，使得

$$\boldsymbol{A}=\boldsymbol{C}^{\mathrm{T}}\boldsymbol{C},$$

其中 $\boldsymbol{A}$ 与同阶单位矩阵 $\boldsymbol{E}$ 合同.

参考文献

[1] 王萼芳，石生明. 高等代数. 4 版. 北京：高等教育出版社，2013.
[2] 同济大学数学系编. 线性代数. 6 版. 北京：高等教育出版社，2014.
[3] 戴维 C 雷，史蒂文 R 雷. 线性代数及其应用. 5 版. 北京：机械工业出版社，2018.
[4] 李炯生，等. 线性代数. 2 版. 合肥：中国科学技术大学出版社，2010.
[5] 赵树嫄. 线性代数. 5 版. 北京：中国人民大学出版社，2017.
[6] 居余马，等. 线性代数. 2 版. 北京：清华大学出版社，2002.
[7] 俞正光，鲁自群，林润亮. 线性代数与几何. 2 版（上）. 北京：清华大学出版社，2014.
[8] 同济大学数学系编. 线性代数附册——学习辅导与习题全解（同济）. 6 版. 北京：高等教育出版社，2014.
[9] 王萼芳，石生明. 高等代数辅导与习题解答（北大）. 4 版. 北京：高等教育出版社，2013.
[10] 姚慕生，吴泉水，谢启鸿. 高等代数学. 3 版. 上海：复旦大学出版社，2014.
[11] 丘维声. 高等代数. 北京：科学出版社，2013.
[12] 迈克尔·霍伊，约翰·利弗诺，等. 经济数学. 3 版. 北京：中国人民大学出版社，2015.
[13] 龚德恩. 经济数学基础第二分册：线性代数. 5 版. 成都：四川人民出版社，2016.
[14] 汤家凤. 线性代数辅导讲义. 北京：中国原子能出版社，2017.
[15] 华宣积，谭永基，徐惠平. 文科高等数学. 2 版. 上海：复旦大学出版社，2015.